现代检测技术
工程应用与实践

主　编　慕　丽　　王欣威　　魏永合
副主编　付晓云

北京理工大学出版社
BEIJING INSTITUTE OF TECHNOLOGY PRESS

内容简介

本书从实用的角度出发，以工程实际应用为背景，介绍现代测控系统与信息融合技术的基本特征、常用方法及典型工程应用。本书共包含7章，第1章主要介绍现代检测技术的基本特征及常用方法；第2章主要介绍现代测控系统的基本结构及典型测控系统；第3章主要介绍现代传感器的特性、常用信号处理技术、传感器接口技术和通信协议及典型应用；第4章主要介绍多传感器信息融合的基本原理、典型算法及典型应用；第5章主要介绍嵌入式测控系统的基本架构、特点及典型平台；第6章主要介绍虚拟仪器的特点、主要功能及LabVIEW应用；第7章在前述各章理论学习的基础上，结合智能制造领域的典型应用，开发多种类型实验，以供不同层次的学生学习和参考。每章配有习题，以指导读者深入地学习。

本书既可作为机械类专业本科生和研究生学习智能制造共性赋能技术的扩展教材，也可作为相关专业学生及从事智能检测工作的技术人员的参考用书。

图书在版编目（CIP）数据

现代检测技术工程应用与实践／慕丽，王欣威，魏永合主编. -- 北京：北京理工大学出版社，2024.3

ISBN 978-7-5763-3758-7

Ⅰ. ①现…　Ⅱ. ①慕…　②王…　③魏…　Ⅲ. ①自动检测-高等学校-教材　Ⅳ. ①TP274

中国国家版本馆 CIP 数据核字（2024）第 069134 号

责任编辑：江　立　　文案编辑：李　硕
责任校对：刘亚男　　责任印制：李志强

出版发行／北京理工大学出版社有限责任公司
社　　址／北京市丰台区四合庄路6号
邮　　编／100070
电　　话／（010）68914026（教材售后服务热线）
　　　　　（010）68944437（课件资源服务热线）
网　　址／http://www.bitpress.com.cn

版印次／2024年3月第1版第1次印刷
印　刷／河北盛世彩捷印刷有限公司
开　本／787 mm×1092 mm　1/16
印　张／15.75
字　数／366千字
定　价／89.00元

图书出现印装质量问题，请拨打售后服务热线，负责调换

前　　言

现代检测技术是科学与工程领域中不可或缺的一系列先进测试和测量技术的集合。它汇聚了最新科学研究成果，用于设计和实施测控系统，涵盖了广泛的领域。现代检测技术包括传感器原理与技术、数据采集与仪器控制、多传感器信号的处理与特征提取等多门技术。相较传统的测试技术，现代检测技术不仅涉及测试，还包括更复杂的仪器、数据处理和分析等方面。因此，现代检测技术融合了电子、测量及控制学科，交叉融合了电子技术、计算机技术、网络技术、信号处理技术、测试测量技术、自动控制技术、仪器仪表技术等多个领域。

在当代科技飞速发展和不断变革的背景下，现代检测技术显现出了不可替代的重要性，并在广泛的应用领域发挥着作用。《中国制造 2025》明确了"创新驱动、质量为先、绿色发展、结构优化、人才为本"的方针，将人才培养置于推进制造强国战略的核心位置。因此，现代检测技术作为智能制造领域的重要的共性赋能技术，不仅是机械类专业本科生和研究生的必修课程，也是其他相关专业课程的重要组成部分，并成为高等学校机械类测试技术课程之后的重要课程。尤其对于自动化、电子信息工程、机电一体化等专业的学生而言，它是专业基础课程之一。

智能制造，人才为本。而应用型人才的培养需要重点加强实践能力和工程应用能力的训练。本书的写作目标是以现代传感器工程应用为重点，系统介绍现代检测技术的基本概念、特征及实施方法，以及基于现代检测技术理论介绍现代测控系统的基本组成、结构、特点，并展示智能制造领域常见的测控系统。本书详细介绍了现代传感器技术的基本特性、描述方法、信号处理技术、传感器接口技术和通信协议，以及其在典型工程中的应用。多传感器信息融合技术也是现代测控系统中应用广泛的技术之一，本书介绍了多传感器信息融合的基本原理及一般方法；并详细介绍了几种常用的数据融合方法及其应用场合，以及数据融合的层次及实现方法等。此外，本书还重点关注了两类常见的测控系统，即嵌入式测控系统和虚拟仪器构建的测控系统，并详细介绍了嵌入式系统的特点、硬件和软件设计架构，以及虚拟仪器构建的测控系统的功能和实现方法，包括数据采集软硬件、信号调理软硬件、仪器控制与执行、数据处理和分析等。通过对这些内容的学习，读者将能够深入了解现代检测技术在工程实践中的应用。最后，在前述各章学习的基础上，本书根据智能制造领域的典型应用，有机整合了机械电子工程专业、机械设计制造及自动化、机器人工程等专业的相关课程内容；重点突出了工程应用背景，并提供了基础实验和综合实验的案例；适应于不同层次的读者学习智能检测技术的需求，旨在培养读者解决实际工程问题的能力，为培养应用型人才提供坚实的基础，促进智能制造领域的发展，为《中国制造 2025》的实施贡献力量。

本书深入学习贯彻党的二十大精神，挖掘课程所蕴含的思想教育元素和资源，将其融入知识传授与技能培养中，培养学生的社会主义核心价值观，发挥课程的价值引领作用。

本书内容新颖，语言通俗易懂、简明扼要，有利于教师的教学和读者的自学。为了让读者能够在较短的时间内掌握本书的内容，及时检查自己的学习效果，巩固和加深对所学知识的理解，每章配有习题，以指导读者深入地学习，读者可扫描二维码获取相应的习题参考答案。

本书内容均由经验丰富的一线教师编写完成，慕丽、王欣威、魏永合担任主编，付晓云担任副主编。其中第 1、4 章由慕丽编写，第 2、3、6 章由王欣威编写，第 7 章由慕丽、魏永合编写，第 5 章由付晓云编写，全书由慕丽统稿。本书在编写过程中还要感谢北京理工大学出版社编辑的悉心策划和指导。

由于编者水平有限，书中难免存在疏漏和不足之处，恳请读者批评指正，以便于本书的修改和完善。如有问题，可以通过 E-mail：muli98@sohu.com 与编者联系。

目　　录

理　论　篇

实　践　篇

理论篇

第1章 现代检测技术

 教学目的与要求

1. 了解现代检测技术的基本概念和基本特征，掌握现代检测技术的常用方法。
2. 掌握现代测控系统的基本组成，了解现代检测技术的发展趋势。

 教学重点

1. 现代检测技术的基本概念和基本特征。
2. 现代测控系统的基本组成及各环节的作用。

 教学难点

1. 现代检测技术的基本概念。
2. 现代测控系统的基本组成及各环节的作用。

 思维导图

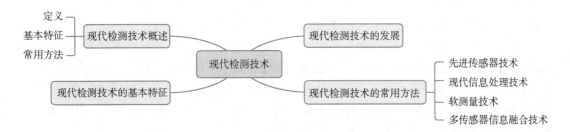

1.1 现代检测技术概述

现代检测技术通常指的是在科学、工程和医学等领域中广泛使用的一系列先进的测试和测量技术。这些技术旨在准确、高效地检测、诊断或监测各种对象、材料或现象，以便获取有关其性质、状态、组成或特征的信息。现代检测技术相较传统的测试技术，涵盖了更广泛的内容，不仅包括测试技术，还包括更复杂的仪器、数据处理和分析等方面。现代检测技术强调使用先进的技术手段，以提高测量的精度、灵敏度和效率。

在当代科技的飞速发展和日新月异的变革中，现代检测技术显现出了其无可替代的重要性和广泛的应用领域。作为一门旨在获得精确、可靠信息的学科，现代检测技术借助先进的仪器、设备和数据处理方法，为我们深入了解各类对象、材料和现象提供了强有力的支持。从工程领域的结构评估到医学领域的精准诊断，从环境科学的污染监测到材料科学的特性研究，现代检测技术的应用已贯穿各个领域，为推动科学研究、改善生活品质和推动社会进步做出了巨大贡献。在这个前沿领域，不断涌现的新技术与方法将继续推动现代检测技术的创新和发展，为我们揭示更多未知，迎接未来更大的挑战。

在工程领域，现代检测技术的应用可以涵盖以下方面：结构评估与健康监测、效率和性能优化、材料特性分析、自动化与智能化等。现代检测技术可以帮助优化工程机械的设计、提高设备性能、确保设备的安全运行及延长设备的使用寿命。

现代检测技术和现代测控系统是密切相关且相互依存的概念，它们在测量和控制领域扮演着重要的角色。

现代检测技术是指用于测量和控制的一系列先进技术和方法。这些技术包括但不限于传感器技术、数据采集、信号处理、自动控制算法、仪器仪表、通信技术等。现代检测技术的发展使我们能够以前所未有的精度、灵敏度和效率来测量和控制各种对象、现象或过程。

现代测控系统是应用现代检测技术构建的系统，旨在实现对被测对象或过程进行测量、监测和控制。它是一个集成的系统，通常包括传感器、数据采集模块、信号处理单元、控制算法、执行器、用户界面等组件。现代测控系统可以应用于各个领域，如工程、医学、自动化、机械控制、环境监测等。

现代检测技术是现代测控系统的基础和核心。现代测控系统的设计和实现离不开先进的检测技术的支持。传感器负责将被测的物理量转换成电信号，数据采集模块负责采集传感器产生的信号，信号处理单元对采集的数据进行滤波、放大、数学运算等处理，控制算法负责根据处理后的数据做出控制决策，并通过执行器实现对被控对象的控制。所有这些组件共同构成了现代测控系统，而这些组件的实现离不开现代检测技术的支持。

因此，现代检测技术和现代测控系统之间形成了紧密的联系。现代检测技术的不断进步推动着现代测控系统的发展，使测量和控制的精度和效率不断提高，拓展了现代测控系统的应用范围，为各行各业带来了更多的创新和发展机遇。随着电子技术、通信技术和计算机技术的迅速发展，现代检测技术中的新技术元素迅速增多、涉及的领域不断扩大。现代检测技术朝微型化、集成化、网络化、虚拟化方向发展。

现代检测技术与多传感器信息融合技术之间存在密切关系，它们相互促进和补充，共同为测量、监测和控制领域提供更加全面和准确的解决方案

多传感器信息融合技术是将来自不同传感器、源或数据源的多个信息或数据进行整合和融合的技术。通过融合不同类型的数据，可以获得更全面、综合的信息，并提高对被测对象或过程的认知和理解。多传感器信息融合技术包括数据融合、特征融合、决策融合等方法，旨在实现更全面、准确和可靠的信息获取和分析。

现代检测技术通常涵盖了多传感器信息融合技术，但多传感器信息融合技术并不是必须包括在其中。现代检测技术主要关注使用先进的仪器、设备和方法来获取关于被测对象或现象的信息。这些信息可以是来自单一传感器或检测设备的数据，也可以是来自多个传感器或数据源的信息。

因此，现代检测技术和多传感器信息融合技术是相互依赖、相辅相成的。现代检测技术提供了数据和信息源，而多传感器信息融合技术则对这些数据和信息进行整合和分析，为测量、监测和控制领域提供更强大、更综合的解决方案。

现代检测技术是一组用于测量、监测、分析和评估对象或现象的高级技术。这些技术通常使用先进的仪器和设备，包括传感器、探测器、成像设备、分析仪器等，用于收集数据和信息。现代检测技术还涉及数据处理和分析，以从收集的数据中提取有用的信息。

现代检测技术隶属于现代信息技术，是以电子、测量及控制等学科为基础，融合了电子技术、计算机技术、网络技术、信息处理技术、测试测量技术、自动控制技术、仪器仪表技术等多个技术，利用现代最新科学研究方法和成果，对测控系统进行设计和实现的综合性技术，即指采用先进的传感器技术、信息处理技术、建模与推理等技术实现对用常规仪表、方法和手段无法直接获取的待测参数的检测。因此，现代检测技术主要包括传感器原理与技术、信号调理、数据采集、建模与推理技术等。

现代检测技术是一门交叉性学科，是自动化、电子信息工程、电气自动化、机电一体化等专业的专业基础课程。值得指出的是，随着科学和技术的不断进步，现代检测技术的定义可能在未来发生变化，并且新的技术可能会不断涌现。

1.2 现代检测技术的基本特征

现代检测技术是一种综合应用科学、工程和技术的方法，用于测量、监测、分析和控制各种工程量和物理现象。现代检测技术具有多个基本特征，这些特征使其成为高度精密、灵敏和高效、多功能、智能化的测量、监测和控制工具。

从待测参数的性质来看，现代检测技术主要用于非常见参数的测量，对于这些参数的测量目前还没有合适的传感器对应，难以实现常规意义的"一一对应"的测量；还有一种情况是待测参数虽已有传感器可以测量，但测量误差比较大，受各种因素的影响比较大，不能满足测量要求。

从应用的领域（对象）来看，现代检测技术主要用于复杂设备（对象）、复杂过程的影响性能质量等方面的综合性参数的测量，如高速运动机械的故障分析、油品质量的检测、多相流系统中的流动参数的测量等。对于这样的被测对象，很难用单一传感器来完成。

从使用的技术或方法来看，现代检测技术主要利用了新型的传感器技术或传感器，更多利用了软测量技术，即通过对传感器输出的信号进行处理得到特征量；通过建立传感器的输出与待测量之间的模型，应用专业知识、数据库、规则等进行推理，根据被测量的信息获取待测量。

例如，以典型工程量测试为例，其基本特征如下。

高精度和可靠性：现代检测技术的主要特点之一是提供高精度的测量结果，可靠地用于工程和科学应用。传感器和测量设备的精度通常非常高，可以满足各种精度要求。

实时性：现代检测技术允许实时或近实时地监测和分析工程量。这对于需要快速反应的应用（如工业自动化、实验室测试等）非常重要。

自动化和远程监测：检测技术通常具有自动化的特点，可以无须人工干预进行数据采集和处理。远程监测是现代检测技术的另一个重要方面，允许远程访问和控制测量系统。

多参数测量：现代检测技术可以同时测量和监测多个工程量，这对于复杂的系统和多参数分析非常有用。

数据处理和分析：现代检测技术的重要组成部分。采集到的数据可以通过各种算法、模型和软件工具进行分析，以提取有用的信息、趋势和模式。

多样化的传感器：检测技术使用各种类型的传感器，包括光学、电子、机械、热电、压力、声学传感器等，以适应不同的工程和科学测量需求。

实验室和实地应用：现代检测技术广泛应用于实验室研究、工业生产、医疗诊断、环境监测、天文学和地球科学等领域，满足不同领域的测量要求。

数据存储和传输：测量数据通常以数字形式存储，并可通过网络传输到远程位置进行进一步分析和监测。

适应性和灵活性：现代检测技术具有适应性和灵活性，可以根据不同的测量需求进行定制和调整。

总之，现代检测技术在各个领域中起着关键作用。它具有高精度、实时性、自动化和多功能性等特点，为工程量测试和科学研究提供了强大的工具和方法。

1.3　现代检测技术的常用方法

1.3.1　先进传感器技术

传感器是现代检测技术的基础和信息的源头。在现代社会中，以计算机为核心的测控系统都需要传感器。测控系统中的信息处理、转换、存储都与计算机技术直接相关，这些技术属于共性技术。然而，唯独传感器千变万化、多种多样，测控系统的功能也更多地体现在传感器方面。

传感器是设备感受外界环境的重要硬件，决定了设备与外界环境交互的能力。传感器是设备智能化的硬件基础，尤其在很多智能设备中，传感器决定着设备的核心能力。随着科学技术的不断进步，以及先进测试技术的不断变化，传感器从传统的结构设计与生产转向以微机械加工技术为基础的智能化、多维化、多功能化、高精度化方向发展。

传感器在传统工业设备向智能化、信息化方向演进的过程中，应用呈现以下三大趋势。

（1）同类传感器叠加，纵向深度结合：多种传感器在功能上相互配合，其中先进传感器发挥主导作用，负责核心功能的实现。例如，无人驾驶汽车中的3D激光雷达在感知系统中起主导作用，是测距的关键保障之一。

（2）多种传感器搭配，横向广度组合：多种传感器各自完成独立的功能模块，后台系统和算法成为关键。例如，Pepper 机器人使用多种传感器，但其核心技术在于人工智能算法，用于识别表情和语言。

（3）新型传感器应用于传统设备，硬件升级带来新生命力：传感器与传统设备结合，带来新的应用场景和硬件组合的升级。例如，将 2D 激光雷达应用于扫地机器人，实现激光导航式的路径规划，提高了扫地机器人的工作效率，扩大了其应用范围。

1.3.2　现代信息处理技术

随着 IT 产业和通信技术、电子技术、计算机技术的高速发展，生产设备和产品的电子化、数字化、自动化、智能化的程度越来越高，对与之配套的测试技术与信号处理技术提出了更高的要求。现代信息处理技术是指利用计算机、数字芯片及相关算法和软件，对传感器采集的信号进行分析、处理、转换和提取特征，从中获取有用的信息和数据，用于实现对待测参数的量化、分析、识别和决策的过程。

现代信息处理技术的方法包括：数字信号处理（Digital Signal Processing，DSP）、时域分析、频域分析、时频域分析、机器学习和深度学习等。现代信息处理技术在许多领域都有广泛的应用，包括但不限于以下方面：通信领域、图像与视觉处理、控制与自动化等。

综上所述，现代信息处理技术在各个领域都扮演着重要的角色，通过智能化和高效的处理手段，使传感器采集的信息得以充分利用，为实现智能化和自动化的目标提供了强大的支持。

1.3.3　软测量技术

软测量技术是现代检测技术中常用的技术。其优势在于利用计算机技术和数学模型处理传感器数据，通过推断和估计辅助变量与待测变量之间的数学关系，实现对待测变量的测量。软测量技术具有以下几个优势。

（1）灵活性与成本效益：利用现有传感器的辅助变量数据进行测量，避免开发新的传感器，降低成本，同时提供灵活的测量方案。

（2）实时性和快速响应：计算机和数学模型的运算速度快，实现对待测变量的实时估计和测量，适用于需要快速响应的控制系统。

（3）数据的丰富性和准确性：通过数学模型，利用多种辅助变量关系，提高数据的准确性，实现较少实际测量数据下的准确估计。

（4）硬件升级的新生命力：通过软件更新，现有传感器和设备可以实现更多复杂测量和控制任务，提高设备的智能化和功能性。

（5）应用广泛：软测量技术已成功应用于工业自动化、化工过程控制、能源监测、环境监测等领域，为各个领域提供高效、精确的测量解决方案。

软测量技术在现代检测技术中发挥着重要作用，通过灵活、实时、准确的数据处理，为各个领域的测量任务提供强大支持。

1.3.4 多传感器信息融合技术

基于多传感器信息融合技术的检测系统是由若干个传感器和具有数据综合和决策功能的计算机系统组成的，以完成通常单一传感器无法实现的测量。多传感器信息融合技术具有很多优点，如可以增加检测的可信度，降低不确定性，改善信噪比，增加对待测量的时间和空间覆盖程度等。

多传感器信息融合技术是一门新兴的技术，由于传感器的数量和种类繁多，所以其构成的传感器网络具有多源性、异构性、非完备性等特点。通过对多个传感器的数据进行多方面、多层次和多级别的处理，产生单个传感器所不能获得的、更有意义的信息，为各种应用系统提供准确信息和决策依据。因此，研究和实现多传感器信息融合技术，具有重要的社会意义和广阔的应用前景。

1.4 现代检测技术的发展

现代测控系统中的每一个环节都有新技术的影子，如新型传感器、专用集成芯片、以计算机为核心构建网络等。影响测控仪器的主要技术包括：传感器技术、A/D 转换器（模数转换器）等新器件、单片机与 DSP、嵌入式系统与片上系统（System on Chip，SoC）FPGA/CPLD 技术、LabVIEW 等图形化软件技术、网络与通信技术等。因而，随着微电子技术、计算机技术及数字信号处理技术等先进技术在检测技术中的应用，现代检测技术具有高精度、集成化、人工智能等发展趋势。现代检测技术的发展通常可概括为以下 3 个方面。

（1）不断拓展测量范围，努力提高检测精度和可靠性。随着基础理论和技术科学的研究发展，各种物理效应、化学效应、微电子技术，甚至生物学原理在工程测量中得到广泛应用，使可测量的范围不断扩大，测量精度和效率得到很大提高。

（2）检测仪器逐渐向集成化、组合式、数字化方向发展。仪器与计算机技术的深层次结合产生了全新的仪器结构概念。一般来说，将数据采集卡插入计算机空槽，利用软件在屏幕上生成虚拟面板，并在软件的引导下进行信号采集、运算分析和处理，实现仪器功能并完成测试的全过程，这就是所谓的虚拟仪器，即由数据采集卡、计算机、输出（D/A）及显示器一起组成通用硬件平台。在此平台基础上，调用测试软件完成某种功能的测试任务，构成具有虚拟面板的虚拟仪器。

（3）检测系统智能化。随着集成电路制造技术的发展，现在已经能把一些处理电路和传感器集成在一起，构成集成传感器。进一步的发展是将传感器和微处理器相结合，并把它们装在一个检测器中形成一种新型的"智能传感器"，该传感器具有一定的信号调理、信号分析、误差校正、环境适应等能力，甚至具有一定的辨认、识别、判断功能。

1.4.1 现代传感器技术的发展

传感器是智能机器与系统的重要组成部分，位于测试系统的最前端，是测控系统的关键设备。其作用类似于人的感知器官，可以感知周围环境的状态，为系统提供必要的信息。通过传感器可以将系统的输入和输出联系在一起构成一个闭环的控制回路，这对实际应用有着极其重要的意义。例如，一个机器人可以通过位置传感器获得自身当前的位置信息，为下一步的运动任务提供服务。

近年来，传感器正处于传统型向新型转型的发展阶段。新型传感器的特点是微型化、数字化、智能化、多功能化、系统化、网络化，它不仅促进了传统仪器仪表产业的改造，而且可导致新型工业和军事的变革。

随着科学技术的迅猛发展及相关条件的日趋成熟，传感器技术逐渐受到了更多人的高度重视。根据对国内外传感器技术的研究现状分析，以及对传感器各性能参数的理想化要求，现代传感器技术的发展趋势可以从以下4个方面分析与概括。

1. 开发新材料、新工艺和新型传感器

传感器技术的进步离不开新材料和新工艺的发展。随着材料科学的进步，现代传感器的种类日益丰富。除传统的半导体材料、陶瓷材料外，新型材料（如光导纤维和超导材料）的应用为传感器技术的进步带来新的物质基础。纳米材料等新型材料的开发也将进一步拓展传感器的应用领域。

2. 多功能、高精度、集成化和智能化

智能化传感器是现代传感器技术的主要方向之一。它结合了微电子技术、计算机技术和检测技术，具备测量、存储、通信和控制等多种功能。智能化传感器通常配备微处理器，能够进行实时的检测判断和信息处理，甚至融合人工智能技术，为传感器技术的未来发展提供了无限可能。

3. 硬件系统与元器件的微型化

传感器技术的微型化是当今传感器技术发展的趋势之一。借鉴集成电路微型化的经验，传感器技术在硬件系统和元器件方面不断追求微型化。这不仅提高了传感器的可靠性、质量、处理速度和生产率，同时降低了成本，节约了资源和能源，并减少了对环境产生的影响。

4. 无线网络化

传感器技术与网络技术的交叉整合使无线传感器网络成为现实。无线传感器网络结合信息技术、网络技术、自动化技术和无线通信技术，构建起具有自组织、自适应和自愈合能力的智能传感器网络。这种无线网络化的趋势使各类智能产品能够广泛应用于军事侦察、环境监测、医疗和建筑物监测等领域，极大提高了传感器技术的应用价值。

综上所述，现代传感器技术的发展趋势包括开发新材料、新工艺和新型传感器，实现传感器的多功能、高精度、集成化和智能化，推进传感器技术硬件系统与元器件的微型化，以及将传感器技术与网络技术交叉整合实现无线网络化。这些发展趋势使传感器技术能够更好地满足现代社会不断增长的测量和监测需求，并为各行各业带来更加智能、高效的解决方案。随着科技的进步，传感器技术将持续发展，为人类创造更加智慧和便捷的生活与工作环境。

1.4.2　多传感器信息融合技术的发展

多传感器信息融合技术是现代智能化发展中的重要组成部分，旨在通过将多个传感器的感知数据综合起来，产生更可靠、准确和精确的信息。该技术产生于 20 世纪 80 年代，区别于一般信号处理或单个传感器的监测测量，它是对多个传感器的测量结果进行更高层次综合决策的过程。随着传感器技术微型化和智能化的进步，多种功能得以集成和融合，进一步推动了多传感器信息融合技术的发展。这项技术也促进了显示仪表技术的发展。

多传感器信息融合技术在不同领域得到了广泛应用，其目的是更好地"理解"人类需求。在军用方面，多传感器信息融合技术用于军事目标的检测、定位、跟踪和识别，如海洋监视系统和空对空、地对空防御系统。而在民用方面，它被广泛用于机器人、智能制造、智能交通、医疗诊断、遥感、刑侦和保安等领域。机器人利用多传感器信息融合技术进行推理，以完成各种工作；智能制造系统集成传感器数据，实现自动化生产；智能交通系统通过融合多传感器数据实现无人驾驶交通工具的自主识别和控制。在医疗方面，多传感器信息融合技术可用于精确医疗诊断，如肿瘤的定位与识别。遥感技术利用多传感器信息融合技术，实现高空间和高光谱分辨率的图像。刑侦中，通过红外线、微波等传感器设备进行隐匿武器、毒品等的检查。

多传感器信息融合技术是一个新兴且热门的研究领域，涉及控制理论、信号处理、人工智能、概率与统计等多个学科的发展。它在军用和民用领域中都具有广泛的应用前景，为各种应用系统提供准确信息和决策依据，具有重要的社会意义。随着科技的进步，多传感器信息融合技术将进一步完善与拓展，为智能化发展和人类生活带来更多的便利与发展机遇。

本章小结

本章主要介绍了现代检测技术的基本概念和基本特征、现代检测技术的常用方法、现代测控系统的基本组成和各环节的作用、现代检测技术的发展趋势等。通过对本章的学习，学生对现代检测技术常用方法及如何构建现代测控系统有了基本的了解。

本章习题

简述现代检测技术的基本概念和基本特征。

习题答案

第 1 章习题答案

第 2 章　现代测控系统

教学目的与要求

1. 了解现代测控系统的基本组成及类型和基本结构。
2. 了解智能制造背景下现代测控系统的发展趋势。
3. 掌握现代测控系统的特点。
4. 了解典型测控系统的基本类型和特点。
5. 掌握现代测控系统的总线技术和抗干扰技术。

教学重点

现代测控系统的基本结构、特点及总线技术。

教学难点

现代测控系统的基本结构、特点及总线技术。

思维导图

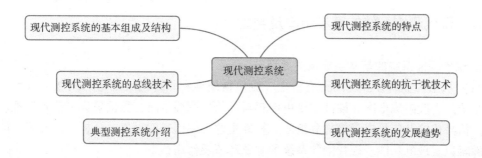

2.1 现代测控系统的基本组成及结构

现代测控系统是基于现代检测技术构建的系统。它是一个同时具备测量和控制功能的闭环系统。它通过对被控对象进行检测，按照预期目标对其实施控制。该系统的发展是现代检测技术与现代控制技术不断演进的必然结果，以检测为基础、传输为途径、处理为手段、控制为目的。

早期的测控系统主要由测量和控制电路组成，功能有限，测控性能不够强大。然而，随着科学技术的进步，尤其是微电子技术和计算机技术的飞速发展，测控系统经历了突飞猛进的发展。微处理器与嵌入式技术的不断应用使测控系统朝着小型化、智能化、便携式和系统化的方向发展，出现了 GPIB 仪器、智能仪器、VXI 仪器等新型设备，大大增强了系统的通用性与可扩展性，从而使传统的测控系统发生了根本性的变化，而计算机成为现代测控系统的主体和核心。

现代测控系统在功能和性能上实现了质的飞跃。计算机技术的应用，使测控系统得以实现更复杂、更高效、更精确的测量和控制任务。它具备了更强大的数据处理和存储能力，能够实时分析和处理大量数据，提供更可靠的控制策略。同时，现代测控系统拥有更多的接口和通信手段，能够与其他系统或设备进行数据交换和互联，实现更广泛的应用场景。

现代测控系统的发展也促进了科学研究、工业生产和社会进步。它在科学研究中为实验数据的获取和分析提供了强有力的支持，推动了科技创新和学术发展。在工业生产中，现代测控系统的应用使生产过程更加智能化和自动化，提高了生产效率和产品质量。在社会生活中，现代测控系统在医疗、环境监测、交通管理等领域也发挥着重要的作用，提升了人们的生活质量和安全水平。

因此，现代测控系统是一个融合了现代测量技术、现代控制技术和计算机技术的高度智能化系统。通过不断的创新和发展，现代测控系统必将继续在各个领域发挥着重要的作用，推动着科学技术的进步和社会的发展。

2.1.1 现代测控系统的基本组成及类型

1. 现代测控系统的基本组成及主要环节

（1）从结构上划分，现代测控系统一般包括硬件和软件两大部分。图 2.1 所示为现代测控系统的一般组成框图。硬件主要由传感器、信号调理电路、数据采集、信号处理、信号显示、信号传输及信号显示等部分组成。软件主要实现信号的采集、分析与处理等功能，实现硬件难以实现的功能。现代测控系统各主要环节及作用如下。

① 传感器：传感器是一种检测装置，能感受到被测量的信息，并能将感受到的信息，按一定规律变换成为电信号或其他所需形式的信息输出，以满足信息的传输、处理、存储、显示、记录和控制等要求。测试过程中传感器将反映被测对象特性的物理量（如压力、加

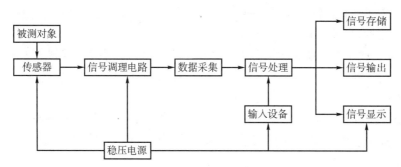

图 2.1 现代测控系统的一般组成框图

速度、温度等）检出并转换为电量，然后传输给中间变换环节，如信号调理、数据采集、信号处理、信号输出等环节。

② 信号调理电路：在检测系统中的作用是对传感器输出的微弱信号进行检波、转换、滤波、放大等，以方便检测系统后续处理或显示。对信号调理电路的一般要求：能准确转换、稳定放大、可靠地传输信号；信噪比高，抗干扰性能要好。

③ 数据采集：数据采集是对信号调理后的连续模拟信号离散化，并转化成与模拟信号电压幅值相对应的数值信息，同时把数据及时传递给上位机或微处理器，并自动存储。其主要性能指标包括：输入模拟电压信号（单位：伏）；转换速度（单位：次/秒）；分辨率（以模拟信号输入为满刻度时的转换值的倒数来表征）；转换误差（实际转换数值与理想A/D转化器的理论转换值之差）。

④ 信号处理：对各种类型的电信号，按各种预期的目的、要求进行提取、变换、分析、综合以便抽取出有用信息过程的统称。对模拟信号的处理称为模拟信号处理，对数字信号的处理称为数字信号处理。现代检测仪表、检测系统中的信号处理模块通常以各种嵌入式微控制器（如 ARM）、专用高速数据处理器（DSP）为核心，或直接采用工业控制计算机构建。

⑤ 信号显示：检测仪表和检测系统在信号处理器算出被测参量的当前值后，将其送至各自的显示器作实时显示，能够及时得到被测参量的瞬时值、累计值或其随时间的变化情况。显示器一般可分为指示式、数字式和屏幕式 3 种。

⑥ 信号输出：通常把测量值以某种合适形式传送给监控计算机、可编程控制器（PLC）或其他智能化终端。检测仪表和检测系统的输出信号通常有 4~20 mA 的电流模拟信号和脉宽调制 PWM 信号及串行数字通信信号等多种形式，需要根据系统的具体要求确定。

⑦ 输入设备：由于工业现场通常只能提供交流 220 V 工频电源或+24 V 直流电源，传感器和检测系统通常不经过降压、稳压无法直接使用，所以需要根据传感器和检测系统内部电路实际需要，自行设计稳压电源。

（2）从功能上划分，现代测控系统的组成大致可以分为以下 6 个部分。

① 测控对象：现代测控系统的首要任务是对特定对象或系统进行测量和控制。根据不同的测控任务，被测对象可以是工程主体的构件、整体设备等，涵盖各种不同的实体和参数。

② 传感器：现代测控系统的感觉器官，用于测量被测对象的各种物理量，如位移、压

力、温度等。传感器将实际物理量转换为可用于现代测控系统的电信号，并将其传输给控制器进行进一步处理。

③ 控制器：现代测控系统的核心，可以是微型计算机、小型计算机、单片机等。控制器通过运行特定的测控应用软件，发出各种指令来控制传感器和执行装置，实现对被测对象的测量和控制。

④ 通信装置：用于连接控制器与各种设备、程控仪器，以便实现数据、命令和消息的交换与传输。通信装置在现代测控系统中扮演着重要的角色，确保各组件之间的高效沟通和协同工作。

⑤ 执行装置：包括各种控制元件，如激励源、伺服控制系统、开关、执行元件和存储器件等。这些装置根据控制器的指令，对被测对象进行实际的操作和控制。

⑥ 测控应用软件：现代测控系统的关键部分，包括 I/O 接口软件、可执行应用程序和仪器驱动程序等。这些软件通过与控制器进行交互，实现数据采集、处理、存储和结果输出，将测量和控制任务自动化并提供友好的用户界面。

综上所述，现代测控系统由测控对象、传感器、控制器、通信装置、执行装置和测控应用软件等 6 个部分组成。这些组件紧密合作，实现对被测对象的测量和控制，为科学研究、工业生产和其他领域的应用提供了强大的支持。

2. 现代测控系统的主要类型

现代测控系统是一种计算机化测试系统，它利用计算机技术和软件来实现测量和测试任务。现代检测系统的核心是计算机，它可以使用嵌入式、微型机和小型机等不同类型的计算机。现代检测系统主要分为两种形式：一种是通用计算机检测系统，也称为自动测试系统，适用于各种不同的测量对象；另一种是各类智能检测仪器，专门设计用于特定的测量对象。这些仪器集成了特定类型的传感器和控制电路，并通过计算机进行数据处理和结果输出。智能检测仪器在特定领域具有较高的精度和可靠性，满足了特定测量任务的要求，实现对多种参数和特性的测量和分析。它在工业生产和科学研究中得到广泛应用。

因此，现代测控系统主要包括智能仪器、总线仪器、PC 仪器、VXI 仪器、虚拟仪器以及互换性虚拟仪器等微机化仪器，以及与之配套的自动测试系统。

在现代测控系统中，计算机扮演着核心角色，通过软件编程实现对仪器的控制、数据采集、分析和显示。智能仪器是带有微处理器和专用软件的仪器，可以通过接口与计算机通信，实现高级控制和数据处理。总线仪器采用标准化总线接口，能够与计算机进行高速数据传输和控制指令交换。PC 仪器是基于个人计算机（Personal Computer，PC）的测量仪器，通过软件和硬件的结合，实现灵活的测试功能。VXI 仪器则是采用 VXI 总线标准的高性能模块化测试系统，可以与其他 VXI 模块组合形成复杂的测量系统。虚拟仪器是一种基于软件的测量仪器，它依赖于计算机的处理能力和通用硬件，通过相应的软件程序模拟各种测量仪器的功能。虚拟仪器的优势在于灵活性和可定制性，因为它们可以根据不同的测试需求和应用场景，通过软件编程实现不同的测量功能。互换性虚拟仪器采用通用的虚拟仪器架构和标准化接口，使不同厂家生产的虚拟仪器可以相互兼容和替换。

现代测控系统的优势在于提高测试效率、减少人工操作、提供更精确的测量结果以及实现自动化测试。通过利用计算机化测试系统，用户可以更便捷地进行数据分析、结果展示和报告生成，从而加快产品开发周期、提高生产质量和降低成本。在不同领域（如科学研究、工业生产、医疗诊断等），现代测控系统都发挥着重要作用，推动了测量技术的发展和进步。

随着技术的发展，计算机与现代仪器设备间的界限日渐模糊，计算机与现代仪器设备日渐趋同，两者间已表现出全局意义上的相通性，配以相应软件和硬件的计算机实质上相当于一台多功能的通用测量仪器，即虚拟仪器的概念提出。本书主要介绍嵌入式系统及虚拟仪器测试系统两大类在工程实际中常见的测控系统。

2.1.2 现代测控系统的基本结构

现代测控系统是一种集成了测量和控制功能的系统，可以用于实时监测和控制各种工程主体、设备或过程。其基本结构可以建立在多种基础模型之上，其中常见的包括以下两种。

1. 基于数据采集卡体系的结构

基于数据采集卡体系的结构模型如图 2.2 所示。这种模型是传统的测控系统结构，其中数据采集卡（Data Acquisition Card，DAC）用于将传感器获取的模拟信号转换为数字信号，并通过连接到计算机的数据采集卡将这些数字信号传输到计算机系统。计算机上运行的测控应用软件负责对数据进行处理、分析和控制，最终实现测量和控制功能。这种结构适用于单一的测量点或小规模测控任务。

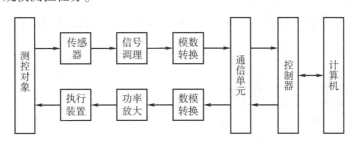

图 2.2 基于数据采集卡体系的结构模型

2. 基于网络的测控系统

随着网络技术的发展，现代测控系统可以建立在网络基础之上。在这种模型中，传感器、执行装置和计算机通过局域网或广域网连接，数据可以通过网络传输和共享。这样的结构允许实现分布式测控系统，支持远程监控和控制，同时具有较强的扩展性和灵活性。

基于现场总线的计算机测控系统模型如图 2.3 所示。

基于 Internet 的计算机测控系统模型如图 2.4 所示。

测控管一体化的计算机测控系统模型如图 2.5 所示。

对于大型企业或组织，测控系统可能需要与企业的管理网络进行集成。这种模型允许测控系统与企业的其他信息系统进行交互，从而实现更加智能化和全面化的测控功能。例如，生产线上的测控数据可以与企业的生产管理系统集成，实现生产过程的自动化控制和优化。这种结构通常应用于复杂的工业生产环境，需要与企业的其他信息系统进行协同工作。

总体而言，现代测控系统的基本结构取决于具体的应用需求、技术条件和系统规模。不同的基础模型可以满足不同的测控任务，同时，随着技术的不断发展，测控系统的结构将继续演变和完善，以满足不断变化的测控需求。

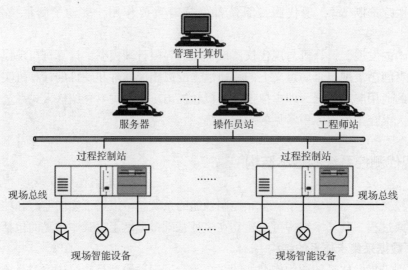

图 2.3　基于现场总线的计算机测控系统模型

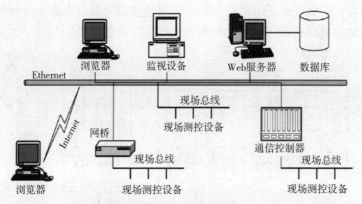

图 2.4　基于 Internet 的计算机测控系统模型

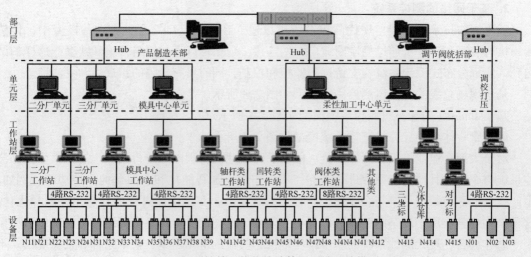

图 2.5　测控管一体化的计算机测控系统模型

2.2　现代测控系统的特点

现代测控系统充分利用计算机技术，广泛集成无线通信、计算机视觉、传感器网络、全球定位、虚拟仪器、智能检测理论方法等新技术，在性能、智能性和灵活性方面有显著提升。现代测控系统具有许多显著的特点，具体如下。

1. 测控设备软件化

现代测控系统利用计算机的测控软件来实现测量和控制功能，取代传统硬件电路的方式。这使测控系统具备自动极性判断、量程切换、报警、过载保护、非线性补偿等功能。通过软件的编程，测控系统的功能实现更为灵活方便。

2. 测控过程智能化

各种智能测控理论方法被引入现代测控系统，借助计算机的高速运算和复杂算法，使测控系统趋向智能化的步伐加快。现代测控系统可以实现自主决策、自动优化和智能化控制，自适应性和精确度有所提高。

3. 灵活性高

现代测控系统以软件为主导，相对于传统的硬件主导系统，其生产、修改和复制都更为容易。软件化的特性使现代测控系统实现组态化和标准化，从而增加了系统的灵活性和可扩展性。不同领域的测控需求可以基于相同的平台进行定制化开发。

4. 实时性强

随着计算机主频的快速提升和快速测控算法的应用，现代测控系统的实时性大幅度提高。实时性是现代测控系统应用于高速、远程甚至超实时领域的关键特点，对于实时性要求较高的应用场景提供了有效的解决方案。

5. 可视性好

虚拟仪器技术、可视化图形编程软件和三维虚拟现实技术的应用使现代测控系统具有良好的人机交互功能和实时可视化特点。用户可以通过直观的图形界面进行交互操作和数据展示，提高了系统的易用性和用户体验。

6. 测控管一体化

随着企业信息化步伐的加快，现代测控系统不仅仅局限于传统的测量和控制，而是与管理系统进行一体化融合。测控系统与企业的生产计划管理、产品设计信息管理、制造加工设备控制等环节相互关联，实现全程跟踪管理和智能化控制，提高了企业的生产效率和质量管理水平。

7. 立体化

现代测控系统建立在全球卫星定位、无线通信、雷达探测等技术基础上，具备全方位的立体化网络测控功能。例如，卫星发射过程中的大型测控系统能够实现立体化、全球化的测控功能，可以对目标进行多角度、多维度的实时监测和控制。

综上所述，现代测控系统以计算机技术为核心，融合了多种先进技术，具有软件化、智能化、灵活性高、实时性强、可视性好等特点。这些特点使现代测控系统在各个领域得到了广泛的应用，并持续推动着测控技术的发展和创新。

2.3 典型测控系统介绍

现代测控系统是应用现代检测技术构建的系统，它通过将测量和控制相结合，实现对被控对象的检测与调节。以下是几种典型的测控系统及其应用。

1. 自动测试系统

自动测试系统（Automatic Test System，ATS）是一种高度自动化的测控系统，主要应用于电子、通信、航空航天、汽车、半导体等领域的产品测试与质量控制。它由计算机、测试仪器（如信号发生器、示波器、频谱分析仪等）、传感器和执行装置组成。ATS通过预先编制测试程序，自动执行测试任务，并实现数据采集、分析与处理。它具有高效、准确、重复性好的特点，在批量生产过程中起到关键作用。

2. 虚拟仪器系统

虚拟仪器系统是一种灵活、可配置的测控系统，通过计算机和软件构建各种虚拟仪器，如虚拟示波器、虚拟频谱分析仪等。虚拟仪器系统采用模块化设计，用户可以根据需要选择不同功能的模块，实现多种测量任务。它被广泛应用于科研实验、教学实验和产品开发过程中，具有成本低、便携灵活的优势。

3. 网络测控系统

网络测控系统利用网络通信技术，将分布在不同地点的测量设备连接起来，实现数据采集、传输和远程控制。它被广泛应用于环境监测、能源管理、智能交通等领域。例如，环境监测系统可以通过网络连接多个传感器，实时采集大气污染、水质等数据，并将数据传输至监控中心，用于环境保护和资源管理。

4. 嵌入式测控系统

嵌入式测控系统是将测量与控制功能集成在一个嵌入式设备中的系统。它通常应用于嵌入式系统控制、智能家居、智能工业自动化等领域。例如，智能家居中的智能温控系统，采用嵌入式控制器实时采集室内温度数据，根据预设条件自动调节空调的运行状态，以实现舒适的室内温度的控制。

5. 数据采集与监控系统

数据采集与监控系统用于实时采集和监测大量数据，广泛应用于工业自动化、环境监测等领域。例如，工业自动化过程中的数据采集与监控系统可以实时采集生产设备的运行状态和生产数据，通过数据分析和处理，帮助企业实现生产过程的优化和效率的提升。

综上所述，现代测控系统在不同领域具有广泛的应用，通过利用现代检测技术和计算机技术，实现对被控对象的高效、准确的检测与控制，为科研、生产和管理等方面提供强有力的支持。

2.4　现代测控系统的总线技术

现代测控系统的总线技术是一种通信和数据传输标准，通过在测控系统中引入总线结构，可以实现各个测量和控制设备之间的连接和数据交换。总线技术为测控系统的设计和实现带来了诸多优势。总线技术可以有效提高测控系统的集成度、灵活性和可扩展性，简化测控系统的设计和维护，并提高测控系统的性能和效率。

常见的总线技术包括 GPIB 总线（通用接口总线）、VXI 总线、PCI 总线、USB 总线、Ethernet 总线和 CAN 总线等。每种总线技术都有其特定的应用场景和优势，在设计现代测控系统时，工程师可以根据具体需求选择最合适的总线技术，以实现高效、可靠的测量和控制功能。总体而言，总线技术在现代测控系统中起着至关重要的作用，为测控技术的发展和应用提供了强大的支持。

2.4.1　总线的基本概念及其标准化

现代测控系统中的总线技术是一种重要的通信和数据传输技术，用于连接各个组件和设备，以实现数据交换、控制和协同工作。总线是计算机、测控系统乃至网络系统的基础通信结构。采用总线技术，可大大简化系统结构；提高系统的开放性、兼容性、可靠性和可维护性；易于标准化和组织规模生产，从而降低系统造价。

1. 总线的定义

总线是一组互联信号线的集合，是设备与设备之间传输信息的公用信号线，可同时挂接多个模块或设备，计算机系统中信息的互相传输通过总线实现。

总线技术是一种共享通信通道的方法，其中多个设备可以通过同一根物理线或虚拟通道进行数据传输和通信。总线通常包括以下关键组成部分。

总线信号线：总线上的物理线路，用于在各设备之间传递数据和信号。它们可以是并行线（多个信号同时传输）或串行线（一个位一个位地传输）。

总线协议：定义了数据传输的规则和格式，包括数据帧的结构、通信速率、错误检测和纠错等。常见的总线协议包括 UART、SPI、I2C、CAN、USB、Ethernet 等。

总线控制器：负责管理总线上的数据流和通信过程，确保设备之间的协同工作。总线控制器通常集成在每个连接到总线的设备中。

总线拓扑结构：总线的物理或逻辑布局方式，如单总线、多总线、星形拓扑、环形拓扑等，用于连接设备并决定数据的流动方式。

2. 总线的分类

（1）按功能和规范划分：数据总线、地址总线、控制总线、扩展总线及局部总线。其中数据总线、地址总线和控制总线统称为系统总线，即通常意义上所说的总线。

数据总线：用于传输数据信息。常见的数据总线有 ISA、EISA、VESA、PCI 等。

地址总线：专门用来传输地址，由于地址只能从 CPU 传向外部存储器或 I/O 端口，所以地址总线总是单向三态的，这与数据总线不同。地址总线的位数决定了 CPU 可直接寻址的内存空间大小。

控制总线：用来传输控制信号和时序信号。控制信号中，有的是由微处理器送往存储器和 I/O 接口电路的；有的是其他部件反馈给 CPU 的，如中断请求信号、复位信号、总线请求信号、设备就绪信号等。

（2）按传输数据的方式划分：串行总线和并行总线。

串行总线：二进制数据逐位通过一根数据线发送到目的器件。常见的串行总线有 SPI、I2C、USB 及 RS-232 等。

并行总线：数据线通常超过 2 根。

（3）按时钟信号是否独立划分：同步总线和异步总线。

同步总线：时钟信号独立于数据，如 SPI、I2C 是同步串行总线。

异步总线：时钟信号是从数据中提取出来的，如 RS-232 是异步串行总线。

（4）微机中的总线一般有内部总线、系统总线和外部总线。

内部总线：微机内部各外围芯片与处理器之间的总线，用于芯片一级的互连。

系统总线：微机中各插件板与系统板之间的总线，用于插件板一级的互连。

外部总线：微机和外部设备（简称外设）之间的总线，用于设备一级的互连。

3. 总线的特性及性能指标

（1）总线的物理结构特性。

机械特性：描述总线的形状尺寸、引脚数、排列顺序等，确保设备之间可以正确连接。

电气特性：规定传输方向和有效的电平范围，保证信号在总线上准确传输。

（2）总线的性能指标。

总线宽度：数据线的根数，决定了一次可以传输的位数。

标准传输速率（带宽）：每秒传输的最大字节数（Mega bits per second，Mbps），反映了总线的数据传输能力。

时钟同步/异步：同步总线的时钟信号独立于数据，异步总线的时钟信号从数据中提取。

总线复用：地址线与数据线复用，提高总线的传输效率。

信号线数：地址线、数据线和控制线的总和，描述总线的复杂程度。

总线控制方式：突发、自动、仲裁、逻辑、计数等，决定了总线访问的控制方式。

其他指标：负载能力等，衡量总线的稳定性和可靠性。

4. 总线技术的实现方式

总线技术可以在各种测控系统中实现，包括工业自动化、仪器仪表、嵌入式系统等。

硬件总线：通常采用物理电缆或导线来传输信号。例如，RS-232 和 RS-485 是串行通信总线的示例，用于连接计算机、传感器、控制器等设备。

虚拟总线：通过软件和网络通信来实现，通常用于远程监测和控制系统。例如，通过以太网或 Wi-Fi 连接到云平台的传感器和设备可以在虚拟总线上进行通信。

标准总线：如 USB（通用串行总线）和 CAN（控制器区域网络）。它们具有广泛的应用，可用于连接各种设备和传感器。

自定义总线：某些测控系统需要特定的总线协议和硬件配置，因此可能会开发自定义总线技术，以满足特定需求。

总线技术的选择取决于系统的需求，包括数据传输速率、可靠性、成本、可扩展性和实时性等因素。总线技术的正确选择和实施可以提高测控系统的效率和可管理性，并支持设备之间的协同工作。

5. 总线标准化

总线标准化的目的是提供一个规范化的、通用的系统总线标准，确保不同厂家的设备可以互相连接和交互，实现设备的互操作性和兼容性。

总线标准化按不同层次的兼容水平分为以下几种。

（1）信号级兼容：确定输入和输出信号线的数量、各信号的定义、传输方式和传输速度等，保证接口的正确连接。

（2）命令级兼容：在信号级兼容的基础上，建立对接口的命令系统的统一规范，包括命令的定义、功能和编码格式等。

（3）程序级兼容：在命令级兼容的基础上，对输入和输出数据的定义和编码格式也建立统一的规范。

无论在何种层次上兼容的总线，接口的机械结构都应建立统一规范，包括接插件的结构和几何尺寸、引脚定义和数量、插件板的结构和几何尺寸等。

6. 总线标准及特性

各类总线的实质是各类总线协议，这些协议的本质就是标准，如表2.1所示。

表 2.1　总线标准

总线标准	数据线	总线时钟	带宽
ISA	16	8 MHz（独立）	16 Mbps
EISA	32	8 MHz（独立）	33 Mbps
VESA（VL-BUS）	32	32 MHz（CPU）	132 Mbps
PCI	32	33 MHz（独立）	132 Mbps
	64	66 MHz（独立）	528 Mbps
AGP	32	66.7 MHz（独立）	266 Mbps
		133 MHz（独立）	533 Mbps
RS-232	串行通信总线标准	数据终端设备（计算机）和数据通信设备（调制解调器）之间的标准接口	
USB	串行接口总线标准	普通无屏蔽双绞线	1.5 Mbps（USB1.0）
		带屏蔽双绞线	12 Mbps（USB1.0）
		最高	480 Mbps（USB2.0）

总线技术的标准化为现代测控系统的设计和实现提供了良好的基础，使不同厂家的设备可以在同一个系统中互相连接和交互，提高了系统的灵活性和可扩展性。

2.4.2　总线的通信方式

总线的通信方式是指在总线上进行数据传输和通信的方法。通信总线用于计算机系统之间，或者计算机系统和其他系统（如控制仪表、移动通信等）之间的通信。通信方式的选择对于总线的性能、传输速率、可靠性及适用场景等方面都有重要影响。常见的总线的通信方式包括以下几种。

1. 并行通信

并行通信是指在总线上同时传输多位数据，每根数据线携带一个数据位。例如，8 位并行通信使用 8 根数据线同时传输 8 位数据。并行通信的速度较快，但在长距离传输和复杂系统中可能会受到干扰和串扰的影响。

2. 串行通信

串行通信是指在总线上逐位传输数据，只使用一根数据线传输一个数据位。串行通信在长距离传输中抗干扰能力较强，适用于复杂系统和高速通信，如串行外设接口（如 USB、RS-232）。串行通信是指数据按 1 位宽的传输路径，并按顺序逐位时分传输。对于 1 字节的数据，在串行传输中，将 1 字节的数据通过 1 条传输路径分为 8 次传输，从低位向高位依次传输 1 位。对于串行总线，若硬件应答线不存在，此时就必须由软件根据规定的通信协议来实现应答信息的交互，具体通信原理如图 2.6 所示。

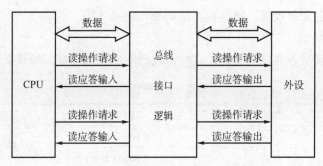

图 2.6 CPU 与外设应答式具体通信原理

3. 同步通信

同步通信是指在数据传输过程中使用时钟信号来同步发送和接收数据。发送端和接收端都根据时钟信号的边沿进行数据的采样和发送。常见的同步串行通信协议包括 SPI（Serial Peripheral Interface）和 I2C（Inter-Integrated Circuit）。

4. 异步通信

异步通信是指在数据传输过程中没有使用专门的时钟信号，发送端和接收端根据预定的数据帧格式和起始位/停止位来同步数据。异步通信适用于简单的通信需求，如串口通信（RS-232）。

5. 半双工通信

半双工通信是指数据的传输只能在一个方向进行，通信双方不能同时发送和接收数据，而需要在发送端和接收端之间切换，类似于对讲机的通信。

6. 全双工通信

全双工通信是指数据的传输可以在两个方向同时进行，通信双方可以同时发送和接收数据，实现双向通信。全双工通信适用于同时进行数据传输和接收的场景，如网络通信等。

总线的通信方式需要根据具体的应用需求和系统设计来选择，不同的通信方式各有优缺点，合适的通信方式能够提高系统的性能和效率，确保数据的准确传输。

2.4.3 测控系统总线

测控系统总线是指在测量和控制系统中用于设备之间进行数据传输和通信的总线技术。它允许各种测量仪器、传感器、控制器和计算机等设备通过共享同一条传输线路进行数据交换和通信，从而实现测控系统中各个组成部分的协同工作和数据共享。

测控系统总线的设计和选择对于测控系统的性能和功能至关重要。合适的总线技术可以提高系统的集成度、灵活性和可扩展性，简化系统的设计和维护，并提高数据传输的效率和可靠性。

现代计算机和测控技术的发展，已将计算机融入测控系统，或者将测控系统融入计算机，很难将测控系统总线与计算机总线完全分开。例如，在计算机总线插槽中插入一些测控用的功能插件的系统，或者在测控机箱中嵌入计算机模块的系统，它们是计算机和测控系统合一的系统。本书主要介绍与计算机相对独立的测控机箱总线、测控机箱与计算机互联总线，以及连接现场测控设备的现场总线。

1. 测控系统内部总线

（1）STD/STD32 总线：STD（数据）总线（Standard Data Bus）是我国自主开发的高性能总线标准，其 32 位版本为 STD32，主要用于军事和工业控制领域。STD 总线采用并行传输，支持高带宽和高速数据传输，适用于要求实时性和高性能的应用场景。

（2）ISA/PC104/AT96 总线：ISA（Industry Standard Architecture）总线最早起源于个人计算机的并行总线标准，后来发展出工业控制领域的变种标准，如 PC104 和 AT96 等。这些总线通常采用并行传输，主要用于连接工业控制设备和测量仪器。

（3）VME/VXI 总线：VME（Versa Module Eurocard）总线是一种广泛应用于工业自动化和测控领域的并行总线标准。VXI 总线则是在 VME 总线的基础上发展出来的，专用于仪器领域。这些总线支持高性能的数据传输和模块的热插拔，适用于复杂的测试和测量应用。

（4）PCI/CompactPCI 总线：PCI（Peripheral Component Interconnect）总线是现代计算机主板上常见的并行总线标准。CompactPCI 总线则是在 PCI 总线的基础上发展出来的工业控制系统标准。PCI 总线具有高性能和高带宽的特点，适用于连接高速数据采集卡和控制卡等设备。

（5）PXI 总线：PXI（PCI extensions for Instrumentation）是在 PCI 总线的基础上发展出来的、面向测量与自动化领域的总线标准。它增加了触发总线、高速定时的系统参考时钟、多板精确同步的星形触发总线等功能，能更好地满足仪器用户的需要。

这些测控系统内部总线在不同的应用场景中发挥着重要的作用。根据具体的系统需求和性能要求，选择合适的内部总线技术是系统设计的关键，它将直接影响测控系统的性能、可靠性和扩展性。随着技术的不断发展，可能会出现更多新的测控系统内部总线技术，为测控系统提供更加高效和灵活的数据传输和通信方式。

2. 测控系统外部总线

测控系统外部总线是指连接测量仪器、传感器、控制器、计算机和其他外设的总线技术。这些外部总线用于在测控系统与外设之间进行数据传输和通信，实现系统与外界的连接和交互。

以下是一些常见的测控系统外部总线技术。

（1）RS-232C 总线：RS-232C 是一种较早的串行通信标准，广泛用于计算机和外设之间的数据传输。其虽然已被 USB 等接口逐渐取代，但在某些应用中仍然使用广泛。RS-232C 通常用于较短距离的通信，如个人计算机与测量仪器之间的连接。

（2）RS-449/RS-423A/RS-422A/RS-485 总线：这些串行通信标准提供不同的传输距离和速率，适用于各种测控设备之间的连接。RS-485 是一种多发送器的标准，允许在一对传输线上连接多个设备，适用于构建分布式测控系统。

（3）GPIB：GPIB（General Purpose Interface Bus，通用接口总线）是一种用于计算机和仪器间通信的并行总线标准，广泛用于仪器控制和数据采集。它支持多设备连接和高速数据传输，适用于实验室和仪器领域。

（4）USB/IEEE-1394：USB（Universal Serial Bus，通用串行总线）和 IEEE-1394（FireWire，火线接口）是现代计算机和外设通信的主流接口。它们支持高速数据传输和热插拔功能，适用于连接多种测量仪器和传感器。

（5）现场总线：现场总线是用于连接工业自动化设备和仪表的数字通信网络。一些常见的现场总线标准包括 Profibus、CAN（Controller Area Network）、HART（Highway Addressable Remote Transducer）、DeviceNet 等。这些现场总线通常具有抗干扰性强、开放式互连网络等特点，适用于工业自动化和监控系统。

选择合适的测控系统外部总线需要考虑设备之间的连接距离、通信速率、可靠性要求、设备兼容性及成本等因素。可以根据具体的应用场景来选择不同的外部总线技术，以实现高效、可靠的数据传输和设备通信，从而构建功能强大的测控系统。随着技术的发展，未来可能会出现更多新的外部总线技术，为测控系统提供更多的选择和优势。

2.5　现代测控系统的抗干扰技术

干扰是指影响测量结果或作用于控制系统的各种无用信号。产生干扰信号的干扰源一般可分为外部干扰和内部干扰两种。外部干扰主要是指来自自然界的干扰及各种电气设备运行产生的干扰，内部干扰主要是指测量电路内部各种元器件的噪声所引起的干扰。抗干扰措施有屏蔽、隔离、接地、滤波和软件技术等。

现代测控系统除系统自身的干扰外，应着重考虑电气设备的放电干扰和设备接通与断开引起电压或电流急变带来的干扰。而对于野外使用的现代测控系统，抗干扰设计的重点是消除大气放电、大气辐射和宇宙干扰等自然干扰。对基于计算机视觉的测控系统来说，抗干扰的重点在于消除自然光源干扰，也就是在电荷耦合器件（Charge-Coupled Device，CCD）图像采集处设置前光源和背景光源，注意光源的范围、强弱等，特别要注意被测物是否存在高光反射。

现代测控系统抗干扰策略：软、硬结合抗干扰。硬件措施应将大部分干扰消除，软件测试消除余下的部分干扰。

2.5.1　软件抗干扰设计

软件抗干扰可采取以下两种技术。

（1）误差修正技术（修正、滤波、补偿）。

（2）数据处理技术：采用图像处理、小波变换、神经网络等各种智能先进算法进行数据补偿。

2.5.2　电路抗干扰技术

噪声对正常信号的干扰主要通过3种途径，即静电耦合、电磁耦合和公共阻抗耦合，所以应采取不同的措施解决。

（1）屏蔽：将有关电路、元器件和设备等安装在由铜、铝等低电阻材料或磁性材料制成的屏蔽物内，不让电场和磁场穿透这些屏蔽物，一般可分为静电屏蔽、低频磁场屏蔽和电磁屏蔽。

（2）隔离：主要包括物理性隔离、光电隔离、脉冲变压器隔离、模数变换隔离和运算放大器隔离等。

（3）接地：能消除各电流流经一个公共地线阻抗产生的噪声，避免形成回路，有保护接地、屏蔽接地和信号接地等。

（4）滤波：滤波器可以抑制交流电源线上输入的干扰，以及信号传输线上感应的各种干扰，常用的滤波器件有电感、电容、电阻及压敏电阻等。

（5）布线：电路系统是由多个部分构成的，各部分在电路板上的安排和布线与电路的抗干扰性有密切关系。

（6）电路负载：对于电路的抗干扰性也有一定的影响。目前检测系统越来越多地采用光耦合器，也称光电耦合器或光耦，它能够较大地提高系统的抗共模干扰能力。

2.6　现代测控系统的发展趋势

智能制造中的先进测控技术是实现制造过程高附加值和产品高质量的重要保障。在智能制造的背景下，现代测控系统正迎来新的发展趋势，以满足日益智能化、高效化和自动化的生产需求。目前，我国精密测试技术和仪器的现状仍不能满足国内装备制造业迅速发展的需求。测试技术的研究要紧紧围绕现代制造业的发展需要，不断拓展新的测试原理和测试技术方法，开发先进检测系统和仪器。就现代机械制造领域而言，现代测控系统有以下发展趋势，涉及多个方面。

1. 数字化和智能化

现代测控系统借助先进的传感器和智能化设备，实现数据的自动采集、实时监测和智能分析。数据在被传输到云端或本地数据库之前就已经被数字化处理。这就使制造企业能够更好地了解生产过程和设备状态，并能迅速作出反应。同时，智能化的测控系统通过自主学习和优化算法，可以不断提高生产效率和产品质量。

案例说明：在智能制造中，一家汽车制造商使用智能传感器对车辆组装过程中的各个零部件进行实时监测，通过数字化的数据，可以及时发现组装过程中的质量问题，从而实现零缺陷的汽车生产。

2. 大数据与人工智能应用

现代测控系统收集大量的生产数据和过程数据，并应用人工智能技术进行数据分析和模式识别，通过预测设备故障和优化生产过程，帮助制造企业做出更明智的决策，提高生产效率和产品质量。

案例说明：在智能制造中，一家钢铁生产企业收集高炉和炼钢过程中的温度、压力、能耗等数据，借助人工智能技术，可以实时监测设备的运行状态，预测设备故障，并优化生产参数，以提高钢铁的生产效率。

3. 互联互通和工业物联网

现代测控系统采用工业物联网技术，实现设备之间的互联互通。生产环节的数据实时传输并共享，实现生产过程的协同和优化。工业物联网的应用促进了生产线上的设备、系统和人员之间的无缝连接和信息交互。

案例说明：在智能制造中，一个智能工厂通过工业物联网技术将生产线上的各个设备连接在一起。这些设备可以实时交换数据，并通过云平台进行数据分析和调度，实现生产线的智能化调度和自动化控制。

4. 智能传感器和边缘计算

现代测控系统采用智能传感器，具备较强的数据处理能力和自适应功能。同时，边缘计算技术在设备端进行数据处理和决策，减少对云计算的依赖。这有助于减少数据传输延迟和降低数据的传输成本。

案例说明：在智能制造中，一个智能农场使用智能传感器对土壤湿度、温度、光照等进行实时监测。这些传感器可以自动调整数据采样频率和传输频率，只将重要数据传输到云端，从而减轻数据处理的负担。

5. 自适应控制和智能优化

现代测控系统采用自适应控制算法，根据实时数据调整和控制参数，实现生产过程的自动优化和智能调节。这使生产过程更加灵活和高效地响应外部变化。

案例说明：在智能制造中，一个电子产品制造商使用自适应控制算法对生产线进行控制。当生产过程中出现异常情况时，系统可以自动调整生产参数，保证产品的稳定质量和高效率生产。

6. 虚拟仿真和数字孪生

现代测控系统采用虚拟仿真技术，对生产过程进行计算机模拟和优化。数字孪生技术实现实际设备与数字模型的连接，实现在线监测和预测维护。这有助于减少生产过程中的试错成本和时间，并提高设备的利用率。

案例说明：在智能制造中，一个飞机制造商使用虚拟仿真技术对飞机生产过程进行模拟和优化，提高飞机的生产效率和质量。同时，数字孪生技术可以实时监测飞机的运行状态，预测设备故障，并提前进行维护。

7. 安全和可靠性

现代测控系统在智能制造中可以保障数据的安全和系统的可靠性。可以加强网络安全措施，确保数据的保密性和完整性；采用高可靠性的硬件设备和冗余技术，防止系统出现单点故障。

案例说明：在智能制造中，一家医药制造企业必须确保生产过程数据的安全性，以防止数据泄露或被篡改。同时，在生产线上采用冗余控制系统，确保设备故障时能够自动切换到备用系统，以保障生产的连续性和稳定性。

总之，智能制造背景下现代测控系统的发展趋势涵盖了多个方面，从数字化和智能化、大数据与人工智能应用、互联互通和工业物联网、智能传感器和边缘计算，到自适应控制和智能优化、虚拟仿真和数字孪生，都在推动测控系统向更智能、高效和可靠的方向发展。

这些发展趋势的实际应用为各行业带来了更加先进和可持续的生产方式。同时，为确保智能制造中的数据安全和系统可靠性，加强安全措施和利用冗余技术也成为不可忽视的重要环节。

本章小结

本章主要介绍了现代测控系统的基本组成和基本结构及特点、现代测控系统的总线技术和抗干扰技术、智能制造背景下现代测控系统的发展趋势等。通过对本章的学习，学生对现代测控系统的关键技术及实现方法有了基本的了解。

本章习题

1. 简述现代测控系统的基本结构和特点。
2. 简述现代测控系统的总线技术及其实现方式。

习题答案

第 2 章习题答案

第3章　现代传感器技术

 教学目的与要求

1. 了解现代传感器的定义及常见分类方法，掌握现代传感器的基本性能、特性、评价方法及指标。

2. 掌握传感器的传递函数及频率响应函数的物理意义，以及典型传感器静态特性、动态特性的描述方法。

3. 掌握工程中常用传感器的工作原理、输入/输出关系、测量电路及典型应用。

4. 掌握传感器的关键技术——信号处理技术的原理、种类及实现方法。

5. 了解传感器特性的测量方法、标定方法，传感器的选用原则，传感器接口技术和通信协议的类型，智能传感器的基本类型及组成，现代传感器技术的发展趋势及新兴传感器技术。

 教学重点

1. 传感器的传递函数及频率响应函数的物理意义，以及典型传感器静态特性、动态特性的描述和分析方法。

2. 工程中常用传感器的工作原理、输入/输出关系、测量电路及典型应用。

3. 现代传感器的常用信号处理技术及其实现方法。

 教学难点

1. 传感器的传递函数及频率响应函数的物理意义。

2. 现代传感器的常用信号处理技术及其实现方法。

思维导图

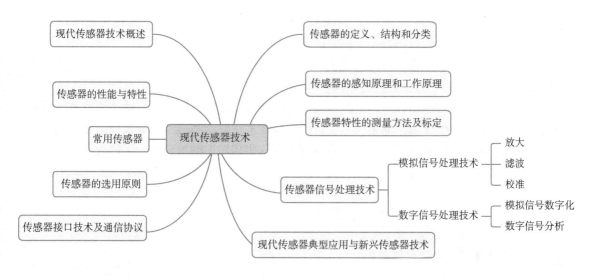

3.1 现代传感器技术概述

3.1.1 传感器在现代测控系统中的作用

传感器作为现代测控系统的核心组件，被誉为"万物互联之眼"，其重要性和作用在当今科技的发展中日益凸显。传感器的诞生和应用是人类科技探索的重要里程碑。随着技术的不断进步，传感器在现代社会的广泛应用涵盖了工业、交通、医疗、环保、智能家居等各个领域。

传感器是能够感知和测量物理量的智能装置，它能够将外界环境中的各种参数转换成电信号，为测控系统提供准确、实时的数据采集和信息反馈。如同人的感官，传感器让人类可以探测那些无法直接用感官获取的信息，实现对复杂系统的全面监测和自动控制。在现代测控系统中，传感器的应用突破了传统的测量范围和数据获取方式，其功能和性能不断得到拓展和提升。传感器扮演着前沿科技的关键角色，其研究和应用为实现自动化、智能化和环保型社会提供了重要的技术支持。

传感器的广泛应用不仅体现在其对环境和设备参数的实时感知，更体现在其对自动控制和智能化决策的支持。传感器获取的数据被传输给后续配套的测量电路和终端装置，进行电信号的调理、分析、记录或显示等，实现对系统的自动化控制和智能化决策。传感器在环境监测和安全预警方面发挥着重要作用，例如，气体传感器可以监测空气中有害气体的浓度，及时发出预警信号，保障人类的安全与健康。

信息技术的飞速发展催生了物联网、云计算等新兴概念，传感器作为物联网的核心组件，能够将实物世界与数字世界相连接，实现"万物互联"，在数据采集和数据传输中扮演着关键角色。

智能制造中传感器的应用，能够实现对生产线的智能监控和优化，提高生产效率和质量。智能检测中，传感器扮演着不可或缺的角色，它能够对产品进行实时、高精度的检测，保障产品的质量和安全。在工业过程监控领域，传感器在能源利用和资源管理方面发挥着重要作用，通过实时监测和数据反馈，实现对工业过程的优化和节能。

综上所述，现代传感器技术在测控系统中的前沿研究和广泛应用，推动了测控系统的自动化、智能化和可持续发展。通过深入了解传感器技术在智能制造和工业过程监控中的前沿进展和实际应用，我们将获得对现代传感器技术在这些领域中的重要性的深刻认识，为更好地应用和推广传感器技术提供有益参考。

3.1.2 现代传感器技术的发展背景和趋势

1. 现代传感器技术的发展背景

传感器技术作为现代测控系统的核心，起源于19世纪末期的工业革命。当时，工业化的快速发展带来了人们对工业生产过程的精确控制和监测的需求。最早的传感器主要是简单的机械装置，用于测量和监测物理量，如温度、压力和位移。随着电子技术的发展，传感器逐渐演变为能够将物理量转换成电信号并输出的智能装置，从而实现了对信号的处理、传输和自动控制。

传感器自诞生以来，大致经历了结构型、物性型和智能型3个发展阶段，如图3.1所示。

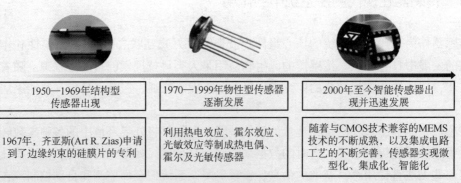

图 3.1 传感器的发展阶段

科学技术的进步，以及微电子技术、光电子技术、材料科学等领域的快速发展，为传感器技术的创新和提升提供了坚实基础。纳米材料、生物传感技术、微机电系统（Micro Electro Mechanical System，MEMS）技术等新兴技术的涌现，推动了传感器的多样化和智能化发展。

随着计算机技术、微电子技术和通信技术的不断进步，传感器技术在各个领域得到了广泛应用，如工业制造、交通运输、医疗健康、环境监测、智能家居等。

例如，在工业自动化和智能制造领域，传感器在生产过程中的应用不断扩展，实现了生产线的智能化和自动化控制，提高了生产效率和质量。在环境保护和资源管理领域，面临环境问题日益严峻的挑战，传感器在环境监测中的应用日益重要。通过传感器技术，可以实时监测大气污染、水质状况、能源消耗等信息，为环境保护和资源管理提供科学依据。

2. 现代传感器技术的发展趋势

传感器作为信息感知和转换的重要环节，在现代测控系统中扮演着至关重要的角色。随着科技的不断进步和需求的不断增长，传感器技术也在不断演进和创新。其应用领域和功能日益广泛和多样。传感器的发展趋势不仅影响到现代工业制造、自动化控制等领域，而且深刻影响着智能城市、智能交通、智能医疗等日常生活场景。

（1）微纳化与集成化。

随着微电子技术和 MEMS 技术的迅猛发展，传感器的尺寸日趋微小，元件结构越来越精密。微纳化和集成化使传感器在同等体积下具备更多功能和更高性能。通过集成多个传感器元件，单个传感器芯片可实现多种物理量的感知和转换，从而在小型化的同时提升传感器的灵活性和多功能性。

（2）多模态传感器系统。

为了提高感知的全面性和可靠性，现代传感器技术趋向于采用由多个传感器元件组成的多模态传感器系统。多模态传感器系统能够同时获得多种物理量信息，从而提高数据的综合利用价值。在工业过程监控、智能交通等领域，多模态传感器系统具有重要的应用前景。

（3）光电子传感技术。

光电子传感技术是一个快速发展的领域，它是指利用光的特性进行传感。光纤传感、光学传感等在通信、光学测量和生物医学领域有广泛应用。光电子传感技术的发展为现代传感器技术带来了新的突破和创新。

（4）无线通信与物联网。

传感器技术与无线通信技术的结合，推动了传感器网络的发展。现代传感器不再局限于局部感知和有线连接，还可以进行远程实时传输数据，实现设备间的智能互联。无线通信和物联网的发展为传感器的应用提供了更多可能。

（5）人机交互技术。

传感器技术结合人机交互技术，使设备能够更加智能地与人进行交互。通过人机交互界面，传感器为用户提供更友好的操作体验，进一步提高传感器的应用价值。

（6）新兴材料和技术的应用。

纳米材料、生物传感技术、MEMS 技术等新兴材料和技术将进一步推动现代传感器技术的发展，拓展传感器的应用领域。

（7）智能化与自适应性。

现代传感器不再仅限于简单的感知装置，还具备智能化的功能。通过数据处理和分析，传感器可以自动感知环境变化并做出相应的调整，实现更精准的测量和控制。智能传感器在工业制造、智能家居等领域发挥着重要作用，为现代社会的智能化进程提供有力支撑。

随着科技的发展，以及技术的不断演进和创新，传统传感器向智能传感器的过渡为各个领域的应用带来更多可能和便利。智能传感器将向着精度与可靠性高、品种多、功能丰富、复合型、集成化与微型化等方向发展。智能传感器的普及将推动整个社会向着更加智能化和智能互联的方向发展。

研究新型敏感材料、探索新颖感知方法、感知元件的阵列化与复合化将成为智能传感器感知技术未来发展的主要方向。新的敏感材料、感知方法意味着感知范围的扩大或感知可选择性的增强。感知元件的阵列化是智能传感器高精度、高可靠性的必要源泉。立体分布、微加工的集成化感知元件为智能传感器的多功能、复合型提供坚实的物质基础。

基于多传感器信息融合技术与模式识别理论和利用专家系统、神经网络、自适应等理论的信号处理方法目前主要研究的是如何精确、可靠地实现智能传感器的"感知""认知"这两大信号处理功能。随着计算机技术、控制技术、数字信号处理技术的发展，智能传感器的信号处理将变得日益精密、可靠、健壮。

以智能传感器为节点构成的智能传感器网络是智能检测技术的重要发展方向，其在多功能、高精度的复杂分布式测控系统中将显示出其强大的生命力并起着非常重要的基础作用。智能传感器的通信技术将会随着总线技术、网络技术、通信技术的发展而不断丰富、发展。随着微机械加工技术、微电子加工技术的发展，市场将推动智能传感器向着集成化、微型化方向快速发展。

总之，现代传感器技术在微纳化、智能化、多功能化、节能环保化、无线通信、多模态、生物传感、光电子传感和人机交互等方面取得了显著进展。这些趋势将推动现代传感器技术在工业制造、自动化控制、智能城市、医疗健康等多个领域的广泛应用，为人类创造更智能、更便利、更环保的未来。然而，现代传感器技术仍面临一系列挑战，需要不断进行创新和突破。随着科技的不断进步，相信现代传感器技术将为人类社会带来更加美好的明天。

3.2　传感器的定义、结构和分类

传感器是一种能够感知和测量外部环境中的物理量、化学量或生物量，并将其转换成电信号、数字信号或其他形式信号输出的智能装置。传感器可以将感知到的信息传递给测量、控制、监测或处理系统，用于实时数据采集、监测和反馈，从而实现对目标对象或系统状态的准确感知和控制。

3.2.1　传感器的定义

国家标准（GB/T 7665—2005）对传感器（Sensor/Transducer）的定义：能够感受规定的被测量并按照一定规律转换成可用输出信号的器件和装置。

传感器是一种能把特定的非电量信号（物理量、化学量、生物量等）按一定规律转换成某种便于处理和传输的物理量（一般为电量）的装置。

传感器的基本工作原理是通过特定的物理、化学或生物效应来感知外部的信息，并将这些信息转换成可以被检测的量或记录的信号。传感器通常包含一个感知元件和一个转换元件。感知元件根据所测的物理量或参数发生变化，而转换元件将这些变化转换为相应的电信号。电信号可以是电压、电流或电阻等。

3.2.2　传感器的结构

传感器一般由感知元件、转换元件、变换电路和辅助电源 4 个部分组成，如图 3.2 所示。

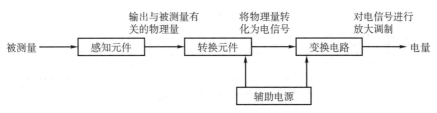

图 3.2　传感器的结构

其中，感知元件是传感器的核心，它的作用是直接感受被测量，并将其进行必要的转换输出。如图 3.3 所示，应变式压力传感器的金属膜片是感知元件，它的作用是将液体压力转换为金属膜片的形变（应变），并将金属膜片的形变转换为电阻的变化而输出。一般把信号调理与转换电路归为辅助器件，它们是一些能把感知元件输出的电信号转换为便于显示、记录、处理等有用电信号的装置。

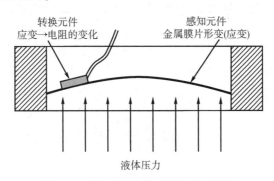

图 3.3　应变式压力传感器的信号转换

随着集成电路制造技术的发展，把一些处理电路和传感器集成在一起，构成集成传感器。近年来，出现了带有信息处理功能的智能传感器。智能传感器带有微处理器，具有采集、处理、交换信息的能力，是传感器集成化与微处理器相结合的产物。传统传感器到智能传感器的过渡是一个由简单到复杂、由单一功能到多功能、由感知到智能的发展过程。这种集成化、智能化的发展，无疑对现代工业技术的发展将发挥重要的作用。

智能传感器一般包含传感器单元、计算单元和接口单元。传感器单元负责信号采集，计算单元根据设定对输入信号进行处理，再通过网络接口与其他装置进行通信。图 3.4 所示为智能传感器的基本结构。

机械领域使用的传感器种类复杂且数目十分多，一个被测量往往可选用几种传感器进行测量，一种传感器又可用于多个被测量的测量。传感器处于测试与检测装置的输入端，其性能的优劣直接影响整个测试装置的工作特性，因此合理选择传感器十分重要。

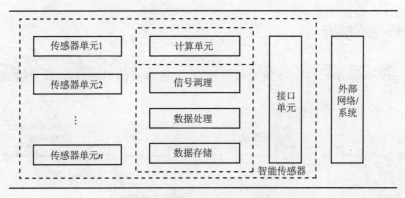

图 3.4　智能传感器的基本结构

3.2.3　传感器的分类

传感器的种类繁多，自诞生以来，大致经历了结构型、物性型和智能型 3 个发展阶段。传感器的分类方法也有很多，无统一的分类方法。概括起来，传感器主要有下面几种分类方法。

传感器按发展历程可分为两大类，即传统传感器和智能传感器，下面分别加以介绍。

1. 传统传感器

（1）按传感器的工作原理或传感过程中信号的转换原理，传感器分为以下两种。

① 结构型传感器：利用结构参量的变化或由它们引起某种场的变化来反映被测量的大小和变化。例如，利用结构的位移或力的作用产生电阻、电容或电感值的变化来工作的电阻、电容或电感传感器。

② 物性型传感器：利用某些材料自身的物理特性在被测量的作用下发生变化，从而将被测量转换为电信号或其他信号输出。例如，用半导体、电介质、磁性材料等固体元件制作的传感器等。

（2）根据传感器与被测对象之间的能量转换关系，传感器分为以下两种。

① 能量转换型传感器（亦称无源传感器）：直接由被测对象输入能量来使传感器工作。例如，热电偶将被测温度直接转换为电量输出。由于这类传感器在转换过程中需要吸收被测物体的能量，所以容易产生测量误差。

② 能量控制型传感器（亦称有源传感器）：依靠外部提供辅助能量来工作，由被测量来控制该能量的变化，如电阻应变仪。

（3）按输出信号的不同，传感器分为模拟传感器（将被测量的非电学量转换成模拟电信号）、数字传感器（将被测量的非电学量转换成数字输出信号）、开关传感器（当一个被测量信号达到某个特定的阈值时，传感器相应地输出一个设定的低电平或高电平信号）。

（4）按组成成分的不同，传感器分为基本型传感器（一种最基本的单个变换装置）、组合型传感器（由不同的单个变换装置组合而成的传感器）、应用型传感器（由基本型传感器或组合型传感器与其他机构组合而成的传感器）。

传感器的分类方法还有很多，常见的分类方法如表 3.1 所示。

表 3.1 传感器的分类方法

分类方法	传感器种类	说明
按输入量分类	位移、压力、温度、流量、湿度、速度、气体传感器等	以被测物理量命名,包括机械量、热工量、光学量、化学量、物理量等
按工作原理分类	应变式、电容式、电感式、压电式、热电式、光电式传感器等	以传感器对信号转换的作用原理命名
按结构分类	结构型传感器	感知元件的结构在被测量的作用下发生形变
	物性型传感器	感知元件的固有性质在被测量的作用下发生变化,包括物理性质、化学性质和生物效应等
按输出信号分类	模拟传感器、数字传感器	输出分别为模拟量和数字量
	电参数型和电量型传感器	电参数型指中间参量为电阻、电容、电感、频率等;电量型指中间参量为电势或电荷
按能量转换关系分	能量转换型传感器(无源传感器)	传感器直接将被测量的能量转换为输出量的能量
	能量控制型传感器(有源传感器)	传感器输出能量由外源供给,但受被测量的控制

2. 智能传感器

对于智能传感器,目前还未有统一的科学定义。智能传感器是具有信息处理功能的传感器。智能传感器的功能包括信号感知、信号处理、数据验证和解释、信号传输和转换等,有机结合了传感器、通信芯片、微处理器、驱动程序及软件算法等。

按照外界输入的信号来源的不同,智能传感器可分为物理量智能传感器、化学量智能传感器和生物型智能传感器三大类,如图 3.5 所示。物理量智能传感器基于力、热、光、电、磁和声等物理效应。化学量智能传感器基于化学反应的原理。生物型智能传感器基于酶、抗体和激素等分子识别功能。

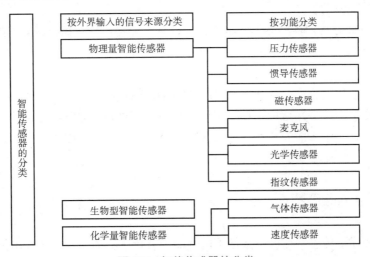

图 3.5 智能传感器的分类

传感器广泛应用于各个领域,包括工业制造、交通运输、医疗健康、环境监测、安防系统、智能家居等。随着技术的不断进步,传感器的种类和功能也在不断丰富和拓展,为现代社会的智能化、自动化和智能互联提供了重要支持。

3.3 传感器的性能与特性

传感器是一种测量仪器，为了获得准确的测量结果，需要对测量系统提出多方面的性能要求。而传感器输入和输出之间的关系是其基本特性，也是最重要的特性。根据输入物理量的形式，传感器的特性分为静态特性和动态特性两大类。静态特性是指当被测对象处于静态，且输入为不随时间变化的恒定信号时，传感器输入与输出之间的关系。动态特性则是指当输入量随时间变化时，传感器输入和输出之间的关系。此外，传感器的特性还包括负载效应和抗干扰特性等。负载效应指传感器的输出与负载电阻之间的关系。在实际应用中，传感器的输出可能会受到外部负载电阻的影响，负载效应即描述了这种影响程度。抗干扰特性衡量了传感器对外界干扰的抵抗能力。传感器在工作环境中可能受到温度、湿度、电磁场等干扰，抗干扰特性指标对确保传感器的稳定性和可靠性至关重要。

传感器的静态特性和动态特性是评估其性能优劣的重要指标。为确保传感器的准确性和可靠性，应采取相应的补偿和优化措施。传感器在实际使用中，为消除误差和提高测量精度，应采取以下措施。

（1）合理的结构设计：设计传感器时应避免横向敏感力的产生，优化感知元件的布局和结构。

（2）干扰补偿：通过采用干扰补偿技术，消除外界干扰对传感器输出的影响，提高传感器的测量准确性。

（3）稳定工作环境：维持传感器稳定的工作环境，如控制温度和湿度等，这样有利于减少传感器的性能波动。

（4）合理安装方法：传感器的安装方法应合理，避免出现机械过载等情况。

（5）定期维护和校准：定期进行传感器的维护和校准，确保其性能始终保持在规定范围内。

在传感器的使用过程中，对于那些用于静态测量的测试系统，一般只需衡量其静态特性、负载效应和抗干扰特性指标；在动态测量时，则需要利用静态特性、动态特性、负载效应和抗干扰特性这4个方面的特性指标来衡量测量仪器的质量，因为它们都将会对测量结果产生影响。

3.3.1 传感器的静态特性

静态特性描述了传感器在静态条件下的性能。若传感器的输入量及输出量之间的特性曲线是一条直线，则称该传感器是线性传感器或理想传感器，可以表示为

$$y = x_0 + kx$$

式中，x、y 分别为传感器的输入与输出；x_0 为初始值；常数 k 被称为传感系数、转换比、灵敏度或斜率。

而非线性传感器的特性曲线不是一条直线，测量时会因为多种因素产生测量误差，例

如，实际特性曲线与设定特性曲线之间存在偏差；由于传感器老化、零件接触点状况变化、机械过载，以及化学变化引起传感器的不可逆变化等。

测量时，若传感器的输入、输出信号不随时间而变化，则称为静态测量。静态测量的特性指标主要有灵敏度、线性度和回程误差等。

为了评定传感器的静态特性，通常采用静态测量的方法求取输入-输出关系曲线，并将其作为该传感器的标定曲线。理想传感器的标定曲线应该是直线，但由于各种原因，实际传感器的标定曲线并非如此。因此，一般还要按最小二乘法原理求出拟合直线。

1. 灵敏度

灵敏度是传感器输出信号相对于输入信号的变化率。它表示了传感器对输入信号的敏感程度。灵敏度越高，传感器输出信号对输入信号的变化越敏感。

如图 3.6 所示，当测试装置的输入 x 有一增量 Δx 引起输出 y 发生相应的变化 Δy 时，定义灵敏度为

$$S = \Delta y/\Delta x \tag{3.1}$$

线性装置的灵敏度 S 为常数，是输入-输出关系曲线的斜率，斜率越大，其灵敏度就越高。非线性装置的灵敏度 S 是一个变量，输入量不同，灵敏度也就不同，通常用拟合直线的斜率表示装置的平均灵敏度。灵敏度的量纲由输入和输出的量纲决定。应该注意的是，测试装置的灵敏度越高，就越容易受到外界干扰的影响，即测试装置的稳定性越差。

2. 线性度

线性度表示传感器的输出信号与输入信号之间的线性关系程度。如果传感器的输出信号与输入信号之间的关系是线性的，那么该传感器的线性度较高。

标定曲线与拟合直线的偏离程度就是线性度。若在标称（全量程）输出范围 A 内，标定曲线偏离拟合直线的最大偏差为 B，则定义线性度为

$$线性度 = (B/A) \times 100\% \tag{3.2}$$

传感器的线性度如图 3.7 所示。如何确定拟合直线，目前国内外还无统一的方法，较常用的是最小二乘法。

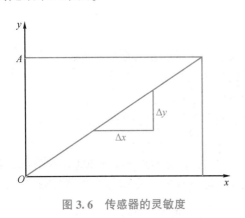

图 3.6　传感器的灵敏度

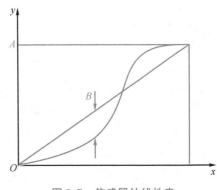

图 3.7　传感器的线性度

3. 回程误差

实际上，传感器在输入量由小增大和由大减小的测试过程中，对应于同一个输入量往往有不同的输出量。在同样的测试条件下，若在全量程输出范围内，对于同一个输入量所得到

的两个数值不同的输出量之间的差值最大者为 h_{max}，则定义回程误差为

$$回程误差 = (h_{max}/A) \times 100\% \tag{3.3}$$

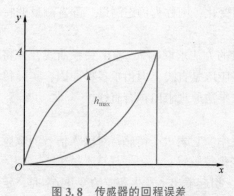

图 3.8　传感器的回程误差

传感器的回程误差如图 3.8 所示，回程误差是由迟滞现象产生的，即由装置内部的弹性元件、磁性元件的滞后特性，以及机械部分的摩擦、间隙、灰尘积塞等原因产生。

4. 静态特性的其他描述

（1）测量范围：指传感器能够感知和转换的输入信号的最大和最小值之间的范围。当传感器的输入信号超出该范围时，可能会导致输出信号失真或不准确。

（2）分辨率：指传感器能够分辨和显示的最小输入信号变化。分辨率越高，传感器能够感知和显示更小的信号变化，从而提高测量精度。

（3）偏移：指传感器在零输入时输出信号与零输出之间的差异。偏移值越小，传感器的零点漂移就越小，输出信号在零输入时更接近零输出。

（4）噪声：指传感器输出信号中的随机波动。噪声可以影响传感器的测量精度和稳定性。

（5）稳定性：描述了传感器在长时间使用过程中输出信号的一致性。良好的稳定性意味着传感器在不同环境条件下能够保持一致的性能。

（6）零点漂移：指传感器在长时间使用过程中零输入时输出信号的变化。较小的零点漂移意味着传感器的零点稳定性较好。

上述静态特性是评估传感器性能和适用性的重要指标。在选择和设计传感器时，需要综合考虑这些静态特性，以确保传感器能够准确、可靠地感知和转换所需的信号。

3.3.2　传感器的动态特性

1. 传感器动态特性的主要指标

传感器的动态特性反映了传感器在感知和转换过程中的快慢程度和准确性。传感器的动态特性对于快速变化的信号或频率较高的应用非常重要，因为它直接影响着传感器对于变化的灵敏度和精度。以下是传感器的一些重要的动态特性指标。

（1）响应时间：指传感器从感知到输入变化到输出响应所需的时间。快速响应对于实时监测和控制至关重要，特别是在需要及时采集和反馈数据的应用中。

（2）响应曲线：描述了传感器输出响应与输入信号之间的关系。它可以是线性的或非线性的，线性响应意味着传感器输出与输入成正比，非线性响应意味着传感器的输出与输入之间的关系不是简单的比例关系。

（3）过渡特性：描述了传感器从一个稳定状态转换到另一个稳定状态的过程。在某些应用中，传感器需要在瞬时内快速切换响应，过渡特性的好坏将直接影响传感器的可靠性和稳定性。

（4）频率响应：描述了传感器对于输入信号频率的响应特性。对于高频信号的感知和

转换，传感器需要具备较高的频率响应能力。

（5）动态范围：指传感器能够感知和转换的最大和最小输入信号之间的范围。较大的动态范围意味着传感器可以适应更广泛的信号强度，从而提高其适用性。

2. 传感器动态特性的描述方法

传感器作为实际的系统，可以用传递函数、频率响应函数、脉冲响应函数来描述。对于线性时不变系统，传递函数 $H(s)$ 的拉普拉斯变换和频率响应函数 $H(j\omega)$ 的傅里叶变换之间存在某种关系。具体来说，传递函数 $H(s)$ 可以通过将复平面的 s 替换为 $j\omega$ 来得到频率响应函数 $H(j\omega)$。这意味着通过频域分析（利用傅里叶变换），可以从传递函数中获取系统的频率响应特性。

此外，在离散时间系统中，脉冲响应函数 $h(t)$ 可以通过傅里叶变换来得到频率响应函数 $H(j\omega)$。这也表示通过频域分析，可以从脉冲响应函数中获取系统的频率响应特性。

传递函数、频率响应函数和脉冲响应函数是描述信号处理和控制系统特性的重要工具，它们之间存在紧密的数学关系。频域分析可以通过传递函数、频率响应函数和脉冲响应函数之间的相互转换，帮助我们理解和设计系统的频率响应特性。

（1）传递函数。

对于线性测量系统，输入 $x(t)$ 和输出 $y(t)$ 之间的关系可以用常系数线性微分方程来描述，即

$$a_n \frac{\mathrm{d}^n y}{\mathrm{d}t^n} + a_{n-1} \frac{\mathrm{d}^{n-1} y}{\mathrm{d}t^{n-1}} + \cdots + a_1 \frac{\mathrm{d}y}{\mathrm{d}t} + a_0 y = b_m \frac{\mathrm{d}^m x}{\mathrm{d}t^m} + b_{m-1} \frac{\mathrm{d}^{m-1} x}{\mathrm{d}t^{m-1}} + \cdots + b_1 \frac{\mathrm{d}x}{\mathrm{d}t} + b_0 x \tag{3.4}$$

直接考察微分方程的特性比较困难。如果对微分方程两边取拉普拉斯变换，建立与其对应的传递函数的概念，就可以更简便、有效地描述测量系统特性与输入、输出的关系。对微分方程两边取拉普拉斯变换，得

$$(a_n s^n + a_{n-1} s^{n-1} + \cdots + a_1 s + a_0) Y(s) = (b_m s^m + b_{m-1} s^{m-1} + \cdots + b_1 s + b_0) X(s) \tag{3.5}$$

定义传递函数为

$$H(s) = Y(s)/X(s) \tag{3.6}$$

传感器的传递函数描述了传感器的输出如何随着输入信号的变化而变化。传递函数可以根据传感器的类型和工作原理而变化。例如，在电测量传感器中，传递函数可以是电压与输入物理量（如压力或温度）之间的关系。

在信号处理中，传感器的传递函数通常表示为频域中的复数函数。该函数描述了传感器对不同频率信号的响应，即传感器的频率响应特性。传感器的传递函数可以用拉普拉斯变换或傅里叶变换来表示。

传递函数与微分方程两者完全等价，可以相互转化。传递函数是一个代数有理分式函数，其特性容易识别与研究。因此，考察传递函数所具有的基本特性，比考察微分方程具有的基本特性要容易得多。

传递函数具有以下几个特点。

① $H(s)$ 与输入 $x(t)$ 的具体表达式无关；

② 不同的物理系统可以有相同的传递函数。

通过传感器的传递函数可以知道输入信号如何在传感器内部被转换为输出信号。通过分析传感器的传递函数，我们可以了解传感器的动态特性，如响应时间、频率响应、阻尼特性等。

传感器的传递函数是传感器设计和性能评估的重要工具。通过建立传感器的传递函数模型，可以帮助工程师优化传感器的性能，提高其灵敏度和稳定性，满足特定应用的需求。同时，传感器的传递函数也是信号处理和控制系统中的重要组成部分，能够帮助我们理解传感器在系统中的作用和影响。

（2）频率响应函数。

在拉普拉斯变换中，$s = \sigma + j\omega$，令 $\sigma = 0$，则有 $s = j\omega$，将其代入 $H(s)$，得到：

$$H(j\omega) = Y(j\omega)/X(j\omega) \tag{3.7}$$

若将 $H(j\omega)$ 的实部和虚部分开，则有

$$H(j\omega) = P(\omega) + jQ(\omega) \tag{3.8}$$

其中，$P(\omega)$ 和 $Q(\omega)$ 都是 ω 的实函数，以频率 ω 为横坐标、$P(\omega)$ 和 $Q(\omega)$ 分别为纵坐标所绘制的图形分别被称为系统的实频特性图与虚频特性图。将 $H(j\omega)$ 写成

$$H(j\omega) = A(\omega) e^{j\varphi(\omega)} \tag{3.9}$$

其中，

$$A(\omega) = |H(\omega)| = \sqrt{P^2(\omega) + Q^2(\omega)}$$

$$\varphi(\omega) = \tan^{-1} \frac{Q(\omega)}{P(\omega)} \tag{3.10}$$

用频率响应函数来描述系统的最大优点是它可以通过实验来求得。也可在初始条件全为 0 的情况下，同时测得输入 $x(t)$ 和输出 $y(t)$，由其傅里叶变换 $x(\omega)$ 和 $y(\omega)$ 求得频率响应函数 $H(\omega) = Y(\omega)/X(\omega)$。

需要特别指出的是，频率响应函数描述系统的简谐输入和相应的稳态输出的关系。因此，在测量系统的频率响应函数时，应当在系统响应达到稳态阶段时进行测量。

传感器的频率响应函数是传感器对不同频率输入信号的响应的表示。频率响应函数告诉我们传感器对于不同频率成分的输入信号是如何变化的。在频率响应曲线中，可以看到传感器的增益（输出幅度与输入幅度的比率）和相位（输出信号相对于输入信号的相位差）随频率的变化情况。这对于分析传感器的频率特性和对特定频率成分的测量非常重要。

尽管频率响应函数是对简谐激励而言的，但由傅里叶变换可知，任何信号都可分解成简谐信号的叠加。因而在任何复杂信号输入下，系统的频率特性也是适用的。这时，幅频、相频特性分别表征系统对输入信号中各个频率分量幅值的缩放能力和相位前后移动的能力。

（3）传递函数和频率响应函数的物理意义。

传感器的传递函数和频率响应函数是用于描述传感器行为的数学工具，它们提供了传感器对输入信号的响应方式和特性的信息。

传递函数和频率响应函数的物理意义在于它们提供了关于传感器行为的数学表达，有助于我们理解传感器如何将物理量转换为电信号或其他可测量的信号。

传递函数可以告诉我们传感器的灵敏度、放大倍数以及可能的非线性特性。频率响应函数可以告诉我们传感器对于输入信号中不同频率成分的响应程度，这对于分析传感器的动态性能和快速变化的信号非常重要。

这些函数可以用于设计和调试传感器系统，以确保其在特定应用中的性能和稳定性。总

之，传感器的传递函数和频率响应函数是用于描述和分析传感器行为的有用工具，它们提供了关于传感器性能和特性的重要信息，有助于优化传感器系统的设计和应用。

（4）脉冲响应函数。

若装置的输入 $x(t)$ 为单位脉冲 $\delta(t)$，因单位脉冲 $\delta(t)$ 的拉普拉斯变换为1，故装置的输出 $y(t)$ 的拉普拉斯变换必将是 $H(s)$，即 $Y(s)=H(s)$，或者 $y(t)=L^{-1}[H(s)]$，并可以记为 $h(t)$，常称它为装置的脉冲响应函数或权函数，如图3.9所示。脉冲响应函数可视为系统特性的时域描述。

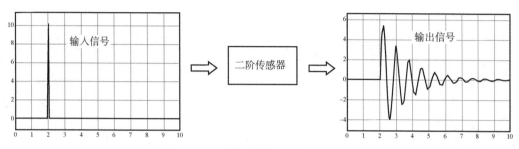

图3.9 二阶传感器的脉冲输入及响应

3. 典型传感器的动态特性

（1）一阶传感器的动态特性。

一阶传感器的微分方程为

$$\tau \frac{\mathrm{d}y(t)}{\mathrm{d}t}+y(t)=x(t) \tag{3.11}$$

对上式两边取拉普拉斯变换得

$$\tau s Y(s)+Y(s)=X(s)$$

$$H(s)=\frac{Y(s)}{X(s)}=\frac{1}{\tau s+1} \tag{3.12}$$

令 $s=\mathrm{j}\omega$，代入上式，得到频率响应函数为

$$H(\mathrm{j}\omega)=\frac{1}{\mathrm{j}\omega\tau+1}=\frac{1}{1+(\omega\tau)^2}-\mathrm{j}\frac{\omega\tau}{1+(\omega\tau)^2} \tag{3.13}$$

幅频特性为

$$A(\omega)=|H(\mathrm{j}\omega)|=\sqrt{\left[\frac{1}{1+(\omega\tau)^2}\right]^2+\left[\frac{\omega\tau}{1+(\omega\tau)^2}\right]^2}=\frac{1}{\sqrt{1+(\omega\tau)^2}} \tag{3.14}$$

相频特性为

$$\varphi(\omega)=\tan^{-1}\frac{-\dfrac{\omega\tau}{1+(\omega\tau)^2}}{\dfrac{1}{1+(\omega\tau)^2}}=\tan^{-1}(\omega\tau) \tag{3.15}$$

一阶传感器的幅、相频特性如图3.10所示。

（2）二阶传感器的动态特性。

二阶传感器的微分方程为

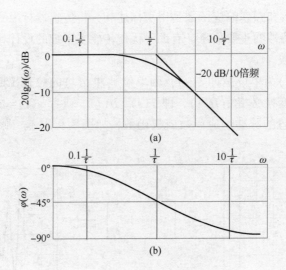

图 3.10　一阶传感器的幅、相频特性

（a）幅频特性；（b）相频特性

$$a_2\ddot{y}(t)+a_1\dot{y}(t)+a_0y(t)=b_0x(t) \tag{3.16}$$

对上式两边取拉普拉斯变换得

$$(a_2s^2+a_1s+a_0)Y(s)=b_0X(s)$$

则

$$H(s)=\frac{Y(s)}{X(s)}=\frac{b_0}{a_2s^2+a_1s+a_0}=\frac{b_0}{a_0}\frac{a_0/a_2}{s^2+\frac{a_1}{a_2}s+\frac{a_0}{a_2}} \tag{3.17}$$

其中，a_2、a_1、a_0、b_0 是由具体的物理模型决定的参数。

令 $k=\dfrac{b_0}{a_0}$，$\dfrac{a_0}{a_2}=\omega_n^2$，$\dfrac{a_1}{a_2}=2\xi\omega_n$，$k$、$\omega_n$、$\xi$ 为二阶传感器的特性参数，则

$$H(s)=k\frac{\omega_n^2}{s^2+2\xi\omega_n s+\omega_n^2} \tag{3.18}$$

令 $k=1$，归一化二阶传感器，得到二阶传感器的频率响应函数、幅频特性、相频特性：

$$H(\omega)=\frac{\omega_n^2}{-\omega^2+j2\xi\omega_n\omega+\omega_n^2} \tag{3.19}$$

$$A(\omega)=\frac{\omega_n^2}{\sqrt{\left[1-\left(\dfrac{\omega}{\omega_n}\right)^2\right]^2+4\xi^2\left(\dfrac{\omega}{\omega_n}\right)^2}} \tag{3.20}$$

$$\varphi(\omega)=-\tan^{-1}\frac{2\xi\left(\dfrac{\omega}{\omega_n}\right)}{1-\left(\dfrac{\omega}{\omega_n}\right)^2} \tag{3.21}$$

二阶传感器的幅、相频特性如图 3.11 所示。

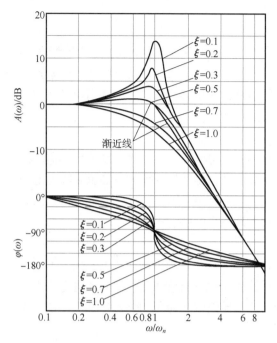

图 3.11 二阶传感器的幅、相频特性

3.3.3 环境因素对传感器性能的影响

环境因素对传感器性能的影响非常广泛，不同类型的传感器对环境的要求和敏感程度各不相同。以下是一些常见的环境因素对传感器性能的影响及应对措施。

1. 温度

温度变化会导致传感器材料的热膨胀，引起零点漂移和灵敏度的变化。高温环境可能导致传感器过热和性能下降，低温环境可能导致传感器响应速度变慢或失灵。

应对措施：使用温度补偿电路来校正温度变化对传感器产生的影响，或者使用温度稳定的材料制造传感器，以减少温度对传感器性能的影响；对于在极端温度环境下工作的传感器，可以使用绝缘和散热装置来保护传感器。

2. 湿度

高湿度环境可能会导致传感器的电气性能下降，尤其对于传感器的电子元件来说，可能会引起腐蚀和短路。

应对措施：在传感器的设计中采取防潮、防水措施，或者使用防潮、防水包装，以保护传感器免受湿度的影响；对于在高湿度环境下工作的传感器，可以使用防潮和密封材料，以及防潮涂层，确保传感器的稳定性和可靠性。

3. 振动和冲击

振动和冲击可能会引起传感器部件松动或损坏，影响传感器的准确性和可靠性。

应对措施：使用耐振动和抗冲击的传感器，或者加入减振装置来保护传感器，减小振动和冲击对传感器产生的影响；在传感器的设计和制造中，考虑机械强度和稳固性，确保传感器能够在恶劣的振动环境下工作。

4. 腐蚀性介质

在某些特殊环境中存在腐蚀性介质，它们可能会损坏传感器的感知元件和外壳。

应对措施：使用对腐蚀性介质具有耐受性的材料制造传感器，并进行防护措施，以保护传感器免受腐蚀性介质的影响；在传感器的设计中使用耐腐蚀的涂层或封装材料，确保传感器在腐蚀性介质中的长期稳定性。

5. 电磁干扰

强电磁场可能会对传感器的电信号产生干扰，影响传感器的准确性和稳定性。

应对措施：采用抗干扰设计，增加屏蔽或过滤装置来降低电磁干扰，确保传感器能够在电磁干扰的环境下正常工作；对于特别敏感的传感器，可以在远离干扰源的位置安装传感器，或者使用电磁屏蔽材料来隔离电磁的干扰。

6. 光照和辐射

光照和辐射可能会对光传感器和无线传感器产生影响，干扰其正常工作。

应对措施：采用合适的滤光片或避免在光照辐射环境下使用光传感器，使用具有抗干扰能力的无线传感器，确保传感器能够在光照和辐射环境下正常工作；使用防辐射材料或屏蔽材料，减小辐射对传感器产生的影响。

7. 大气压力

对于气体传感器，大气压力的变化可能会影响其输出的准确性。

应对措施：使用针对不同气压范围的传感器，并进行相应校准，确保传感器能够在不同气压下准确工作；对于在高海拔或高压环境下工作的传感器，应进行特殊校准和测试，确保传感器的准确性和稳定性。

8. 被测介质

被测介质的化学性质可能会影响传感器响应特性。

应对措施：选择适合被测介质的传感器，并在设计中考虑被测介质的影响，确保传感器能够正确感知被测介质；进行特殊材料的选择和涂层，以增加传感器对特定介质的适应性。

综合考虑这些环境因素对传感器的影响，对于特定的应用场景，需要选择适合的传感器类型，并采取相应的应对措施。

3.4　传感器的感知原理和工作原理

传感器工作的物理基础是基于物质的特性和物理现象，并利用这些特性和物理现象来感知和转换所测量的物理量或化学量。不同类型的传感器使用不同的物理基础来实现其测量功能。这些物理基础为传感器的感知原理和工作原理提供了基础。

传感器的感知原理和工作原理可以根据传感器的类型和应用领域而有所不同，但总体上可以归纳为以下几种。

（1）电阻感应原理：基于材料的电阻随着环境参数的变化而变化。传感器的感知元件通常采用电阻性材料，如电阻、电阻片或电阻丝。当环境参数变化时，感知元件的电阻值发生相应的变化。通过测量电阻值的变化，可以推断出环境参数的大小或变化情况。

（2）压电效应原理：压电传感器利用材料的压电效应，即在材料受到力或压力时会产生电荷。当外力作用于压电传感器时，材料的形变导致电荷的产生。测量电荷的大小可以确定外力的大小或变化情况。

（3）电容感应原理：电容传感器利用材料的电容随环境参数的变化而变化。电容传感器的感知元件通常由两个电极构成，当介质或空气的介入改变了电极之间的电容时，电容传感器能够感知环境参数的变化。

（4）光电效应原理：光电传感器基于光电效应，即材料在光照射下产生电荷或电压。根据环境光照的强度变化，光电传感器可以感知光照强度或其他光学参数。

（5）磁电效应原理：磁电传感器利用材料的磁电效应，即材料在磁场中产生电压或电流。当外部磁场发生变化时，磁电传感器能够感知磁场的强度或方向的变化。

（6）生物感应原理：生物传感器通常基于生物体的特定反应或生物分子的相互作用。例如，酶传感器利用酶与底物之间的反应来感知特定物质的存在或浓度。

（7）超声波原理：超声波传感器利用超声波在空气或液体中的传播特性来感知距离、物体的存在和速度等信息。它通过发送和接收超声波信号，可以确定目标物体的位置和特征。

这些感知原理可以应用于不同类型的传感器，如温度传感器、压力传感器、湿度传感器、光传感器、气体传感器、加速度传感器等。

传感器的工作原理取决于感知原理的应用，通过合理选择感知元件和转换元件，传感器能够将感知到的信息转换成可用于测量、控制或监测的电信号、数字信号或其他形式信号输出，实现对目标物体或环境参数的准确感知和反馈。这些传感器在现代测控系统中扮演着关键的角色，广泛应用于智能制造、智能检测和工业过程监控等领域，推动着科技的不断进步和社会的发展。

3.5 常用传感器

传感器是现代测控系统中不可或缺的重要组成部分。它们能够感知和测量外部环境中的物理量、化学量或生物量，并将其转换成电信号、数字信号或其他形式信号输出。传感器的类型和应用非常丰富多样，下面介绍工程中常见的传感器类型及其在现代测控系统中的应用。

3.5.1 传统传感器

1. 位移传感器

位移传感器是一种用于测量物体位置或位移的传感器。它可以将物体相对于参考点的位置变化转换为相应的电信号输出，从而实现对物体位移的测量，常用于机械运动控制、工业过程监控等领域。

常见的位移传感器有电容式、电阻式和光电式位移传感器等。电容式位移传感器利用位移引起的电容值的变化，电阻式位移传感器利用位移引起的电阻值的变化，光电式位移传感器则利用光对物体位移的影响来测量位移。下面主要介绍电阻式位移传感器、光电式位移传感器、磁电式位移传感器和超声波位移传感器。

（1）电阻式位移传感器：这种传感器使用电阻性材料作为感知元件，当物体位移改变感知元件的长度或形状时，电阻值发生相应的变化。通过测量电阻值的变化，可以确定物体的位移。常见的电阻式位移传感器有电位器、电阻式直线位移传感器、应变片等，如图 3.12 所示。

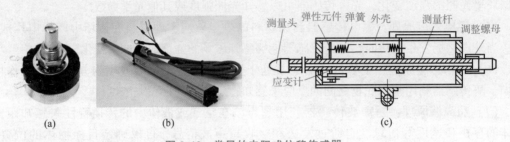

图 3.12　常见的电阻式位移传感器

（a）电位器；（b）电阻式直线位移传感器；（c）应变片

（2）光电式位移传感器：这种传感器使用光电效应来测量物体的位移。通过发射光线，当物体位移时，光线被遮挡或反射光线发生改变，传感器通过测量这些光线的变化，得出位移信息。常见的光电式位移传感器有光电编码器、光栅尺等，如图 3.13 所示。

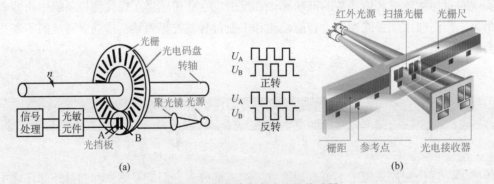

图 3.13　常见的光电式位移传感器

（a）光电编码器；（b）光栅尺

（3）磁电式位移传感器：这种传感器利用材料在磁场中的磁电效应来测量位移。当物体位移时，材料的形变导致电荷的产生，传感器通过测量这些电荷的变化，得出位移信息。常见的磁电式位移传感器有霍尔效应传感器、磁致伸缩式传感器等，如图 3.14 所示。

（4）超声波位移传感器：这种传感器使用超声波的传播时间来测量位移。它发射超声波并接收反射的超声波信号，通过测量超声波的传播时间来计算物体与传感器之间的距离，从而得出位移信息，如图 3.15 所示。

位移传感器在工程领域中有着广泛的应用，在机械制造、自动化控制、机器人导航、车辆悬挂系统、建筑结构监测等方面都可以见到位移传感器的身影。它们为工程技术提供了重要的位移测量手段，实现了精确测量和自动化控制，推动了工程技术的不断发展和进步。

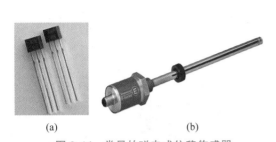

图 3.14　常见的磁电式位移传感器

（a）霍尔效应传感器；（b）磁致伸缩式传感器

图 3.15　超声波位移传感器

2. 温度传感器

温度传感器是一种用于测量环境或物体的温度的传感器。它将温度变化转换成相应的电信号输出，用于监测和测量温度值。

常见的温度传感器如图 3.16 所示，具体说明如下。

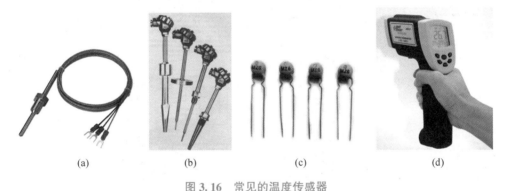

图 3.16　常见的温度传感器

（a）Pt100；（b）热电偶；（c）热敏电阻；（d）红外温度传感器

（1）热电阻温度传感器（Resistance Temperature Detector，RTD）：热电阻是一种电阻性材料，在温度变化时，其电阻值也会随之变化。热电阻温度传感器通常采用铂（Pt）材料，广泛应用于工业领域和实验室，具有较高的精度和稳定性，如 Pt100。

（2）热电偶温度传感器（热电偶）：由两种不同金属导线组成的温度传感器，利用热电效应来测量温度变化。热电偶具有广泛的测量范围和良好的抗干扰能力，在高温环境和特殊应用中得到广泛应用。

（3）热敏电阻温度传感器（热敏电阻）：一种半导体材料，其电阻值随温度变化而变化。它可以分为正温度系数（Positive Temperature Coefficient，PTC）和负温度系数（Negative Temperature Coefficient，NTC）两种类型，常用于家用电器、汽车电子等领域。

（4）红外温度传感器：通过感知物体发出的红外辐射，来测量物体的表面温度，适用于非接触式测温，常用于工业、医疗和家用电器等领域。

温度传感器在现代工程和技术中扮演着重要角色，广泛应用于气象观测、工业自动化、环境监测、医疗设备、家用电器等领域。它们为实时监测和控制温度提供了重要的数据支持，确保了设备和系统的稳定运行和安全性。同时，可根据具体应用场景的需求来选择不同类型的温度传感器，以满足不同精度、测量范围和工作环境的要求。

3. 压力传感器

压力传感器是能感受压力信号，并能按照一定的规律将压力信号转换成可用电信号输出的器件或装置。常见的压力传感器如图 3.17 所示，具体说明如下。

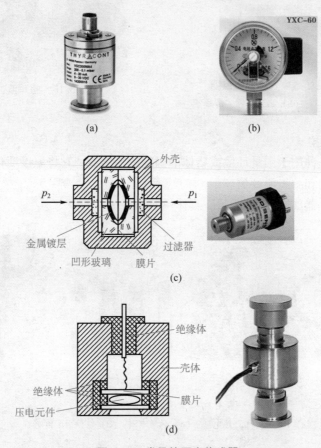

图 3.17　常见的压力传感器

（a）压阻式压力传感器；（b）磁电式压力传感器；（c）差动式电容压力传感器；（d）压电式压力传感器

（1）压阻式压力传感器：利用电阻性材料在受力作用下产生的电阻值的变化来测量压力。常见的压阻式压力传感器有应变片式传感器和薄膜传感器。

（2）磁电式压力传感器：利用材料在磁场中产生的电压或电流来测量压力。当外部压力改变时，材料的形变导致电压或电流的产生，磁电式压力传感器通过测量这些电信号来得出压力信息。

（3）电容式压力传感器：利用气体或液体的电容随压力的变化而变化来测量压力。常见的电容式压力传感器有绝对压力传感器和差动式电容压力传感器。

（4）压电式压力传感器：利用压电效应来测量压力。当外部压力作用于压电式压力传感器时，材料产生电荷，传感器通过测量这些电荷来得出压力信息。

压力传感器是工业实践中最为常用的一种传感器，在现代工程和技术中应用广泛，在工业自动化、汽车制造、航空航天、医疗设备、气象观测等领域中都可以见到压力传感器的身影。它们为实时监测和控制压力提供了重要的数据支持，确保了设备和系统的安全运行和性能优化。可根据具体应用场景的需求来选择不同类型的压力传感器，以满足不同精度、测量范围和工作环境的要求。

4. 光传感器

光传感器是一类重要的传感器，它可以感知光的存在，以及光照强度、光的频率、光的波长等光学参数，利用光的特性和与物质的相互作用，将光信号转换为电信号进行处理和分析。

光传感器有多种类型，常见的光传感器包括光电传感器、图像传感器、光纤传感器、激光传感器等。

（1）光电传感器。

①光敏电阻传感器（光敏电阻）：一种半导体材料，其电阻值会随光照强度的变化而变化。光敏电阻被广泛用于光照强度测量、光控开关等。

②光电二极管传感器（光电二极管）：一种半导体器件，当光照射到二极管上时，会产生电流。光电二极管常用于检测光的存在或缺失，如用于红外传感和避障传感。

③光电晶体管传感器（光电晶体管）：一种半导体器件，它在光照射下产生的电流较光电二极管更大。光电晶体管常用于高精度的光照强度测量。

④光电编码器：一种通过感知光栅来进行位置和速度测量的传感器。它常用于位置反馈和运动控制系统中。

常见的光电传感器如图3.18所示。

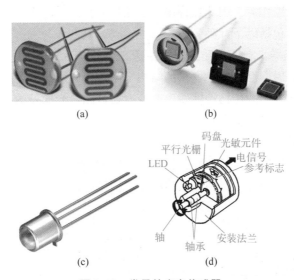

图3.18　常见的光电传感器

（a）光敏电阻；（b）光电二极管；（c）光电晶体管；（d）光电编码器

（2）图像传感器。

图像传感器主要基于光电效应和半导体器件的特性。它由大量的光敏元件组成，每个元件都可以将光能转换成相应的电荷或电压信号。

常见的图像传感器包括CCD（Charge Coupled Device，电荷耦合器件）和CMOS（Complementary Metal Oxide Semiconductor，互补金属氧化物半导体）传感器。

（1）CCD 传感器：采用电荷耦合器件来感知光信号。当光照射到 CCD 传感器表面时，光子激发半导体中的电子，产生电荷。然后，这些电荷通过传感器中的电荷耦合结构传递，最终转移到输出端进行读取和处理。CCD 传感器具有较高的灵敏度和低噪声，适用于高质量图像和视频采集。

（2）CMOS 传感器：采用互补金属氧化物半导体技术，每个光敏元件都带有自己的放大器和转换电路。当光照射到 CMOS 传感器上时，光子激发半导体中的电子，产生电荷，并通过放大器进行增强和转换成电压信号。CMOS 传感器在功耗和成本方面相对较低，适用于大规模和低功耗的图像采集。

图像传感器在工程中具有广泛的应用，例如，在工业自动化和机器视觉系统中用于检测和识别产品缺陷、尺寸和形状，以及进行自动化控制；在安防监控系统中用于实时监测和录制场景，以保障公共安全和财产安全。图像传感器在医学领域用于 X 射线成像、CT 扫描、核磁共振和内窥镜等医学影像设备。此外，图像传感器还用于无人机和航空航天中的航拍、地形测绘和遥感监测等。

（3）光纤传感器。

光纤传感器是一种利用光纤作为感知元件的传感器，通过光学原理来感知和测量物理量或环境参数的变化。光纤是一种长而细的光导纤维，具有优异的光学特性。当物理量或环境参数发生变化时，光纤的某些光学特性也会随之改变。光纤传感器通过检测这些光学特性的变化来感知目标物理量。光纤传感器具有许多优点，如高灵敏度、抗干扰性强、不易受电磁干扰、能在危险环境下工作等，因此在许多工程领域中得到广泛应用。

常见的光纤传感器包括以下几种。

（1）光纤光栅传感器：利用光纤光栅的原理来测量应变、温度、压力等物理量。光栅是在光纤中定期形成的周期性折射率变化的结构，当外界应变或温度发生变化时，光栅的折射率也会随之变化，导致光的传播特性发生改变。通过测量光栅处的反射光谱或透射光谱的变化，可以获得目标物理量的信息。

（2）光纤光调制传感器：利用外部物理量对光的幅度、相位或频率进行调制。图 3.19 所示为利用光纤光调制传感器测量位移（压力）的原理。这种传感器常用于测量振动、位移、压力等参数。光纤光调制传感器的输出信号可以直接转换成电信号，并进行进一步处理和分析。

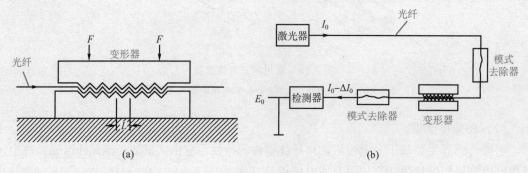

图 3.19　利用光纤光调制传感器测量位移（压力）的原理

（a）变形器；（b）测量光路

（3）光纤布拉格光栅传感器：一种利用布拉格光栅原理来测量温度、应变、压力等物理量的传感器。布拉格光栅是在光纤中形成的周期性折射率变化的结构，其反射光谱的中心波长与外界物理量相关。光纤布拉格光栅传感器的测量原理如图 3.20 所示，通过测量布拉格光栅的中心波长变化，可以获得目标物理量。

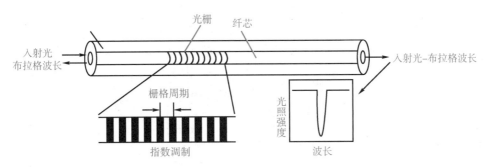

图 3.20 光纤布拉格光栅传感器的测量原理

光纤传感器在工程领域中的应用非常广泛，可用于监测桥梁、建筑物、飞机等结构的应变和振动，从而实现结构健康状态的实时监测和预警；用于监测油气管道的温度和压力变化，及时发现管道泄漏和异常情况等。

（4）激光传感器。

激光传感器是一种利用激光技术进行测量和检测的传感器。激光传感器的工作原理基于激光的光学特性。激光是一种特殊的光束，具有高度的单色性、方向性和相干性。激光传感器一般使用激光器发射激光光束，该光束经过适当的光学元件聚焦后照射到目标物体上。目标物体会对激光光束发生反射、散射或吸收，传感器接收到反射或散射的激光光束后，通过测量光束的时间延迟、强度或相位差等参数来计算目标物体的特性。

激光传感器具有高精度、高速度、非接触式测量和远距离测量等优点，因此在许多工程和科学领域中得到广泛应用。例如，用于建筑物测量、工程测绘和工业生产中的尺寸检测。图 3.21 所示为一种使用激光位移传感器动态测量钢坯宽度的方法，其可用于测量机器人或车辆的位姿，实现自动导航和定位。激光多普勒测速仪可以测量目标物体的速度，广泛应用于交通监控、运动竞技和航空航天等领域。激光传感器可以实现对目标物体的非接触式检测，适用于对脆弱物体或高温物体的检测。

总之，光传感器用于检测物体的存在、距离和运动等，在现代工程和技术中应用广泛，在自动化控制、光学测量、图像识别、机器人导航和光通信等领域中都发挥着重要作用。它们为实现光学检测、位置感知、速度测量等提供了重要的手段，帮助实现自动化、智能化和高效化的目标。可根据具体应用场景的需求来选择不同类型的光传感器，以满足不同光学参数的测量和控制要求。

5. 惯导传感器

惯导传感器是一种运动传感器，主要用于测量物体在惯性空间中的运动参数（加速度、倾斜、冲击、振动、旋转和多自由度），是解决导航、定向和运动载体控制的重要部件。

惯导传感器依据敏感量的不同分为加速度传感器和陀螺仪两大类，按照测量精度可分为低端应用市场产品和高端应用市场产品。低端应用市场产品特点是价格较低、用量较大、性

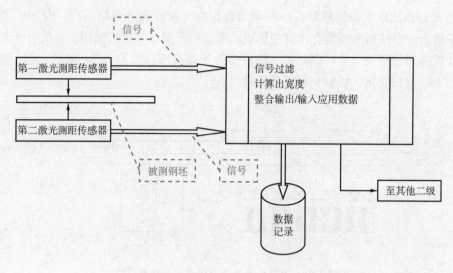

图 3.21 使用激光位移传感器动态测量钢坯宽度的方法

能要求较低，主要包括消费电子、汽车电子、工业自动化产品等；高端应用市场产品特点是精度要求较高、价格较高、用量较小等，主要包括国防和商业航天等军用级和宇航级电子产品。

6. 湿度传感器

湿度传感器是一种用于测量环境湿度的传感器。湿度是指空气中水蒸气的含量，通常以百分比形式表示相对湿度。湿度传感器的主要作用是感知和测量空气中的湿度水平，并将湿度信息转换成电信号或数字信号输出，以便于监测、控制和记录。

常见的湿度传感器包括以下几种。

（1）电阻式湿度传感器（湿敏电阻）：利用湿敏电阻材料，它的电阻值随着湿度的变化而变化，通过测量电阻值的变化，可以推断出空气的相对湿度。

（2）电容式湿度传感器：利用湿度对电容值的影响，当空气中的湿度发生变化时，感知元件的电容值也会发生变化，从而得到湿度的测量值。

（3）表面张力湿度传感器：基于空气中的水分影响液体表面张力的原理，通过测量液滴的形态变化来推断空气中的湿度。

（4）光纤湿度传感器：利用光纤对湿度的响应特性，通过光纤传输信号来测量湿度。

湿度传感器在许多领域中都有重要的应用，包括气象观测、室内环境监测、农业、工业生产等。在气象观测中，湿度传感器是测量大气湿度的重要工具；在室内环境监测中，湿度传感器可用于控制空调系统，保持舒适的室内湿度；在农业中，湿度传感器可用于土壤湿度监测，帮助农民科学灌溉；在工业生产中，湿度传感器可用于控制加湿或除湿设备，保持生产环境的稳定性。应根据具体应用场景和要求选择湿度传感器，以确保精准和可靠地测量湿度，并满足系统的实际需求。

7. 加速度传感器

加速度传感器是一种用于测量物体在空间中加速度的传感器。加速度是指物体在单位时间内速度发生变化的量，单位为 m/s^2。加速度传感器的主要作用是感知和测量物体的加速度，并将加速度信息转换成电信号或数字信号输出，以便于监测、控制和记录。

常见的加速度传感器包括以下几种。

（1）压电式加速度传感器：利用压电材料的特性，即在受到加速度作用时产生电荷或电压信号，通过测量产生的电荷或电压变化，可以得到物体的加速度信息，如图3.22所示。

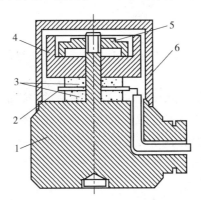

1—基座；2—电极；3—压电晶片；4—质量块；5—弹性元件；6—外壳。

图3.22　压电式加速度传感器

（2）悬臂梁式加速度传感器：将加速度作用在悬臂梁上，悬臂梁产生振动，通过测量振动的频率或振动的变化来测量加速度。

（3）壳体式加速度传感器：利用壳体的变形来感知加速度，通过测量壳体的变形量来得到加速度信息。

加速度传感器在许多领域都有重要的应用，包括航空航天、汽车工业、运动监测、地震监测等。在航空航天中，加速度传感器常用于测量飞行器的加速度变化，用于控制和导航；在汽车工业中，加速度传感器用于车辆的动态稳定性控制和碰撞检测；在运动监测中，加速度传感器可用于运动员的姿势检测和运动分析；在地震监测中，加速度传感器用于测量地震震级和震源距离等参数。

应根据具体应用场景和要求选择加速度传感器，以确保精准和可靠地测量加速度，并满足系统的实际需求。同时，加速度传感器还常常与其他传感器结合使用，如陀螺仪和磁力计传感器，来实现更全面的运动和姿态测量。

8. 气体传感器

气体传感器用于检测空气中特定气体的浓度，广泛应用于环境监测、工业安全等领域。常见的气体传感器有电化学式、半导体式和红外式气体传感器。电化学式气体传感器利用气体与电极间的化学反应来测量气体浓度，半导体式气体传感器利用气体对半导体电阻值的影响来测量气体浓度，红外式气体传感器利用气体吸收红外辐射的特性来测量气体浓度。

9. 生物传感器

生物传感器的工作原理通常是基于生物体的特定反应或生物分子的相互作用。例如，酶传感器利用酶与底物之间的反应来感知特定物质的存在或浓度。生物传感器在医疗诊断、生物实验等领域具有重要应用价值。

10. 磁传感器

磁传感器用于检测磁场的强度和方向，通过感测磁场强度、磁场分布、磁场扰动等来精确测量电流、位置、方向、角度等物理参数。磁传感器分为3类：指南针、磁场感应器、位置传感器。磁传感器常用于罗盘、导航系统等领域，广泛用于消费电子、现代工农业、汽车和高端信息化装备中。常见的磁传感器有霍尔效应传感器和磁电传感器。霍尔效应传感器利用磁场对半导体的影响来测量磁场强度。磁电传感器利用材料的磁电效应来测量磁场强度和振动速度等物理量。

11. 姿态传感器

姿态传感器用于测量物体的倾斜角度或方向，常用于导航、航空航天等领域。

12. 声学传感器

声学传感器利用声波的传播和反射原理来收集有关声音的信息，并将其转换为电信号进行处理和分析。常见的声学传感器包括麦克风阵列、压电传感器、超声波传感器和声表面波传感器。它们可以用于声音识别、方向定位、距离测量、材料测试、声呐应用等。声学传感器在许多领域都有广泛的应用，包括声音记录、噪声控制、通信、医疗诊断、环境监测和安全系统等。

以上列举的传感器只是众多传感器中的一部分，这些传感器在现代测控系统中扮演着关键的角色，通过感知和测量不同的物理量或化学量，将所获得的信息转换成可用于测量、控制或监测的信号输出，实现对目标物体或环境参数的准确感知和反馈。它们在各个领域的应用不断推动着技术的创新和进步，为提高生产效率、保障安全和改善生活品质做出了重要贡献。传感器的不断发展和创新将进一步拓展其在智能制造、智能检测和工业过程监控等领域的应用，推动着现代社会向着更智能化、自动化和环保型方向迈进。

需要注意的是，实际工程中可能还会涉及其他类型的传感器，根据具体的应用需求选择适合的传感器非常重要。

3.5.2 智能传感器

1. 智能传感器的定义及功能

智能传感器是一种集传感、处理、通信和控制等功能于一体的先进传感器，由感知元件、信号调理电路、控制器（或处理器）组成，具有数据采集、转换、分析甚至决策功能。

智能化可提升传感器的精度，降低功耗和体积，从而扩大传感器的应用范围，使其发展更加迅速。

相比传统传感器，智能传感器具有更高的智能化水平，能够实时处理和分析感测到的数据，并根据预设的算法和逻辑进行决策和控制。

智能传感器的特点是精度高、分辨率高、可靠性高、自适应性高、性价比高。智能传感器在现代测控系统中发挥着重要的作用，其应用领域涵盖工业自动化、智能制造、智能家居、环境监测、智能交通等。

智能传感器的工作原理基本上与传统传感器相似，但其在数据采集和处理上具有更高的自主能力，主要完成传感数据采集、信号处理、数据存储和通信三大功能。

（1）传感数据采集：智能传感器使用特定的感知元件来感知目标物体或环境参数，并将感知到的数据转换成电信号或数字信号。

（2）信号处理：智能传感器内部搭载了处理器和算法，能够对感测到的信号进行实时处理和分析。通过内置的处理器，智能传感器可以对数据进行滤波、校准、补偿等处理，以确保测量结果的准确性和稳定性。

（3）数据存储和通信：智能传感器通常具备一定的存储容量，可以将处理后的数据存储在内部或外部存储器中。同时，智能传感器可以通过各种通信接口（如 UART、SPI、I2C、无线通信等）将数据传输给上位机或其他设备。

智能传感器内置了特定的算法和逻辑，可以根据预设的规则和条件对感测数据进行决策。例如，智能温度传感器可以根据温度数据来控制温度调节设备；智能灯光传感器可以根据光照强度来自动调节灯光亮度等。

高级智能传感器还具备自学习能力，能够根据环境变化和使用情况不断优化自身的算法和性能，以适应不同的应用场景。

智能传感器是传感器技术与信息技术相结合的产物，通过内置的处理和控制功能，实现对感测数据的智能处理和应用。智能传感器的发展将进一步推动物联网和智能化应用的发展，为现代社会带来更多便利和效益。

2. 智能传感器的分类

智能传感器是一类基于先进制造技术的高度集成化传感器，主要应用于自动化控制、物联网、智能手机、智能家居等领域。根据制造技术的不同，智能传感器可以分为以下三大类。

（1）MEMS 传感器：采用微细加工技术，将微型感知元件和信号处理电路集成在芯片上。这种制造技术使传感器具有体积小、功耗低、灵敏度高和快速响应的特点。MEMS 传感器常用于加速度传感器、陀螺仪、压力传感器、温度传感器等，广泛应用于智能手机、汽车电子、医疗器械等领域。

（2）CMOS 传感器：利用 CMOS 集成电路技术，将感知元件和信号处理电路集成在同一芯片上。这种制造技术使传感器具有高度集成化和功耗低的特点。CMOS 传感器常用于图像传感器、声音传感器等，广泛应用于数码相机、摄像头、安防监控等领域。

（3）光谱学传感器：利用光学原理进行测量，通过光学元件将光信号转换成电信号。这种传感器可以对物体的光谱特性进行测量和分析，广泛应用于光谱分析、气体检测、化学分析等领域。

这 3 类智能传感器在应用领域和性能特点上有所差异，但都具有高度集成化、智能化和高性能的特点。随着制造技术的不断进步，智能传感器的功能将不断拓展，将为人们创造更多的便利和应用价值。

3.6 传感器特性的测量方法及标定

3.6.1 理想传感器的特性

理想传感器应该具有单值的、确定的输入/输出关系，即对于每一输入量都应该只有单一的输出量与之对应，其中以输出和输入成线性关系最佳。理想传感器也被称为不失真传输系统，信号 $x(t)$ 通过一个系统，其响应 $y(t)$ 若不失真，则称这个系统为不失真传输系统（即理想系统）。

假设有一传感器，其输出 $y(t)$ 与输入 $x(t)$ 满足关系：

$$y(t) = A_0 x(t - t_0) \tag{3.22}$$

其中，A_0、t_0 都是常数。此式表明该传感器的输出波形与输入信号的波形精确地一致，只是幅值放大了 A_0 倍，在时间上延迟了 t_0 而已，如图 3.23 所示。

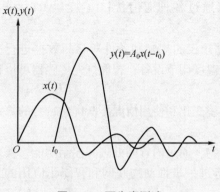

因此，传感器实现不失真测试时，频域上必须满足的条件为

$$\begin{cases} A(\omega) = A_0 \\ \varphi(\omega) = -\omega t_0 \end{cases} \tag{3.23}$$

图 3.23　不失真测试

许多实际测量装置无法在较大工作范围内满足线性要求，但可以在有效测量范围内近似满足线性测量要求。

3.6.2　传感器特性的标定

传感器的标定是将传感器的输出值与其所感知的真实物理量之间的关系进行确定和校准的过程。标定的目的是确保传感器在工作过程中能够准确地测量和输出所感知的物理量，并保证传感器的输出结果与真实值之间的一致性和准确性。

1. 传感器的静态标定

根据传感器的功能，静态标定首先需要建立静态标定系统，然后要选择与被标定传感器的精度相适应的一定等级的标定用仪器设备。各种传感器的标定方法也不同，常用力、压力、位移传感器标定。传感器的静态标定的步骤如下。

（1）将传感器测量范围分成若干等间距点。

（2）根据传感器量程分点情况，输入量由小到大逐渐变化，并记录各输入、输出值。

（3）再将输入值逐渐减小，同时记录各输入、输出值。

（4）重复上述两步，对传感器进行正、反行程多次重复测量，将得到的测量数据用表格列出或绘制曲线。

（5）对测量数据进行处理，根据处理结果确定传感器的线性度、灵敏度和回程误差等静态特性指标。

2. 传感器的动态标定

传感器的动态标定是指在传感器实际工作过程中，对其动态特性进行定期检验和校准的过程。传感器在实际应用中会受到各种环境因素和工作条件的影响，导致其输出值可能存在一定的漂移或变化。为了确保传感器在长期使用过程中的准确性和稳定性，需要对传感器的动态特性进行监测和标定。

传感器进行动态标定时，需有一标准信号对它进行激励，常用的标准信号有两类：一类是周期函数，如正弦波等；另一类是瞬变函数，如阶跃波等。用标准信号激励后得到传感器的输出信号，经分析计算、数据处理，便可决定其频率特性，即幅频特性、阻尼和动态灵敏度等。

通常用传感器系统对阶跃激励响应曲线测定传感器动态特性的时域指标，一、二阶传感器的阶跃响应如图 3.24 所示，测定传感器动态特性的时域指标主要有以下几个。

（1）时间常数 τ：输出值上升到稳态值的 63% 所需的时间。

（2）上升时间：输出值从稳态值的 10% 上升到 90% 所需的时间。

（3）响应时间：输出值达到稳态值的 95% 或 98% 所需的时间。

（4）最大超调量：在二阶传感器中，若输出量大于稳态值，则有超调。

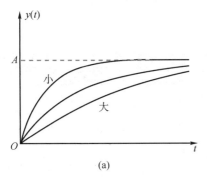
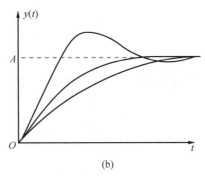

(a)　　　　　　　　　　　　　　　　　(b)

图 3.24　一、二阶传感器的阶跃响应

（a）一阶传感器；（b）二阶传感器

通常利用传感器系统对单位幅度正弦信号的响应曲线来测定传感器动态特性的频域指标，一、二阶传感器的动态特性如图 3.25 所示。传感器的频域性能指标包括以下几个。

（1）通频带：对数幅频特性曲线上幅值衰减 3 dB 时所对应的频率范围。

（2）工作频带：幅值误差为 ±5% 或 ±10% 时所对应的频率范围。

（3）相位误差：在工作频带范围内相位应小于 5° 或 10°。

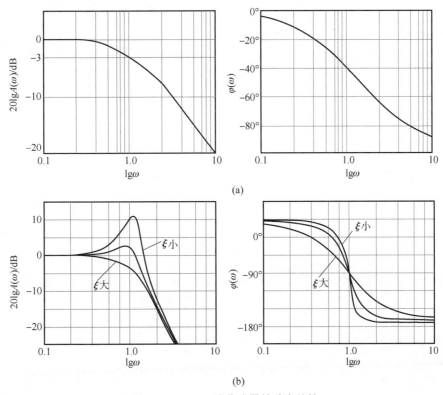

(a)

(b)

图 3.25　一、二阶传感器的动态特性

（a）一阶传感器的幅频特性和相频特性；（b）二阶传感器的幅频特性和相频特性

动态标定可以在传感器投入使用前进行初始标定，也可以在传感器长期使用过程中进行定期标定，以确保传感器始终保持较高的准确性和稳定性。动态标定对于要求高精度和可靠性的应用场景非常重要，尤其在自动化控制、工业过程监控和精密测量等领域中，动态标定是保证传感器正常工作的关键步骤。

3.7 传感器的选用原则

传感器的选用原则是根据具体的测量目的和实际应用条件，综合考虑多个因素来选择最适合的传感器。

在选择时，首先应了解测量目的，判断是定性分析还是定量分析。若是相对比较性的试验研究，则只需获得相对比较值即可，此时应要求传感器的重复精度高，而不要求其测试的绝对量值准确。如果是定量分析，那么必须获得精确量值。但在某些情况下，要求传感器的精度越高越好。例如，对现代超精密切削机床，测量其运动部件的定位精度，主轴的回转运动误差、振动及热形变等时，往往要求它们的测量精度为 $0.1\sim0.01$ m，欲测得这样的精确量值，必须使用高精度的传感器。

以下是传感器选用的一般原则。

3.7.1 测量目的

首先要明确测量的目的和需求，判断是定性分析还是定量分析，是监测、控制、检测还是诊断。不同的测量目的需要不同类型的传感器，因此要确保选用的传感器能够满足具体的测量目的。

3.7.2 测量参数

明确需要测量的参数，如温度、压力、位移、速度、力、湿度等。不同的传感器适用于不同的测量参数，因此要选择能够测量目标参数的传感器。

3.7.3 精度要求

传感器的精度表示传感器的输出与被测量的对应程度。如前所述，传感器处于测试系统的输入端，因此，传感器能否真实地反映被测量，对整个测试系统会产生直接的影响。然而，在实际中也并非要求传感器的精度越高越好，还需要考虑测量目的，同时需要考虑经济性。因为传感器的精度越高，其价格就越高，所以应根据测量的精度要求选择合适的传感器。如果需要高精度的测量结果，那么就需要选择精度较高的传感器，尽管这可能会增加成本。

3.7.4 线性范围

考虑被测量的范围是否在传感器的线性范围之内，确保传感器在工作范围内能够提供准确的测量结果。任何传感器都有一定的线性范围。在线性范围内输出与输入成比例关系，线性范围越大，则表明传感器的工作量程越大。

传感器工作在线性范围内，是保证测量精度的基本条件。例如，机械式传感器中的测力元件，其材料的弹性极限是决定测力量程的基本因素，当超出测力元件允许的弹性范围时，将产生非线性误差。然而，对于任何传感器，保证其绝对工作在线性范围内是不容易的。在某些情况下，在许可限度内，也可以取其近似线性范围。例如，变间隙型的电容、电感式传感器，其工作范围均选在初始间隙附近。另外，必须考虑被测量的变化范围，令其非线性误差在允许限度以内。

3.7.5　灵敏度

根据被测信号的强弱确定适当的传感器灵敏度。一般来说，传感器的灵敏度越高越好，因为灵敏度越高，就意味着传感器所能感知的变化量越小，即只要被测量有一微小的变化，传感器就有较大的输出。但是，在确定灵敏度时，要考虑以下几个问题。

当传感器的灵敏度很高时，那些与被测信号无关的外界噪声也会被检测到，并通过传感器输出，从而干扰被测信号。因此，为了既能使传感器检测到有用的微小信号，又能使噪声干扰小，就要求传感器的信噪比越大越好。也就是说，要求传感器本身的噪声小，而且不易从外界引进干扰噪声。

与灵敏度紧密相关的是线性范围。当传感器的线性范围一定时，传感器的灵敏度越高，干扰噪声越大，难以保证传感器的输入在线性范围内工作。不言而喻，过高的灵敏度会影响其适用的测量范围。

当被测量是一个向量，并且是一个单向量时，传感器的单向灵敏度越高越好，而横向灵敏度越低越好；如果被测量是二维或三维的向量，那么传感器的交叉灵敏度越低越好。

3.7.6　响应特性

传感器的响应特性是指在所测频率范围内，保持不失真的测量条件。实际上传感器的响应总会不可避免地有一定的延迟，只是希望延迟的时间越短越好。一般物性型传感器（如光电传感器、压电传感器等）的响应时间短，工作频率范围宽；而结构型传感器，如电感、电容等传感器，由于受到结构特性的影响和机械系统惯性质量的限制，其固有频率低，工作频率范围窄。

3.7.7　稳定性和可靠性

稳定性是表示传感器经过长期使用以后，其输出特性不发生变化的性能。影响传感器稳定性的因素是时间与环境。

为了保证传感器的稳定性，在选择传感器时，一般应注意两个问题。其一，根据环境条件选择传感器。例如，湿度会影响电阻应变式传感器的绝缘性，使其产生零点漂移，长期在该环境下使用会产生蠕动现象等；变极距型电容式传感器受环境湿度的影响，当油剂浸入间隙时，会改变电容的介质；当光电传感器的感光表面有尘埃或水汽时，会改变感光性质。其二，要创造或保持一个良好的环境，在要求传感器长期工作而无须经常更换或校准的情况下，应对传感器的稳定性有严格的要求。

3.7.8 测量方式

测量方式也是选择传感器时应考虑的重要因素。例如，接触与非接触测量、破坏与非破坏性测量、在线与非在线测量等。条件不同，对测量方式的要求亦不同。例如，在机械系统中，对于运动部件的被测参数（如回转轴的误差、振动、扭矩），往往采用非接触测量方式。因为对运动部件采用接触测量时，会出现诸如测量头的磨损、接触状态的变动、信号的采集等问题，这些问题容易造成测量误差。在这种情况下采用电容式、涡流式等非接触式传感器进行测量很方便，若选用应变片式传感器，则需配以遥测应变仪。

在线测量是与实际情况保持一致的测量方法。特别是针对自动化过程的控制与检测系统，往往要求信号真实与可靠，必须在现场条件下才能达到检测要求。实现在线检测是比较困难的，对传感器与测试系统都有一定的特殊要求。例如，在加工过程中，实现表面粗糙度的检测，以往的光切法、干涉法、触针法等都无法运用，取而代之的是激光、光纤或图像检测法。研制在线检测的新型传感器，也是当前测量技术发展的一个方面。

除以上选用传感器时应充分考虑的原则外，还应尽可能兼顾结构简单、体积小、重量轻、价格低、易于维修、易于更换等条件。综合考虑以上原则，根据具体的应用需求，选用最合适的传感器将有助于确保系统的准确性、稳定性和可靠性，提高结果的可信度和有效性。

3.8 传感器信号处理技术

信号处理技术是传感器的关键技术之一。传感器感知到的原始信号通常是微弱的、噪声干扰较大的模拟信号，需要经过信号处理才能提取出有用的信息并转换成可用的数字信号或其他形式信号输出。信号处理技术在传感器的性能、精度和可靠性方面起着至关重要的作用。

传感器信号处理技术是指对传感器感知到的原始信号进行处理和解析，以提取出有用的信息或特征，实现信号的转换、增强、滤波、调理和分析等操作。这些处理步骤旨在从传感器输出的信号中提取出有用的信息，并将这些信息转换成可用于测量、控制或监测的信息，使其能够满足具体应用需求。信号处理技术是传感器的应用中至关重要的一环，它能够提高传感器的性能和精度，增强传感器对目标物体或环境参数的感知能力。

传感器信号处理技术主要涉及以下几个方面：滤波技术、放大和增益控制技术、校准和补偿技术、模拟传感器信号的数字化处理、数据分析与处理技术，以及模式识别与智能化处理、通信和数据传输技术等。

3.8.1 模拟信号的放大、滤波和校准

1. 滤波技术

由于传感器所处环境中常常存在各种噪声,为了提高信号质量和抑制干扰,需要对信号进行滤波处理。滤波技术是传感器信号处理中常用的技术,它可以去除信号中的噪声和干扰,从而得到更加平滑和稳定的信号,并且保留了目标信号的有效部分。常见的滤波技术包括低通滤波、高通滤波、带通滤波等。根据信号频率特性选择合适的滤波器,以保留有效信号并抑制不需要的干扰。

2. 放大和增益控制技术

传感器输出的信号可能较弱,需要使用放大和增益控制技术来增强信号的强度,以便更好地进行后续处理和分析。放大可以提高信号的幅度,增加测量的灵敏度,可以通过模拟放大电路或数字信号处理器进行放大。

3. 校准和补偿技术

由于传感器的制造和工作环境等因素,输出信号可能存在误差,所以需要对传感器的输出进行校准。传感器信号校准是将传感器输出与实际物理量之间的关系进行校准,消除非线性、温度漂移等因素引起的误差,提高传感器的准确度和稳定性,使输出信号更准确和稳定。

3.8.2 模拟传感器信号的数字化处理

模拟传感器信号的数字化处理是将传感器输出的模拟信号转换为数字信号的过程,通常称为模数转换。这一过程是将连续变化的模拟信号转换为离散的数值,以便于数字系统的处理、存储和传输,主要包括信号采样、模数转换、数字化处理等步骤。

1. 信号采样

信号采样是指将模拟信号在时间上进行离散化,在一定时间间隔内对模拟信号进行采集,将其离散化成一系列的采样点。采样过程中,系统以固定的时间间隔对模拟信号进行采样,得到一系列离散的采样值。采样频率决定了数字信号的时间分辨率,通常以赫兹(Hz)表示。采样频率越高,对原始信号的还原度越高,但同时增加了数据处理的计算量。实际采样时要遵循采样定理。

采样定理,也称为奈奎斯特采样定理或香农采样定理,是数字信号处理和通信领域中的一个重要定理。该定理由美国工程师哈里·奈奎斯特(Harry Nyquist)和美国数学家克劳德·艾尔伍德·香农(Claude Elwood Shannon)分别在20世纪20年代和30年代提出,对于数字信号的采样和重构具有重要指导意义。

采样定理的表述如下:在进行模拟信号的采样时,为了避免采样后信号的失真,采样频率必须至少是被采样信号最高频率的两倍。换句话说,对于一个带宽有限的模拟信号,它的采样频率至少要达到信号最高频率的两倍,这样才能保证采样后的数字信号能够准确地还原原始信号。

采样定理的数学表达式如下:

$$f_s \geq 2f_{max}$$

其中，f_s表示采样频率，是指一段时间内对模拟信号进行采样的次数；f_{max}表示最高信号频率f_{max}，是指被采样信号中包含的最高频率成分。

若不满足采样定理，即采样频率小于最高信号频率的两倍，则将导致采样后的数字信号出现混叠失真，即高频成分会被误认为是低频成分，使重构后的信号与原始信号存在差异。

因此，采样定理是确保数字信号的完整性和准确性的基本原则，在实际应用中，需要根据信号的特性合理选择采样频率，以满足采样定理的要求，保证数字信号的正确还原和处理。

2. 模数转换

模拟传感器信号是连续变化的模拟信号，而数字系统通常处理离散的数字信号。为了在数字系统中对传感器数据进行处理、存储和分析，需要将模拟信号转换为数字信号，这个过程就是模数转换。模拟传感器信号的数字化处理中的一个重要步骤就是模数转换，它使传感器数据能够与数字系统进行交互，实现数字信号处理和数字化的应用。

模数转换器（Analog-to-Digital Converter，ADC）是一种电子设备，它能够将模拟信号转换为数字信号，通常用二进制表示。ADC接收来自传感器的模拟信号，并在一定的采样频率下对信号进行采样和量化，将连续变化的模拟信号转换成离散的数字信号。转换后的数字信号可以在计算机、微控制器、数字信号处理器等数字系统中进行处理和存储，以进行各种分析。

一般地，模数转换包括量化和编码两个阶段。

（1）量化。

量化是将连续的模拟信号转换为离散的数字信号的过程。在量化过程中，ADC将在时间上等间隔地抽取模拟信号，形成离散的采样点。量化的过程就是将这些采样点映射到离散的量化水平，通常使用固定的量化步长（量化间隔）进行近似取样，将连续的信号值映射到最接近的离散值。这样就将模拟信号转换为了一系列离散值，这些离散值表示了模拟信号在不同时间点的近似值。

（2）编码。

编码是将量化后的离散值转换为数字代码的过程。每个量化点在数字化过程中需要表示成一个数字，量化后得到的离散值通常是用十进制表示的，而在计算机系统中，数据通常以二进制的形式存储和处理。因此，需要将十进制的数字信号转换为二进制代码。这个过程被称为编码。编码的方式可以有很多种，常见的编码方式包括二进制编码、格雷码等。编码将每个量化点映射到对应的二进制数值上，这样就完成了模拟信号到数字信号的转换。

因此，ADC将模拟信号量化成离散值，并将这些离散值编码成数字代码，从而实现模拟信号的数字化处理。ADC的类型有很多种，包括逐次逼近型、积分型、闪存型等。

在数字化过程中，模数转换是关键步骤之一，它决定了数字信号的精度和表示范围，对后续的数字信号处理和应用起着至关重要的作用。

3. 数字化处理

一旦信号被转换成数字形式，就可以被数字系统处理。数字化处理可以大大提高传感器信号的处理精度和灵活性，使信号可以方便地在计算机或数字系统中进行各种复杂的数据处理和分析，例如：进行各种数学和逻辑运算，包括滤波、噪声消除、数据压缩、模式识别、特征提取、频谱分析等，它们为传感器信号的后续应用提供了更多的可能性。同时，数字化处理有利于信号的传输、存储和共享，对现代信息技术的发展和应用有着重要的意义。

　　然而，在进行模拟传感器信号的数字化处理时，需要注意采样频率和量化精度的选择，以保证数字信号与原始模拟信号一致性。同时，还需要考虑信号处理过程中引入的误差和噪声对最终结果产生的影响。

　　4. 数据传输与存储

　　处理后的数字信号可以被传输到其他设备或存储在计算机、嵌入式系统的存储器中，供进一步分析、显示或控制使用。

　　5. 数字信号的解析与应用

　　接收到数字信号后，如果需要将其转换回模拟信号进行显示或控制，就需要使用数模转换器（Digital-to-Analog Converter，DAC）进行数模转换。数字信号的具体解析和应用取决于应用场景和具体需求，例如：直接将数字信号内容显示在屏幕上，根据逻辑运算结果控制执行器，为控制器提供反馈信号等。

　　总的来说，模拟传感器信号的数字化处理过程包括传感器测量、信号采样、模数转换、数字化处理、数据传输与存储及数字信号的解析与应用。这个过程将连续的模拟信号转换成数字信号，使其可以在数字系统中进行各种复杂的处理，实现更广泛的应用。

3.8.3　数据分析与处理技术

　　在信号处理技术中，数据分析与处理技术涵盖了多个方面，用于从信号中提取有用的信息、改善信号质量、识别特征、分类、预测等一系列操作。以下是一些常见的数据分析与处理技术。

　　（1）滤波：信号处理中常用的技术，用于去除信号中的噪声、干扰或不需要的频率成分，从而平滑信号或提取感兴趣的频率特征。

　　（2）时域分析：对信号在时间上的变化进行分析。例如：计算信号的均值、方差、相关性等统计量，以及寻找信号中的时域特征，包括对时间序列信号进行统计和预测分析，检测周期性、趋势和异常等。

　　（3）频域分析：将信号转换到频域进行处理。例如：使用傅里叶变换或小波变换来查看信号的频率成分，识别信号的频率特征。

　　（4）时频分析：将信号在时域和频域上进行联合分析，如短时傅里叶变换（Short-Time Fourier Transform，STFT）、小波变换等。

　　（5）特征提取：在信号处理中，可以使用特征提取技术从信号中提取有用的特征，如频率、振幅、能量等，用于后续的分析和处理。

　　（6）数据降噪：降噪技术用于去除信号中的噪声成分，包括平均滤波、中值滤波等方法。

　　（7）数据插值与重构：对缺失或不连续的信号数据进行插值或重构，填补缺失值，使数据连续。

　　（8）数据压缩与降维：对于大规模信号数据，可以使用数据压缩技术来减少存储和传输的成本，减少数据量，同时保留数据的主要特征，常用的方法包括主成分分析（Principal Component Analysis，PCA）和奇异值分解（Singular Value Decomposition，SVD）等。

（9）机器学习与深度学习：利用机器学习和深度学习算法，对信号进行自动识别、分类和预测，其适用于复杂信号的处理。

（10）数据聚类与分类：将数据分成不同的类别或群组，寻找数据之间的相似性和差异性。

（11）模式识别：利用机器学习和模式识别技术，可以识别出信号中的模式或特定的事件。

（12）自适应信号处理：根据信号的动态变化，自动调整处理算法，提高信号处理的效率和准确性。

（13）目标检测与跟踪：在信号中检测和跟踪特定的目标，如雷达信号中的目标检测与跟踪。

（14）实时信号处理：针对需要实时响应的应用，采用高效的算法和实时处理技术，确保信号处理的及时性，以及能获得反馈。

（15）通信和数据传输：传感器信号处理后的结果通常需要与其他设备进行通信和数据传输，因此需要考虑通信协议和数据传输的可靠性和效率。

这些数据分析与处理技术在信号处理领域广泛应用，可用来处理各种类型的信号，包括声音、图像、视频、雷达信号、生物信号等，可以根据不同的传感器类型和应用场景进行灵活组合和应用，以满足特定的测量需求和性能要求。

通过合理的信号处理，传感器可以提供更加可靠和准确的信息，满足各种工程和科学应用的需求。传感器信号处理技术的不断发展和创新为智能化和自动化系统的实现提供了关键支持。随着科技的不断发展，传感器信号处理技术也在不断创新和完善，为传感器的应用带来更多可能性和发展空间。

3.9　传感器接口技术与通信协议

传感器接口技术和通信协议是用于传感器与其他系统（如控制系统、计算机、嵌入式系统等）进行数据交换和通信的方式和规范。它们在传感器应用中起着关键的作用，通过这些接口技术和通信协议，传感器可以将采集到的数据传输给其他设备，也可以接收控制指令或配置信息。

1. 常见的传感器接口技术

（1）模拟接口：传感器与其他设备之间通过模拟信号进行数据交换。传感器输出的信号通常是模拟电压或电流，接收端通过 ADC 将模拟信号转换成数字信号进行处理。模拟接口常用于传感器与数据采集卡、模拟输入模块等设备之间的连接。其适用于一些简单的传感器应用，传输距离较远时会受到干扰。模拟接口用于将连续变化的模拟信号传输给其他设备，通常通过电压电流输入/输出（Voltage/Current-Input/Output，V/I-I/O）接口进行连接。

（2）数字接口：传感器与其他设备之间通过数字信号进行数据交换。为了提高传感器信号的抗干扰性和传输的可靠性，一些传感器可以直接输出数字信号，可以通过数字接口与其他数字设备进行连接。数字接口通常使用串行通信协议，如 UART（Universal Asynchronous

Receiver/Transmitter）、SPI 或 I2C 等协议，将数据传输给其他设备。常见的数字接口包括 RS-232、RS-485、I2C、SPI 等串口。数据也可通过数字信号处理器进行处理后输出。数字接口更适用于远距离传输和对抗干扰性要求较高的场景。

（3）无线接口：一些传感器具备无线通信能力，可以通过无线接口（如 Wi-Fi、蓝牙、Zigbee、LoRa 等）与其他设备进行数据传输和通信。

（4）USB 接口：一些传感器可通过 USB 接口与计算机或其他 USB 设备连接，实现数据传输和控制。

2. 常见的通信协议

（1）Modbus 协议：一种串行通信协议，常用于连接传感器、仪器和控制器，广泛应用于工业自动化领域，支持点对点通信和多点通信。

（2）CAN 协议：一种广泛用于汽车和工业领域的串行通信协议。它支持多设备之间的高速数据传输和分布式控制，具有高可靠性和抗干扰性。

（3）MQTT（Message Queuing Telemetry Transport，消息队列遥测传输）协议：一种轻量级的发布/订阅消息传输协议，适用于物联网应用，用于传感器数据的实时传输和订阅。

（4）TCP/IP：互联网通信的基本协议，适用于局域网和广域网通信。

（5）I2C 协议：一种串行通信协议，适用于多个传感器或其他外设与微控制器或处理器的连接。它采用两根信号线（SDA 和 SCL）进行数据传输，具有简单、灵活、支持多主机等特点。

（6）SPI 协议：一种串行通信协议，常用于传感器或外设与微控制器或处理器的连接。它通常采用 4 根信号线（MOSI、MISO、SCK 和 SS）进行数据传输，支持高速数据传输。

（7）UART 协议：一种异步串行通信协议，常用于连接传感器与计算机或其他设备。它采用两根信号线（TX 和 RX）进行数据传输，适用于简单的数据交换。

无线通信技术包括以下 4 种。

（1）Wi-Fi：一种常用的无线局域网通信技术，允许传感器通过无线网络与其他设备或互联网进行通信。

（2）蓝牙：一种短距离无线通信技术，适用于传感器与移动设备之间的通信。

（3）Zigbee：一种低功耗、短距离的无线通信技术，适用于物联网设备之间的通信。

（4）LoRaWAN：一种长距离、低功耗的无线通信技术，适用于物联网和远程传感器监测。

传感器接口技术和通信协议的选择取决于具体的应用场景和需求，不同的传感器和系统可能采用不同的接口技术和通信协议，以实现可靠、高效的数据传输和通信。

3.10 现代传感器技术的应用与新兴传感器技术

3.10.1 工业自动化中传感器的典型应用

1. 人形机器人在工业自动化中的作用

人形机器人在工业自动化中是一种应用广泛的高级自动化装置。其主要功能是模仿人类的运动和动作，通过配备各种传感器和控制系统，能够执行各种复杂的任务，以提高生产效率和减少人力劳动。

人形机器人是指外形和动作类似于人类的机器人，它们通常具有人类的肢体结构和运动能力，可以模拟人类的动作和行为。人形机器人是一种高度复杂且多功能的传感器应用实例，广泛应用于工业自动化领域，主要用于以下几个方面。

（1）生产线操作：人形机器人可以在生产线上执行重复性高、危险性大的任务，如装配、焊接、搬运等。它们的灵活性和准确性使其在高度自动化的生产环境中发挥着重要作用，提高了生产效率和质量。

（2）物料搬运：人形机器人可以搬运重量较大的物料，将物料从一个地点转移到另一个地点，实现物料的自动化处理和分发。

（3）检测和测量：人形机器人配备了各种传感器，如摄像头、激光雷达、压力传感器等，可以进行产品质量检测和测量，确保产品符合标准要求。

（4）人机协作：人形机器人可以与人类一起工作，实现人机协作。它们可以在工人的辅助下完成一些繁重的任务，提高工作效率。

（5）应急救援：人形机器人在应急救援方面有着重要的作用。它们可以进入危险区域，执行搜索和救援任务，为人类提供帮助。

2. 人形机器人中的传感器类型

传感器在人形机器人中起着关键作用，它们提供了必要的信息和反馈，使机器人能够感知周围环境、了解自身状态，并做出相应的动作和决策，相当于机器人的"眼睛"和"神经"。人形机器人需要搭载各种传感器，如视觉传感器、力传感器、接触传感器等，以感知环境和进行交互，并根据传感器获取的信息做出相应的决策和动作。此外，人形机器人还需要先进的控制系统和算法，以实现复杂的运动和任务。各种传感器相当于它们的手、眼、耳和鼻，有助于识别自身的运动状态和环境状况。在这些信息的帮助下，控制器可以发出相应的指令，使机器人完成所需的动作。

根据检测对象的不同，人形机器人中的传感器可以分为内部传感器和外部传感器，如表3.2所示。内部传感器一般用来检测机器人本身状态，包括位置、速度、力传感器等；外部传感器一般用来检测机器人感知的环境状况，包括距离、触觉、听觉、视觉传感器等。

表 3.2　人形机器人传感器的主要类型

类别	产品	功能/分类
内部传感器	位置传感器	位置传感器有电位计式传感器和可调变压器两种。当设备受到压力时，位置编码器感知关节读数，对伺服控制的给定值进行调整，以防止机器人启动时产生剧烈的运动
	速度传感器	速度传感器有测量平移和旋转运动速度传感器两种，但在大多数情况下，其只限于测量旋转速度，利用位移的导数，特别是光电方法让光照射旋转圆盘，检测出旋转频率和脉冲数，以求出旋转角度
	力传感器	力传感器包括金属电阻型力传感器、半导体型力传感器以及其他磁性压力传感器等，用于测量两个物体之间3个方向的作用力和力矩

续表

类别	产品	功能/分类
外部传感器	触觉传感器	微型开关是触觉传感器最常用的形式，另外还有隔离式双态接触传感器等，用于感知物体表面特征和物理特性
	听觉传感器	用于感受和解释在气体、液体或固体中的声波复杂程度，可以从简单的声波存在的检测到复杂的声波频率的分析，直到对连续自然语言中的单独语音和词汇的辨别
	距离传感器	用于智能移动机器人的距离传感器有激光测距仪（兼可测角）、声呐传感器等
	视觉传感器	视觉检测一般包括3个过程：图像获取、图像处理和图像理解。一般通过摄像机对拍摄的对象进行图像处理、计算并分析对象的物体特征

这些传感器获取的数据通过控制系统进行处理和分析，机器人的行为和动作则由控制算法和执行器实现。通过整合这些传感器，人形机器人能够在复杂多变的环境中灵活应对，完成高度智能化和自主化的工作。图3.26所示为传感器在人形机器人中的应用，这些应用为工业自动化提供了更高的灵活性和生产效率，同时减少了对劳动力的需求和降低了安全风险。

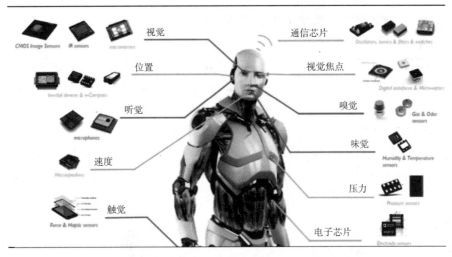

图3.26 传感器在人形机器人中的应用

3. 人形机器人中传感器的典型应用

以特斯拉人形机器人为例，其身体共计28个自由度，包括直线、旋转执行器等。其每一个旋转关节需要一个力矩传感器、两个位置传感器（输入和输出各一个），每一个直线关节需要一个拉压力传感器和一个位置传感器。此外，现阶段协作机器人的关节一般都配备成双编码器模式，使用双编码器可以补偿关节刚度，因此机器人传感器的需求数量将进一步提升。图3.27所示为特斯拉人形机器人关节所用传感器示意，表3.3所示为特斯拉人形机器人传感器详细拆分。

图 3.27 特斯拉人形机器人关节所用传感器示意

表 3.3 特斯拉人形机器人传感器详细拆分

传感器	所属执行器	身体关节	旋转执行器数量/个	执行器数量/个	合计
非接触式扭矩传感器	旋转关节	肩部、腕部、臀部、躯干	14	1	14
拉压力传感器	直线关节	腕部、臀部、肘部、膝盖、脚踝	14	1	14
绝对值编码器	旋转关节直线关节	全部躯干	28	2	56
位置传感器	旋转关节直线关节	全部躯干	28	1~2	28~56

人形机器人使用的传感器主要有以下几种。

（1）力矩传感器。

力矩传感器是一种用于测量物体所受到的力矩的传感器。力矩传感器通常由旋转轴、轴承、滑环组件、外壳和输出电路组成，如图 3.28 所示。力矩传感器通常分为旋转力矩传感器和反应力矩传感器。

（2）拉压力传感器。

拉压力传感器是一种用于测量物体受到的力或压力的装置。它可以将物理力或压力转换为电信号，从而实现对力或压力的测量和监测。拉压力传感器通常由外壳、力传导轴和检测弹簧等组成，如图 3.29 所示。

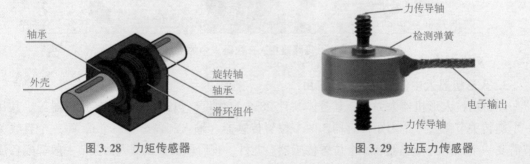

图 3.28 力矩传感器

图 3.29 拉压力传感器

（3）绝对值编码器。

绝对值编码器是一种用于测量物体相对和绝对位置的传感器。绝对值编码器通常由开槽盘、旋转轴、光电固定接收装置和分析电路组成。绝对值编码器通常分为线性绝对值编码器和旋转绝对值编码器。图 3.30 所示为绝对值编码器的结构示意。

（4）温度传感器。

温度传感器是一种用于测量物体实时温度的传感器。目前市面上的温度传感器有多种结构，如电阻温度探测器、热电偶和高温计。电阻温度探测器通常由连接引线、金属（通常为铂）制成的电阻传感器、绝缘层和保护鞘组成。图 3.31 所示为温度传感器的组成。

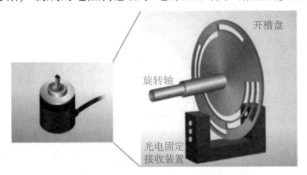

图 3.30 绝对值编码器的结构示意

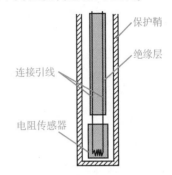

图 3.31 温度传感器的组成

（5）惯导传感器。

惯导传感器是一种可以短时给出置信度较高的相对位移和航向角变化的传感器，通常由陀螺仪、加速度传感器、磁力计和 GPS（Global Positioning System，全球定位系统）组成。其目前在汽车自动驾驶领域应用较多，未来可能需要惯导传感器维持人形，其结构示意如图 3.32 所示。

惯导传感器是测量物体三轴姿态角（或角速率）及加速度的装置，可测量来自 3 个方向的线性加速度和旋转角速度，通过计算可获得载体的姿态、速度和位移等信息，是人形机器人姿态控制的核心。

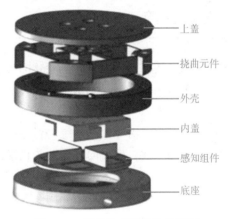

图 3.32 惯导传感器的结构示意

在体育运动中，惯导传感器由用于测量力和加速度的加速度传感器、指示旋转的陀螺仪和用于测量人体姿势的磁力计组成，这些传感器跨 3 个轴收集数据并捕获运动员的细微动作。惯导传感器的体积通常较小，轻便且电池待机时间长，并且可以进行编程和设计，以解决使用过程中的实际问题，从而对动作进行精细分析，同时来自惯性测量单元（Inertial Measurement Unit，IMU）的数据是连续、实时的。

惯导传感器按技术原理分为 MEMS 陀螺仪、光纤陀螺仪和激光陀螺仪。MEMS 陀螺仪在精确度上逊色于另外两种技术路线的惯导传感器，但是由于其价格低、体型小，加上技术进步，所以主要在精确度要求较低的应用场景中使用。表 3.4 所示为各种类型惯导传感器的对比。

（6）六维力传感器。

六维力传感器是一种在指定的直角坐标系内能同时测量沿 3 个坐标轴方向的力和绕 3 个坐标轴方向的力矩的传感器。其通常由数个在不同方向上的应变片、放大器、滤波器等组成，常用于精密工业机器人中，人形机器人的手腕和脚腕关节可能需要使用六维力传感器。六维力传感器的结构示意如图 3.33 所示。

六维力传感器是人形机器人接触力的控制核心部件。六维力/力矩传感器用于精确测量 X、Y、Z 这 3 个方向的力信息和 M_x、M_y、M_z 这 3 个维度的力矩信息。目前，六维力/力矩传感器主要应用于汽车行业的碰撞测试轮毂、座椅等零部件测试，以及航空航天、生物力学、医疗、科研实验、机器人与自动化等领域。

表 3.4　各种类型惯导传感器的对比

类型	典型应用场景	优点	缺点	发展趋势
MEMS 陀螺仪	面向消费、汽车、无人系统、高端工业等领域	成本低、体积小、可靠性高、易批产	精度接近中低精度	消费、汽车、高端工业、无人系统等领域中对精度要求较低的应用场景主要应用 MEMS 陀螺仪；对精度要求较高的应用场景主要应用两光陀螺，但目前随着高性能 MEMS 陀螺仪精度的提升，其在部分战术级应用场景中已经可以替代两光陀螺，并逐渐渗透至导航级应用场景
激光陀螺仪/光纤陀螺仪（简称两光陀螺）	面向无人系统等，部分光纤陀螺仪也用于高端工业领域	超高精度	体积大、成本高、功耗大、难量产	

六维力传感器可测量随机变化的力。一般地，如果力的方向和作用点是固定的，可以选择用一维力传感器进行测量。如果力的方向随机变化，但力的作用点保持不变，并且与传感器的标定参考点重合，可以使用三维力传感器进行测量。如果力的方向和作用点都在三维空间内随机变化，需要使用六维力传感器进行测量。六维力传感器的内部算法会解耦各方向力和力矩间的干扰，使力的测量更为精准。高精度的军用六维力传感器，可以确保在六维度联合承载的情况下，测量值偏差在量程的 0.3%FS（FS 为传感器满量程值）以内。六维力传感器在机器人上的典型应用如图 3.34 所示。

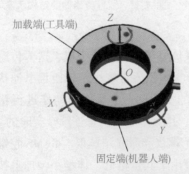

图 3.33　六维力传感器的结构示意

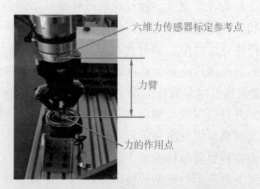

图 3.34　六维力传感器在机器人上的典型应用

机器人上的力传感器一般采用六维力传感器。机器人末端关节上使用的六维力传感器一般还要连接一个执行器，如打磨头、夹爪等，执行器工作过程中力臂变化范围较大，通常从几十毫米到两三百毫米之间，力臂较大且随机变化，因此需要使用六维力传感器。

六维力传感器根据感知元件的不同，主要分为 3 种类型：应变片式、光学式及压电/电容式。

随着机器人力控技术的发展,六维力传感器有望在人形机器人领域中发挥重要作用。未来,人形机器人力控技术的发展将呈现出多信息融合(触觉、力觉和视觉等)态势,主要通过配备各种传感器得以实现,尤其在手腕、脚踝环节等处更适合用六维力矩传感器。

在人形机器人中,六维力传感器可以用于以下方面。

① 力控:机器人手臂可以用于进行复杂的力控操作,如对物品的抓取、装配或拍打等操作,六维力/力矩传感器可以感知机器人手臂施加在物品上的力和扭矩,以便机器人控制系统进行精密控制。

② 摆动稳定控制:人形机器人在行走过程中需要保持平衡,此时也需要用到六维力传感器,它可以感测机器人脚下地面的反作用力,以便机器人控制系统调整人形机器人手臂和身体的姿态。

③ 安全控制:六维力传感器可以用于安全控制系统,以实现机器人在进行危险操作之前或人类接近机器人时的自动停止,避免对人体造成伤害。

手部对传感器的需求一样可观。根据 Shadow Robot 公司在其官网公布的关于 Shadow 灵巧手的信息显示,每一个灵巧手使用了 129 个传感器,以最大程度地模仿人手的功能。其使用的传感器包括指尖压力传感器、肌腱负荷传感器和惯导传感器单元。图 3.35 所示为 Shadow 灵巧手示意。

图 3.35 Shadow 灵巧手示意

可以相信,随着工业自动化和机器人技术的不断发展,人形机器人的应用前景将越发广阔。

除在工业自动化领域外,在其他领域,传感器技术也得到了广泛的应用。

在智能交通领域,传感器的应用是实现智能交通系统和自动驾驶技术的基础。各种传感器可以感知车辆和交通环境,提供关键数据和信息来实现智能化交通管理和车辆自主导航,主要应用包括以下几个方面。

(1)激光雷达和毫米波雷达:用于感知周围车辆和障碍物,提供距离、速度和方向等信息,为自动驾驶车辆提供环境感知能力。

(2)摄像头和红外传感器:用于识别交通标志、交通信号灯、行人和道路标线,为自动驾驶车辆提供视觉感知能力。

(3)超声波传感器:用于近距离障碍物的检测和停车辅助,提供车辆安全保障功能。

(4)GPS:用于车辆定位和导航,实现自动驾驶车辆的精确定位和路径规划。

在医疗保健与健康监测领域，传感器的应用是实现远程监护和健康管理的重要手段。各种传感器可以实时监测人体的生理参数和健康状态，帮助医护人员进行诊断和治疗，并提供个性化的健康服务，主要应用包括以下几个方面。

（1）生物传感器：用于监测人体生理参数，如心率、血压、血氧饱和度等，帮助医生了解患者的健康状况。

（2）运动传感器：用于监测人体运动情况，如步数、运动时长等，帮助人们掌握自己的运动情况。

（3）温湿度传感器：用于监测环境温度和湿度，以便为患者提供舒适的治疗环境。

（4）药物传感器：用于监测药物的浓度和释放情况，帮助医生调整药物治疗方案。

在环境监测与资源管理领域，传感器的应用是实现环境保护和资源高效利用的关键技术。各种传感器可以监测环境参数和资源状况，提供数据支持、环境保护决策和资源管理，主要应用包括以下几个方面。

（1）大气传感器：用于监测大气污染物的浓度，如二氧化碳、颗粒物等，帮助实现空气质量监测和污染防治。

（2）水质传感器：用于监测水体的污染程度，如水质指标、水位等，帮助实现水资源保护和水环境治理。

（3）土壤传感器：用于监测土壤湿度、温度和养分含量，帮助实现土壤保育和农业资源管理。

（4）能源传感器：用于监测能源的消耗和利用情况，如电能、水能、太阳能等，帮助实现能源的高效利用和节能减排。

总之，传感器的应用范围在不断扩展和深化，对各行各业的发展起到了重要推动作用。

3.10.2 新兴传感器技术

新兴传感器技术是指近年来在科技和工程领域不断涌现的一系列创新传感器技术。这些技术以其高度的灵敏性、精确性、小型化和集成化等特点，在传感器的感知能力、精度、体积、功耗等方面都有不同程度的改进和突破。这些新技术在测控领域得到了广泛应用，推动了测量与控制技术的发展和应用。以下是一些新兴传感器技术的示例。

（1）柔性传感器技术：柔性传感器采用柔性材料制造，具有高度的可弯曲性和可拉伸性。这种传感器可以贴附在不规则曲面上，适用于穿戴式设备、健康监测和机器人皮肤等领域。在测控领域，柔性传感器用于监测人体姿态、皮肤温度、虚拟现实交互等。

（2）MEMS传感器技术：MEMS传感器采用微机电系统技术，将感知元件集成在芯片上，集成了微电子技术和微机械技术，具有小型化、低功耗和高度集成的特点。在测控领域，MEMS传感器广泛应用于汽车、智能手机、医疗设备和工业自动化等，如加速度传感器、陀螺仪、压力传感器等。

（3）纳米传感器技术：纳米传感器利用纳米材料的特殊性质，如量子效应和表面增强拉曼散射，具有高灵敏度和高分辨率，可用于检测微小尺度的物理和化学变化。在测控领域，纳米传感器可用于高灵敏气体检测、生物分析和医疗诊断等。

（4）生物传感器技术：生物传感器基于生物识别元素，如酶、抗体和DNA，从而与目标生物分子发生反应。在测控领域，生物传感器应用于医疗保健、食品安全和环境监测等，如血糖传感器、蛋白质传感器等。

（5）光子传感器技术：光子传感器基于光学原理，利用光的传播和相互作用实现信号检测。在测控领域，光子传感器广泛应用于光纤通信、光学成像和生物光谱等。

（6）空气质量传感器技术：空气质量传感器用于检测大气中各种污染物的浓度，可实时监测城市空气质量和室内空气净化。在测控领域，空气质量传感器可应用于环境监测、智能城市建设等。

（7）人体生理传感器技术：人体生理传感器用于测量和监测人体的生理参数，如心率、体温、血压等。在测控领域，人体生理传感器广泛应用于健康监测设备、医疗传感器和可穿戴设备等。

（8）智能传感器技术：智能传感器集成传感器、处理器和通信技术，实现感知、处理和通信功能。在测控领域，智能传感器应用于智能家居、智能城市和智能工业等，实现物联网和智能化。

新兴传感器技术不断推动着传感器领域的创新和发展，为各行各业带来了更多可能性和机遇。随着科技的不断进步，预计传感器技术将继续向着更高灵敏度、更小尺寸、更低功耗和更智能化方向发展。

本章小结

本章主要介绍了现代传感器的定义、分类、特性及其描述方法、传递函数及频率响应函数的物理意义，以及工程中常用传感器的工作原理、输入输出关系、典型应用等；现代传感器常用信号处理技术及其实现方法；传感器特性的测量方法、标定方法及传感器的选用原则；传感器接口技术和通信协议的类型；现代传感器技术的发展趋势，以及新兴传感器技术。通过对本章的学习，学生能够掌握常见传感器的工作原理、传感器特性的描述方法，尤其是其关键技术即信号处理技术及其实现方法，并对现代传感器技术的发展趋势及新兴传感器技术有基本的了解。

本章习题

1. 简述现代传感器的定义、分类、基特性。
2. 简述传感器的传递函数及频率响应函数的物理意义。
3. 举例说明工程中常用传感器的工作原理、输入输出关系、典型应用等。
4. 简述现代传感器常用信号处理技术及其实现方法。
5. 简述常见一阶、二阶传感器特性的测量方法、标定方法。

6. 智能传感器的特点有哪些？

7. 简述传感器常见接口技术和通信协议的类型。

习题答案

第 3 章习题答案

第 4 章　多传感器信息融合技术

教学目的与要求

1. 掌握多传感器信息融合的基本概念及融合信息的特征，以及多传感器信息融合的基本原理。

2. 掌握多传感器信息融合的一般方法。

3. 了解多传感器信息融合层次和融合体系及融合的关键问题，了解多传感器信息融合技术的典型应用。

教学重点

1. 多传感器信息融合的基本概念及基本原理。

2. 多传感器信息融合的典型方法及应用场合。

3. 多传感器信息融合技术的典型应用。

教学难点

多传感器信息融合的一般方法。

思维导图

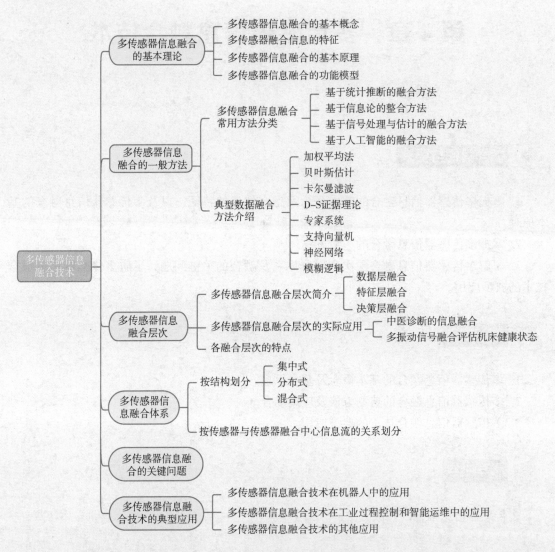

4.1　多传感器信息融合的基本理论

　　随着科技的不断发展，以及工作环境与任务的日益复杂，人们对智能系统的性能提出了更高的要求，仅采用一种方式很难对目标的状况做出准确预判。例如，单靠一个传感器无法消除由于其自身的累积误差对系统造成的影响，单个传感器往往也无法满足某些系统对鲁棒性的要求。显然解决这些问题的一种有效途径就是多传感器技术。

　　多传感器技术的使用可以提高系统的性能，但在实际应用中还存在许多问题，例如，多传感器系统中信息呈现出多源性、海量、复杂性、实时性等，对信息处理的要求远远超出了人脑的综合处理能力。目前，针对这些问题的研究已经形成了一个新的研究领域，即多传感器集成与融合。

多传感器信息融合技术作为一种可消除系统的不确定因素、提供准确的观测结果和综合信息的智能化数据处理技术，是现代信号处理技术的重要组成部分。

多传感器信息融合技术是近年来十分热门的研究课题，它结合了控制理论、信号处理、人工智能、概率和统计的发展，借助特定准则的引导，利用现代计算机技术对按时序获得的若干传感器的感测信息在一定准则下加以自动分析、优化综合，以完成所需要的决策和估计等信息处理。

多传感器信息融合技术是在 20 世纪 70 年代提出的，军事应用是该技术诞生的源泉，后逐渐应用于其他领域。从 20 世纪中后期开始，微电子技术、网络技术、计算机及传感器等技术得到了迅速发展，这使世界范围内军事战争的根本特征也发生了巨大的改变，以网络战和信息战等为主的现代化战争模式逐步形成。在该种模式下，传感器的数量和种类都在不断地增加，这使其在时域、频域和空间域范围内探测的覆盖能力得到了提升。这要求能够对多源的数据进行融合处理，以便可以形成目标或事件的精确、一致的报告，并且可以得出战场态势及战场威胁的精确的实时性估计。

多传感器信息融合技术是一个新兴的研究领域，是针对一个系统使用多种传感器这一特定问题而展开的一种关于数据处理的研究，是近几年发展起来的一门实践性较强的应用技术，是多学科交叉的新技术。通过对多个传感器的数据进行多方面、多层次和多级别的处理，产生单个传感器所不能获得的更有意义的信息，为各种应用系统提供准确信息和决策依据。因此，研究和实现多传感器信息融合技术，具有重要的社会意义。

多传感器信息融合技术不同于一般信号处理，也不同于单个或多个传感器的监测和测量，而是基于多个传感器测量结果的更高层次的综合决策过程。鉴于传感器技术的微型化、智能化程度提高，在信息获取基础上，多种功能进一步集成以至于融合是必然的趋势。多传感器信息融合技术也促进了显示仪表技术的发展。

多源数据融合技术能够将多个不同数据源收集的不完整信息整合在一起，并进行相应的处理和融合加工，使不同数据之间的优势互补，最终得到一个有决策意义的数据结果，以此削弱数据源中存在的不确定成分，帮助使用者获得有效的融合判断和准确的综合衡量，从而更轻易做出合理的判断和决策。

实践证明，与单传感器系统相比，多传感器信息融合技术在解决探测、跟踪和目标识别等问题方面，能够增强系统生存能力，提高整个系统的可靠性和鲁棒性，增强数据的可信度并提高精度，扩展整个系统的时间、空间覆盖率，提高系统的实时性和信息利用率等。

从 20 世纪 70 年代开始，多传感器信息融合技术便受到了世界各国的高度重视，并且在 90 年代以后形成了研究的高潮。世界各国的军方、各大院校及许多大型公司都相继成立了实验室，对信息融合理论和算法进行研究和测试、建立了信息融合的系统并对融合的算法进行评估。

近年来，随着传感器技术、计算机技术、人工智能技术等相关技术的发展，尤其是随着互联网、无线传感器网络和物联网等技术的发展，形成了海量数据-大数据的出现，其与传统的数据处理技术有本质的不同，多传感器数据融合技术已经受到广泛关注。它的理论和方法已被应用到许多研究领域。数据融合技术进入了新的发展阶段。

多传感器信息融合技术在军用和民用领域的应用都极为广泛，已成为军事、工业和高技术开发等方面关心的问题。这一技术广泛应用于 C3I（Command, Control, Communication and Intelligence）系统、复杂工业过程控制、机器人、自动目标识别、交通管制、惯性导航、海洋监视和管理、农业、医疗诊断、图像处理、模式识别等领域，并逐步扩大应用范围，如社会安全、遥感图像、污染检测、气候分析等。

4.1.1 多传感器信息融合的基本概念

信息融合又称作数据融合或多传感器信息融合，已经被多领域频繁应用。由于所研究内容的广泛性和多样性造成了统一定义较为困难。

随着数据融合和计算机应用技术的发展，根据国内外相关研究成果，有关多传感器信息融合比较确切的定义可概括为：充分利用不同时间与空间的多传感器数据资源，采用计算机技术对按时序获得的多传感器感测数据，在一定准则下进行分析、综合、支配和使用，获得对被测对象的一致性解释与描述，进而实现相应的决策和估计的信息处理过程。

多传感器信息融合模拟了人类的大脑对复杂问题的综合分析和处理过程，并对这种功能进行了拓展。在多传感器系统中，不同类型的传感器获得的信息类型可能是不同的：模糊的或确定的，精确的或不精确的，也可能是相互矛盾和冲突的。多传感器信息融合技术可以充分利用各个传感器的资源，通过合理地支配及使用各个传感器及它们的感测信息，可以将不同传感器获得的数据信息依据一定的优化准则组合起来，并给出对环境的描述信息及相关解释，从而使其能够得到比由其他各组成部分组合出的子集系统更加完善的性能。多传感器信息融合技术从不同的角度弥补了计算机感知完整性的不足，代表了一种高级的信息处理能力和预判水平。

在多传感器信息融合中，每个传感器可能提供不同类型、不同精度或不同视角的信息，通过将这些不同传感器的数据融合在一起，可以打破各个传感器的局限性，从而得到更完整、更精确的感知结果。

多传感器信息融合实际上是对多种信息的获取、表示，以及对信息内在联系进行综合处理和优化的技术，即从多信息的视角进行处理及综合，得到各种信息的内在联系和规律，从而剔除无用和错误的信息，保留正确和有用的信息，最终实现信息的优化。它为智能信息处理技术的研究提供了新的观念。

具体实现上，多传感器信息融合技术是把分布在不同位置的多个同类型或不同类型传感器所提供的局部数据资源加以综合，采用计算机技术对其进行分析，消除多传感器信息之间可能存在的冗余和矛盾，加以互补，降低其不确定性，获得对被测对象的一致性解释与描述，从而提高系统决策、规划、反应的快速性和正确性，使系统获得更充分的信息。

多传感器信息融合的目标是最大化从所有传感器中获得的信息量，同时降低数据的不确定性，提高系统的鲁棒性和可靠性。融合的数据可以用于实时监测、环境感知、目标检测与跟踪、定位与导航、智能控制等众多领域。

从表面来看，多传感器信息融合的概念很直观，但实际上要真正实现一个多传感器信息融合系统是比较困难的。异质传感器数据的建模、协同与解释都是富有挑战性的工作。尽管有很多困难，但由于多传感器信息融合系统具有改善系统性能的巨大潜力，例如，为机器人在各种复杂、动态、不确定或未知的环境中工作提供了一种技术解决途径，所以人们还是投入了大量的精力进行研究。

4.1.2 多传感器融合信息的特征

多传感器的融合其实就是数据的融合。在多传感器融合中，包含了大量的不确定信息。首先，无论是哪种传感器，其测量数据都会存在一定的误差，造成误差的原因可能是环境中的不确定性，如噪声；也可能是传感器本身存在的问题，如传感器出现故障或模型偏差。因此，从这样的测量数据中提取出的信息必然具有某种不确定性（如随机性）。其次，验前信息是根据系统以往行为得到的一种经验信息，可以是由人工产生的，也可以是由系统自身产生的，它也具有一定的不确定性（如模糊性）。以上这些具有不确定性的信息统称为不确定信息。

除上面介绍的几种情况外，在处理过程中由于信息的损失也会产生新的不确定信息。多传感器融合的研究对象就是这些不确定信息，通过融合处理可以降低信息的不确定性，提高对环境特征描述的准确性。经过融合后的传感器信息具有以下特征：冗余性、互补性、信息处理的及时性、信息获取的低成本性。

冗余性：对于环境的某个特征，可以通过多个传感器得到它的多份信息，这些信息是冗余的，并且具有不同的可靠性，通过融合处理，可以从中提取出更加准确和可靠的信息。此外，信息的冗余性可以提高系统的稳定性，能够减少因单个传感器失效而对整个系统所造成的影响。

互补性：不同种类的传感器可以为系统提供不同性质的信息，这些信息所描述的对象是不同的环境特征，它们彼此之间具有互补性。如果定义一个由所有特征构成的坐标空间，那么每个传感器所提供的信息只属于整个空间的一个子空间，和其他传感器形成的空间相互独立。

信息处理的及时性：各传感器的处理过程相互独立，整个处理过程可以采用并行处理机制，从而使系统具有更快的处理速度，提供更加及时的处理结果。

信息获取的低成本性：一方面，多个传感器可以花费更少的代价来得到相当于单个传感器所能得到的信息量；另一方面，如果不将单个传感器所提供的信息用来实现其他功能，那么单个传感器的成本和多个传感器的成本之和是相当的。

研究表明，经过融合处理得到的结果比单个传感器得到的结果更准确，同时信息的冗余性还可以提高整个系统自身的鲁棒性。多传感器融合是一个复杂的不确定信息处理过程，有待解决的问题还有很多。

4.1.3 多传感器信息融合的基本原理

多传感器信息融合技术就像人脑综合处理信息一样，充分利用多个传感器资源，通过对多传感器及其感测信息的合理支配和使用，把多传感器在空间或时间上冗余或互补的信息依据某种准则来进行组合，以获得被测对象的一致性解释或描述。

具体来说，多传感器信息融合的原理：N 个不同类型的传感器（有源的或无源的）收集待测目标的数据，对传感器的输出数据（离散的或连续的时间函数数据、输出矢量、成像数据或一个直接的属性说明）进行特征提取，提取代表感测数据的特征矢量；对特征矢量进行模式识别处理（如聚类算法、自适应神经网络或其他能将特征矢量变换成目标属性判决的统计模式识别法等）来完成各传感器关于目标的说明；将各传感器关于目标的说明数据按同一目标进行分组，即关联；利用融合算法将目标的各传感器数据进行合成，得到该目标的一致性解释与描述。

4.1.4 多传感器信息融合的功能模型

数据融合的一般功能模型对于设计融合系统结构及有效利用多传感器信息具有重要的指

导意义。目前，国内外常用的数据融合的功能模型基本是在美国 JDL 数据融合模型的基础上的改进，如图 4.1 所示。

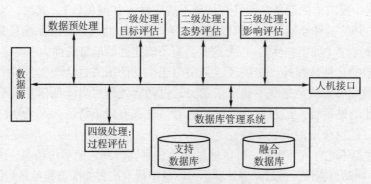

图 4.1　JDL 数据融合模型

从图 4.1 中可以看出，数据融合处理包含了如下过程。

（1）一级处理：目标评估。在该级别处理中的主要工作有数据的配准、数据的关联及身份的估计等。这一级别的处理结果会为更高级别的处理过程提供相关的辅助决策要用的信息。数据的配准实质上就是将在时间及空间上具有不同特征的信息进行对准，以便使多源数据在统一的框架中被处理，并为融合的后续工作做好铺垫。而所谓的数据的关联，其主要工作是对多源数据进行组合分类。身份的估计的作用是解决实体属性相关的特征及表述的问题。身份的估计通常以模式识别有关技术或参数匹配有关技术作为基础，图 4.2 所示为一级处理中的对象评估模型。

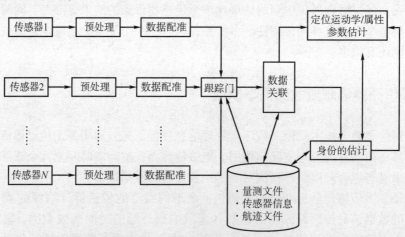

图 4.2　一级处理中的对象评估模型

（2）二级处理：态势评估。这一级别处理的主要工作是对全局态势情况进行抽象和评定。其中，态势的抽象是指根据采集到的不完整数据构造出综合的态势表示，得到一个实体之间有某种联系的解释信息。态势的评定是有关事件的态势及产生出规则的数据的理解和表示。进行态势评定时的输入信息包括事件监测信息、状态估计信息，以及进行态势评定所必要的相关假设等，而输出信息则是指必要的相关假设所对应的概率。

（3）三级处理：影响评估。影响评估建立了态势到未来的映射，对参与者的设想及预测可能产生的影响进行评估。在军事领域中把它称为威胁评估，是对武器性能进行的评估，可以降低敌方进攻的危险。

（4）四级处理：过程评估。在进行过程评估时，为了实现整个过程的监控及评价，需要建立相关的优化指标。此外，还要实现对多个传感器信息的及时获取和有效处理，以及实现资源的最佳分配，以便能够支持特定任务，从而达到提高系统实时性的目的。该级别处理融合研究的难点集中于怎样对特定的系统任务目标和相关的限制条件实现建模及优化，以此达到对系统资源的平衡。

除 JDL 数据融合模型以外，还包括其他的数据融合的功能模型，如由 Dasarathy 提出的 I/O 功能模型，以及由 Bedworth 提出的 Omnibus 处理模型等。

这里需要强调的是，实际中的系统功能的划分不完全相同，需要根据实际的情况来做决定。

4.2　多传感器信息融合的一般方法

多传感器信息融合技术是针对多源信息的、具有综合性的处理过程。多传感器信息融合的实质是对不确定信息的处理，其本质具有复杂性。要解决融合问题，首先要用具体的数学形式来描述不确定信息，然后需要有能够处理相应不确定信息的数学工具。不确定信息的不同表示方法对应着不同种类的融合方法。例如，与随机信息相对应的是基于概率统计的融合方法；与模糊信息相对应的是基于模糊逻辑的融合方法等。

因此，多传感器信息融合涉及多方面的理论和技术，如信号处理、估计理论、不确定性理论、最优化理论、模式识别、神经网络和人工智能等。

除不确定性给处理带来的困难外，多种不同形式的不确定性并存也给多传感器融合带来很大的困难。此外，还要考虑应用环境对融合方法的进一步要求，即适用于动态与未知环境下的融合方法。因此，利用多个传感器所获取的关于对象和环境全面、完整的信息，主要体现在融合方法上。多传感器系统的核心问题是选择合适的融合方法。

对于多传感器系统来说，信息具有多样性和复杂性。因此，对融合方法的基本要求是具有鲁棒性和并行处理能力。此外，还有运算速度和精度、与前续预处理系统和后续信息识别系统的接口性能、与不同技术和方法的协调能力、对信息样本的要求等。一般情况下，基于非线性的数学方法，如果其具有容错性、自适应性、联想记忆和并行处理能力，那么都可以用来作为融合方法。

多传感器信息融合方法是完成融合工作的基础。其主要作用是通过融合层并采用数学方法对观测数据进行处理或逻辑判断，从而得到最终的融合结果。作为多传感器融合的研究热点之一，融合方法一直受到人们的重视。其应用上的复杂性和多样性，决定了融合的研究内容极其丰富，涉及的基础理论较多。目前，已有的融合方法十分多样化。

多传感器信息融合虽然未形成完整的理论体系和有效的融合方法，但在不少应用领域根据各自的具体应用背景，已经提出了许多成熟并且有效的融合方法。国内外在这个方面已经做了大量的研究工作，并且提出了许多融合方法。

从传统的技术来看，识别算法和估计理论为多传感器信息融合技术的完善和发展奠定了坚实的理论基础。从近些年出现的新技术来看，人工智能、统计推断及信息论等方法对推动多传感器信息融合技术向前发展发挥了重要的作用。

4.2.1　多传感器信息融合常用方法分类

多传感器信息融合的目的是将某一目标的多源信息进行融合，形成比单一传感器更精确、更完全的估计和判断。数据融合的实质是对不确定信息的处理，是对各个传感器在空间或时间上冗余或互补的数据依据某种准则进行组合，以获得对被测对象的一致性描述或理解的信号处理过程。

基于多传感器信息融合涉及的基础理论较多，因而数据融合方法在实现上复杂多样。一般地，依据多传感器信息融合采用的理论基础，可以将数据融合方法分为以下四大类。

1. 基于统计推断的融合方法

基于统计推断的融合方法主要包括经典推理、贝叶斯估计、D-S 证据理论、支持向量机及随机集理论等。

传统的经典推理技术依靠数学原理，虽然其优势已为人所熟知，但是在进行多变量统计时，需要有一定的先验知识，并进行多维概率密度函数的计算，其具有局限性。所以，在能够获得需要信息资料的情况下可以使用该方法，但一般在数据融合的情况下较少使用该方法。

贝叶斯估计在一定程度上克服了传统经典推理技术中的难点，具有严格的理论基础，应用广泛，它采用递归推理的方法对多源信息进行有效融合，充分利用了测量对象的先验信息，但是其不足之处在于要确定先验似然函数，这是一件非常困难的事情。

D-S 证据理论是对贝叶斯估计的拓展，能够有效解决基于人的推理模型不确定性分布问题。所以在实际情况下有很大的推广价值。证据理论起源于 20 世纪 60 年代哈佛大学的数学家 A. P. Dempster 利用上、下概率来解决多值映射问题方面的研究工作，后来他的学生 G. Shafer 对证据理论引入了信任函数和似然函数的概念，形成了一套利用证据和组合来处理不确定性推理问题的数学方法，支持向量机（Support Vector Machine, SVM）是 Cortes 和 Vapnik 于 1995 年首先提出的，它在解决小样本、非线性及高维模式识别中表现出许多特有的优势，并能够推广应用到函数拟合等其他机器学习问题中。

随机集理论是以集合论、拓扑学、泛函等数学理论为基础的现代统计理论，它从统计学的角度对多目标状态估计的难题进行了全新的诠释，在多目标及多传感器问题中有出色的表现，广泛应用于目标跟踪及数据融合等领域。

2. 基于信息论的融合方法

基于信息论的融合方法主要有参数模板法、聚类分析及最大熵理论等，这些方法存在一些共性特征，例如，参数模板法是将观察到的资料与已知的模板进行比对，以判断观察到的资料是否能支持由模板所描述的假定。聚类分析是一种综合的方法，其本质上不采用统计学原理，而采用一套已知的生物科学和社会科学中的启发式算法，将其分成若干自然组或集合，然后将其与预期对象的类型关联起来。在信息论中，熵是对不确定性的一种度量，根据熵的特性，我们可以通过计算熵值来判断一个事件的随机性及无序程度，也可以用熵值来判断某个指标的离散程度，指标的离散程度越大，该指标对综合评价的影响就越大。

3. 基于信号处理与估计的融合方法

基于信号处理与估计的融合方法主要包括小波变换技术、加权平均法、最小二乘法、主成分分析法（Principal Component Analysis, PCA）、卡尔曼滤波等线性估计技术，以及一些非线性估计技术，如高斯滤波、扩展卡尔曼滤波、基于随机采样技术的粒子滤波和马尔可夫模型等。其中卡尔曼滤波适用于线性动态系统的估计问题，通过将传感器测量值与系统动态模型结合，以及考虑传感器和系统的误差特性，来进行状态估计。扩展卡尔曼滤波器用于非线性系统的估计问题，通过在卡尔曼滤波器中使用线性化的近似来处理非线性问题。粒子滤波通过使用随机样本（粒子）来近似表示后验概率分布，特别适用于非线性和非高斯性问题。马尔可夫模型利用马尔可夫过程来建模传感器数据之间的动态关系，然后通过概率推理来融合数据。

4. 基于人工智能的融合方法

基于人工智能的融合方法包括遗传算法、模糊逻辑、基于规则的推理、神经网络、专家系统、参数模板法、品质因素法等，这些方法应用在数据融合领域中取得了显著的成果。

其中，专家系统的特点是依靠主干知识的表达，因此它具有很大的灵活性，可以通过数字、符号和推理等特点来表达。

模糊逻辑则基于人类的思维模式，根据对客观事物认知的统一特点进行总结、提取抽象及概括，最后演变为模糊规则来帮助相应函数进行结果判决。目前已有许多商业软件支持模糊逻辑，但是它的价值及应用还有待进一步探索。

参数模板法在实际应用过程中，是基于逻辑的识别技术产生的，随着其广泛应用，在多传感器信息融合、单个信息特征分析中都将发挥重要作用。

神经网络是一种规则透明的非线性映射方法，利用深度学习方法，将传感器数据输入神经网络中，通过训练网络来学习多个传感器数据之间的复杂关系，并进行数据融合。

图 4.3 对目前比较常用的数据融合方法进行了归纳，每一类中依据具体的实现方式又分为若干种。

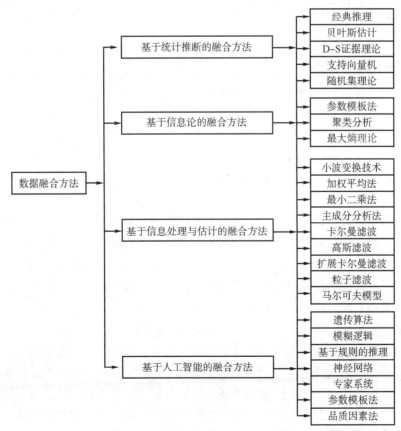

图 4.3 常用的数据融合方法

4.2.2 典型数据融合方法介绍

1. 加权平均法

加权平均法是多传感器信息融合中常用的一种方法，是一种简单而常用的数据融合技术，可以将来自不同传感器的信息进行整合。其基本思想是根据各传感器的可信度或准确性，对它们提供的数据进行加权平均，从而得到一个更可靠的估计结果。

加权平均法的数学表示如下：假设有 N 个传感器，每个传感器测量得到的值分别为 x_1，x_2，$\cdots$，x_N，对应的权重为 w_1，w_2，$\cdots$，w_N（权重通常是非负数，且和为 1），那么，加权平均法的综合估计值 y 可以表示为

$$y = w_1 x_1 + w_2 x_2 + \cdots + w_N x_N$$

其中，y 表示综合估计值，w_i 表示第 i 个传感器的权重，x_i 表示第 i 个传感器的测量值。

加权平均法的优点是简单易实现、计算效率高、实现成本低等，适用于多传感器数据具有一定相关性或不同精度的情况。通过调整不同传感器的权重，可以灵活调节各个传感器对最终结果的贡献程度。但是，加权平均法也存在一些局限性，例如，需要准确估计传感器的权重、对传感器的误差特性敏感等。特别是当传感器之间存在较大的测量误差或数据不一致时，简单的加权平均可能会导致不准确的估计结果。

在实际应用中，加权平均法通常作为数据融合的基准方法，可以与其他更复杂的融合方法结合使用，以获得更准确和可靠的结果。

2. 贝叶斯估计

贝叶斯估计是一种基于贝叶斯理论的数据融合方法，它利用先验知识和观测数据来估计参数或状态的后验概率分布。在数据融合中，贝叶斯估计可以将来自不同传感器的信息进行融合，以提高对目标或环境的估计精度和鲁棒性。

贝叶斯估计是一类利用概率统计知识进行分类的算法，利用贝叶斯定理结合新的证据及以前的先验概率，来得到新的概率，它提供了一种计算假设概率的方法，并基于假设的先验概率、给定假设下观察到不同数据的概率及观察到的数据本身进行参数估计。即通过先验知识和观测数据能够推测未知参数的概率分布从而得到参数的估计值，并在新数据可用时更新这些估计。

利用贝叶斯理论实现数据融合，就是充分利用测量对象的先验信息，结合新的证据及以前的先验概率，来得到新的概率并根据一次测量结果对先验概率到后验概率的修正的过程。

贝叶斯估计在数据融合中具有广泛的应用，尤其适用于处理不确定性较高或先验知识丰富的情况。通过合理地选择先验分布和观测模型，并结合适当的数学工具和算法，贝叶斯估计可以实现对复杂系统的高效估计和预测。

贝叶斯估计的典型应用：基于贝叶斯估计的目标识别融合模型。

基于贝叶斯估计的目标识别融合模型如图 4.4 所示，假设由 n 个传感器对一未知目标参数进行测量，贝叶斯估计首先对各种传感器信息做相容性分析，删除可信度很低的错误信息，将单独的传感器作为一个贝叶斯估计器，然后将分布的单个物体整合成一个联合后验概率分布函数，接着利用其似然函数中的最小值给多传感器提供最后的融合结果，在假设已知相应的先验概率的前提下，对有用的信息进行贝叶斯估计以求得最优的融合信息。

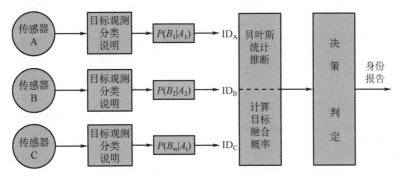

图 4.4 基于贝叶斯估计的目标识别融合模型

设每一传感器的测量结果分别为 A_1，A_2，$\cdots$，A_n，为 n 个互斥的穷举目标，B_j 为第 j 个传感器给出的目标身份说明，且 A_i 满足 $\sum_{i=1}^{n} P(A_i) = 1$，通过计算每个传感器单元对不同目标的身份说明的不确定性，即 $P(B_j|A_i)$ 及目标身份的融合概率 $P(A_iB_1, B_2, \cdots, B_m)$，寻找极大似然估计得到目标识别决策（判据）进而得到融合结果。基于贝叶斯估计的目标识别融合的求解思路如图 4.5 所示。

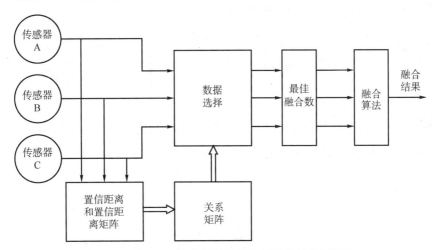

图 4.5 基于贝叶斯估计的目标识别融合的求解思路

其中，为对传感器输出数据进行选择，必须对其可靠性进行估计，为此定义各数据间的置信距离，通过求解置信距离和置信距离矩阵实现数据的融合。

假设，利用多个传感器测量某参数的过程中有两个随机变量，一个是被测参数 μ，另一个是每个传感器的输出 $X_i, i = 1, 2, \cdots, m$，一般认为它们服从正态分布，用 x_i 表示第 i 个测量值的一次测量输出，它是随机变量 X_i 的一次取样。设 $\mu \sim N(\mu_0, \sigma_0^2)$，$X_k \sim N(\mu, \sigma_k^2)$。

用 X_i、X_j 表示第 i 个和第 j 个传感器的输出，则其一次读数 x_i 和 x_j 之间的置信距离定义为

$$d_{ij} = 2\int_{x_i}^{x_j} P_i(x \mid x_i)\,\mathrm{d}x$$

$$d_{ji} = 2\int_{x_j}^{x_i} P_j(x \mid x_j)\,\mathrm{d}x$$

若 X_i、X_j 服从正态分布，则上式中：

$$P_i(x \mid x_i) = \frac{1}{\sqrt{2\pi}\,\sigma_i}\exp\left[-\frac{1}{2}\left(\frac{x-x_i}{\sigma_i}\right)^2\right]$$

$$P_j(x \mid x_j) = \frac{1}{\sqrt{2\pi}\,\sigma_j}\exp\left[-\frac{1}{2}\left(\frac{x-x_j}{\sigma_j}\right)^2\right]$$

可知：当 $x_i = x_j$ 时，$d_{ij} = d_{ji} = 0$；当 $x_i \gg x_j$ 或 $x_j \gg x_i$ 时，$d_{ij} = d_{ji} = 1$。
则置信距离矩阵

$$\boldsymbol{D}_m = \begin{bmatrix} d_{11} & d_{12} & \cdots & d_{1m} \\ d_{21} & d_{22} & \cdots & d_{2m} \\ \vdots & \vdots & & \vdots \\ d_{m1} & d_{m2} & \cdots & d_{mm} \end{bmatrix}$$

根据具体问题选择合适的临界值 β_{ij}，对数据 d_{ij} 的可靠性进行判定：

$$r_{ij} = \begin{cases} 1, & d_{ij} \leqslant \beta_{ij} \\ 0, & d_{ij} > \beta_{ij} \end{cases}$$

由此得到一个二值矩阵，称为关系矩阵：

$$\boldsymbol{R}_m = \begin{bmatrix} r_{11} & r_{12} & \cdots & r_{1m} \\ r_{21} & r_{22} & \cdots & r_{2m} \\ \vdots & \vdots & & \vdots \\ r_{m1} & r_{m2} & \cdots & r_{mm} \end{bmatrix}$$

由关系矩阵对多传感器数据进行选择，选择一个数据作为最佳融合数。将 μ_0、σ_0^2 和最佳融合数对应的 x_k、σ_k^2 代入贝叶斯融合估计公式求得融合，结果 $\hat{\mu}$ 为

$$\hat{u} = \frac{\displaystyle\sum_{k=1}^{l} \frac{x_k}{\sigma_k^2} + \frac{\mu_0}{\sigma_0^2}}{\displaystyle\sum_{k=1}^{l} \frac{1}{\sigma_k^2} + \frac{1}{\sigma_0^2}}$$

需要注意的是，计算置信距离 d_{ij} 需要计算条件概率 $P_i(x|x_i)$、$P_j(x|x_j)$，计算量较大。为简化计算，当测试数据服从正态分布时，可利用误差函数计算置信距离为

$$d_{ij} = \mathrm{erf}\left(\frac{x_j - x_i}{\sqrt{2}\,\sigma_i}\right)$$

贝叶斯估计的优点是简洁，且易于处理相关事件，缺点是不能区分不知道与不确定信息，而且与要求处理的对象相关，特别是在实际应用中很难知道先验概率，同时，当假设的先验概率与实际矛盾时，推理的结果会很差，因此，在处理多重假设和多重条件时显得相当复杂。

贝叶斯估计也可以应用于更复杂的问题，包括机器学习模型参数估计、贝叶斯网络推理等，关键在于选择适当的先验分布和似然函数，以反映问题的特性和领域知识，一般地，在静态环境中，贝叶斯方法是对多传感器高层信息进行融合的经常使用的方法。

3. 卡尔曼滤波

卡尔曼滤波是一种利用线性系统的状态方程，通过输入、输出观测数据，对系统状态进行最优估计的算法，由于观测数据中有噪声干扰，所以最优估计也可以看作滤波的过程，通常用于控制系统、导航、机器人等领域。

卡尔曼滤波是一种用于估计系统状态的强大工具，尤其适用于线性动态系统且传感器误差服从高斯分布的情况。它能够融合系统动态模型和传感器观测数据，以最优方式估计系统的状态，并且在实时性要求高的应用中表现出色。

卡尔曼滤波主要在低层次实时对动态多传感器的冗余数据进行融合，是一种递归滤波方法，该方法利用测量模型的统计特性，递推决定统计意义下最优融合数据。其核心思想是综合先验估计（由系统模型预测的状态）和后验估计（由观测数据校正的状态），并通过协方差矩阵来权衡两者的不确定性。

因此，卡尔曼滤波通过将多个传感器的测量结果作为观测值输入卡尔曼滤波器中，递归地更新状态的估计值，并估计状态的协方差，从而提供对真实状态的最优估计，即使伴随着各种干扰，总是能指出真实发生的情况。卡尔曼滤波技术的基本原理和实现步骤如下。

（1）状态空间表示：将系统状态和观测量表示为状态空间模型。状态空间模型由状态方程和观测方程组成，其中状态方程描述系统状态的演化过程，而观测方程则将系统状态映射到观测空间。

（2）预测步骤：根据系统的动态模型，利用状态方程对系统的下一个状态进行预测。预测步骤通过将当前状态乘以状态转移矩阵来计算下一个状态的预测值，并估计预测状态的协方差。

（3）更新步骤：在接收到新的观测数据后，利用观测方程将预测状态与观测数据进行比较，从而获得对系统状态的更准确的估计。更新步骤通过计算卡尔曼增益来调整预测状态，以获得系统状态的最优估计值。

（4）卡尔曼增益计算：卡尔曼增益是一个权重参数，用于衡量预测状态和观测数据之间的信息差异。它的计算基于系统的状态协方差、观测噪声协方差和观测方程的雅可比矩阵。

（5）状态更新：根据卡尔曼增益和观测数据对预测状态进行调整，从而得到系统状态的更新估计值。同时，更新系统状态的协方差以反映更新后的估计精度。

（6）迭代：在实时应用中，卡尔曼滤波是一个递归过程，即在每次接收到新的观测数据时，重复进行预测和更新步骤，以实时更新系统状态的估计值。

卡尔曼滤波具有数学理论基础和广泛的应用范围，特别适用于需要实时估计系统状态且受到传感器误差影响的情况。然而，它的应用也受到一些限制，例如，对系统动态模型和传感器误差的线性假设，以及对初始状态估计的依赖性。

4. D-S 证据理论

D-S 证据理论是一种用于处理不确定性和推理的数学理论，常用于数据融合和决策支持系统中。与传统的概率论不同，D-S 证据理论允许描述不确定性的不同类型，并能够更灵活地处理证据的不完备性和冲突性。

D-S 证据理论解决了概率论中的两个难题：一是能够对"未知"给出显式的表示；二是当证据对一个假设部分支持时，该证据对假设否定的支持也能用明确的值表示出来。该理论允许合并来自不同来源的证据，以获得关于假设的信度度量，用于在不确定情况下进行推理和决策。

D-S证据推理是贝叶斯推理的扩充，是根据人们的推理模式，观测数据采用不确定区间和概率区间来决定，并在多证据情况下利用信任函数和假设的似然函数进行推理，利用Dempster合成规则将各个证据体合并成一个新的证据体，产生新证据体的过程就是D-S证据理论的数据融合。

D-S证据理论关于命题A的证据包括3个部分：一部分是支持命题A，称为支持证据；另一部分是反对命题A或不支持命题A，称为拒绝证据；还有一部分是既不明显支持又不明显反对命题A的证据，称为中性证据。首先，计算各个证据的基本概率分配函数、信任度函数和似然函数，然后用D-S组合规则计算所有证据联合作用下的基本概率分配函数、信任度函数和似然函数，最后根据一定的决策规则选择证据联合作用下支持度最大的假设。

例如，当利用D-S证据理论处理多种传感器的数据时，它先对单个传感器数据每种可能决策的支持程度给出度量（即数据作为证据对决策的支持程度），再寻找一种证据组合方法或规则，在已知两个不同传感器数据（即证据）对决策的分别支持程度时，通过反复运用组合规则，最终得出全体数据的联合体对某决策总的支持程度，得到最大证据支持决策，即信息融合的结果。

D-S证据理论应用示例如下。

问题描述：假设有两个传感器A和B，用于检测某个事件的发生，每个传感器都可以提供一些证据，但由于噪声和不确定性，它们可能会产生不完全可靠的结果，使用D-S证据理论来合并这两个传感器的证据，以确定火灾是否发生。

步骤1：建立假设空间，H_1：火灾已经发生，H_2：没有火灾。

步骤2：为每个传感器和每个假设定义信任分配（Belief Assignment，信任分配是D-S证据理论的核心，它表示每个假设的信度度量）。

假设传感器A给出了以下信任分配。

传感器A支持H_1的信度度量：$Bel(A, H_1) = 0.7$。

传感器A支持H_2的信度度量：$Bel(A, H_2) = 0.3$。

传感器B给出了以下信任分配。

传感器B支持H_1的信度度量：$Bel(B, H_1) = 0.6$。

传感器B支持H_2的信度度量：$Bel(B, H_2) = 0.4$。

步骤3：合并证据，使用D-S证据理论的合并规则将传感器A和传感器B的证据合并成一个综合的信任分配，合并规则可以使用逻辑运算符（如OR、AND）来组合不同传感器的信任分配。

在这个示例中，我们使用OR运算符，表示只要一个传感器提供了支持某个假设的证据，那么整体的信任分配就会包括该假设。

合并后支持H_1的信度度量：$Bel(AB, H_1) = Bel(A, H_1) + Bel(B, H_1) - [Bel(A, H_1) \times Bel(B, H_1)] = 0.7 + 0.6 - (0.7 \times 0.6) = 0.88$。

合并后支持H_2的信度度量：$Bel(AB, H_2) = Bel(A, H_2) \times Bel(B, H_2) = 0.3 \times 0.4 = 0.12$。

步骤4：确定最终的信任分配，即对每个假设的信度度量。

最终支持 H_1 的信度度量：$Bel(Final, H_1) = 0.88$。

最终支持 H_2 的信度度量：$Bel(Final, H_2) = 0.12$。

根据最终的信任分配，我们可以得出结论：火灾已经发生的概率为 0.88，没有火灾的概率为 0.12，这是一个简单的 D-S 证据理论示例，说明了如何合并不同传感器的证据以进行决策，在实际应用中，可以包括更多的传感器和复杂的假设空间。

D-S 证据理论在人工智能、模式识别、数据融合、决策支持系统等领域都有广泛应用，由于其对不确定和不完全信息的处理能力，D-S 证据理论在一些复杂的推理问题中比传统的概率论更加适用，然而，D-S 证据理论也面临着组合爆炸等问题，需要谨慎使用并结合具体应用场景来选择合适的方法。

5. 专家系统

专家系统是一种基于人工智能的计算机信息系统，用于模拟领域专家在特定领域中做决策和解决问题的过程，该系统通过收集并应用领域专家的知识，以帮助用户解决复杂的问题、做出决策或提供有关特定领域的建议。

在专家系统中，知识工程师将领域专家的知识以产生式规则的形式表示，构建一个知识库，然后，通过匹配问题中的条件和知识库中的产生式规则，系统可以推理出相应的结论或执行相应的动作。专家系统在多个领域有广泛的应用，包括医疗诊断、金融分析、工业控制、故障诊断、客户服务、自然语言处理、化学合成规划等，其能够提高决策的准确性和效率，并在需要时提供可靠的建议，但需要指出的是，专家系统的开发需要大量的知识工程和领域专家的参与。

6. 支持向量机

支持向量机（SVM）是一种在监督学习中广泛使用的机器学习算法，主要用于分类和回归问题，可以通过对已有数据的学习，训练得到传感器测量值和系统状态之间的关系，从而进行状态估计。

SVM 的基本思想是找到一个最优超平面（或超平面的集合），该超平面可以将数据点分割成不同的类别，并且具有最大的间隔，即找到一个最大边距的分类器，而在超平面上的这些数据点称为支持向量，SVM 的决策边界只依赖这些支持向量，而不依赖其他样本，这使 SVM 对异常值相对稳健，使分类更加准确。

SVM 可以处理线性可分和线性不可分的问题。SVM 在处理线性可分问题时，在原空间寻找两类样本的最优分类超平面；在处理线性不可分问题时，加入松弛变量并通过使用非线性映射将低维度输入空间的样本映射到高维度空间，使其可以被线性分割，即使用核函数将数据映射到高维空间中，从而使数据在高维空间中变得线性可分，常用的核函数有线性核、多项式核、径向基函数（Radial Basis Function，RBF）核，这样就可以在该特征空间中寻找最优分类超平面，同时最大化不同类别样本之间的间隔。

SVM 通常用于分类和回归任务，但也可以用于数据融合。数据融合的主要目标是将来自不同来源或传感器的信息整合到一个一致的框架中，以提高对目标或环境的理解和感知。以下是 SVM 在数据融合中的一些应用方式。

（1）多模态数据融合：SVM 可以用于融合多种类型的数据，如文本、图像、声音等。在这种情况下，不同类型的数据可以被转换为向量表示，并结合在一起形成一个更大的特征向量。SVM 可以用来学习这些特征向量之间的复杂关系，并进行分类或回归任务。

（2）异构数据融合：SVM 可以处理不同类型的数据，如数值型数据、类别型数据和文本型数据。通过使用适当的特征工程技术将这些异构数据转换为统一的特征表示形式，SVM 可以有效地进行数据融合，并学习数据之间的关系。

（3）集成学习：SVM 可以与其他机器学习算法进行集成，形成集成学习系统。在集成学习中，多个 SVM 模型可以组合在一起，通过投票或加权平均等方式来融合它们的预测结果，以提高整体性能。

（4）核方法：SVM 通过核方法可以将数据映射到更高维的特征空间中，从而使得数据变得线性可分。核方法可以用于融合不同类型的数据，并在高维特征空间中进行分类或回归任务。

在实际应用中，将 SVM 应用于数据融合时，需要根据具体问题的特点和数据的性质选择合适的方法和技术。同时，合理的特征工程和模型调优也是提高 SVM 性能的关键。

7. 神经网络

神经网络是在现代神经生物学发展的基础上提出的。神经网络具有很强的容错性，以及自学习、自组织及自适应能力，能够模拟复杂的非线性映射。神经网络的这些特性和强大的非线性处理能力，恰好满足了多传感器信息融合技术处理的要求。因此，神经网络在数据融合中具有广泛的应用，它可以通过多种方式来融合不同传感器或来源的信息，以提高对目标或环境的理解和感知。

在多传感器系统中，各信息源所提供的环境信息都具有一定程度的不确定性，对这些不确定信息的融合过程实际上是一个不确定性推理的过程。神经网络可以通过多层神经元的连接，对传感器测量值进行学习和映射，根据当前系统所接收的样本相似性确定分类标准，这种确定方法主要表现在网络的权重分布上，同时，可以采用神经网络特定的学习算法来获取知识，得到不确定性推理机制，利用神经网络的信号处理能力和自动推理功能，实现多传感器信息融合，得到系统状态的估计结果。神经网络已经被成功应用于信息融合中，并且在大规模数据集上具有较好的性能。

（1）神经网络的结构。

神经网络是一种计算模型，由大量相互连接的神经元组成，这些神经元按照不同的层次结构排列。神经网络能够通过学习从输入数据中提取特征，并用于解决各种机器学习任务，如分类、回归、聚类等。神经网络包括以下几个基本组成部分。

输入层：接收原始的输入数据，通常是特征向量或图像。

隐藏层：在输入层和输出层之间的一层或多层，它们的神经元对输入数据进行处理并提取特征。

输出层：输出神经网络的最终结果，如分类标签、回归值等。

权重：每个连接的权重表示神经元之间传递信息的强度，这些权重是神经网络的学习参数。

偏置：每个神经元都有一个偏置，用于调整神经元的激活阈值。

神经网络通过训练数据来学习适当的权重和偏置，使在给定输入下，网络的输出能够与预期的输出尽可能接近，训练过程通常涉及将输入数据通过前向传播算法计算输出结果，然后通过反向传播算法来调整权重和偏置，以最小化预测输出与真实输出之间的误差。

图 4.6、图 4.7 所示为神经网络的基本原理和基本结构。

由图 4.6 和图 4.7 可知，决定神经网络性能的是神经网络的基本结构，包括神经网络的层数、每层神经元的数量、每层神经元的作用函数、神经网络训练的目标函数和学习算法、神经网络权值和阈值的初始值、神经网络的训练数据等。

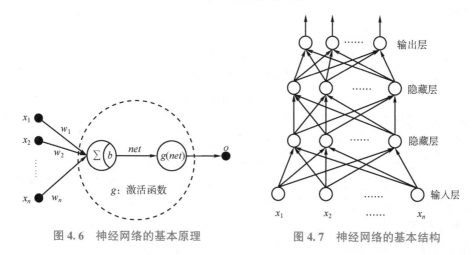

图 4.6　神经网络的基本原理　　　　图 4.7　神经网络的基本结构

基于神经网络的算法是近些年基于神经网络技术不断发展和成熟而建立起来的方法，能够较好地解决传感器系统的误差问题，神经网络的基本信息处理单元是神经元，利用不同神经元之间的连接形式并选择不同的函数，可以获得不同的学习规则和最终结果。这就丰富了融合方法的多样性，此外，选取的学习数据库的差异也导致融合结果存在不同效果。

（2）常见神经网络。

多输入单输出（Multiple Input Single Output，MISO）网络：MISO 网络接收多个传感器或数据来源的输入，然后将它们整合在一起，生成一个单一的输出。这种方式适用于将不同传感器的信息直接融合成一个统一的输出，如多传感器目标检测和跟踪任务。

多输入多输出（Multiple Input Multiple Output，MIMO）网络：MIMO 网络接收多个传感器的输入，并产生多个输出。每个输出对应于网络对不同方面的数据融合。例如，在环境感知任务中，MIMO 网络可以接收来自多个传感器的输入，如摄像头、雷达和激光雷达数据，并生成关于环境物体位置、速度和类型等多个方面的输出。

卷积神经网络（Convolutional Neural Network，CNN）：CNN 是一种特殊的神经网络结构，广泛应用于图像处理任务。在数据融合中，CNN 可以接收多个传感器的输入，并利用卷积和池化等操作来提取特征，从而实现对多传感器数据的融合和处理。例如，在智能驾驶中，CNN 可以接收来自相机、激光雷达和雷达等传感器的数据，并用于实时场景理解和决策。

循环神经网络（Recurrent Neural Network，RNN）和长短期记忆网络（Long short-Term Memory，LSTM）：可以用于对多个时间步长的传感器数据进行融合，从而实现对系统动态变化的建模和预测。例如，在环境监测任务中，RNN 和 LSTM 可以用于对时间序列数据进行分析和预测，从而实现对环境状态的动态监测和预警。

注意力机制：可以用于动态地调整不同传感器或数据源的重要性，从而实现对多源信息的自适应融合。例如，在自然语言处理中，注意力机制可以用于对输入序列中不同位置的信息进行加权，从而提高模型对重要信息的关注度。

这些方法可以根据具体问题的需求和数据的特点进行选择和调整，以实现对多传感器或多来源信息的有效融合。同时，合理的模型设计、参数调优和数据预处理也是提高神经网络数据融合效果的关键。

神经网络在多传感器信息融合中的用途是将来自不同来源和不同类型的信息进行整合和融合，以提高数据的表征能力和预测性能，进而支持更复杂的应用和决策任务。其强大的特征提取和模式识别能力使其成为处理源数据的有力工具。

例如，利用一定数据在一定误差下逼近一个解析式未知的函数；利用人工神经网络实现空间的线性或非线性划分，以此实现目标分类。神经网络的实现是基于数据的，最终的规则对用户是透明的。

在过去几十年中，神经网络在人工智能领域取得了巨大的进展，例如，在自动驾驶领域中，将来自不同传感器的信息进行融合，以实现高级环境感知和驾驶决策。神经网络具有的能力和灵活性使其成为处理多源传感器数据融合的有力工具，有助于实现更安全、高效的自动驾驶系统。随着深度学习的兴起，深度神经网络（Deep Neural Networks，DNN）已经成为当今许多复杂任务的关键技术，如图像识别、自然语言处理、语音识别等。

8. 模糊逻辑

模糊逻辑是一种用于处理模糊性和不确定性的数学工具，常用于数据融合中。模糊逻辑的基本思想是将传感器的观测值映射到模糊集合，然后利用模糊推理规则来融合这些模糊集合，得到最终的决策或估计结果。

（1）模糊逻辑简介。

模糊逻辑是一种用于处理不确定性和模糊性的数学和计算理论。传统的布尔逻辑中，命题的真值只能是真或假，而模糊逻辑允许命题的真值在 0~1 之间取值，表示了不确定性或模糊性的程度。模糊逻辑的核心思想是在处理不确定性或模糊信息时，使用模糊集合和模糊规则来进行推理和决策。

模糊逻辑引入了模糊集合的概念，它允许元素的隶属度在 0~1 之间取值表示其真实度。将多传感器信息融合过程中的不确定性直接表示在推理过程中。模糊逻辑使用模糊规则来表达知识和推理过程，模糊规则类似于传统逻辑中的规则，但其中使用模糊条件和模糊结论来表示不确定性的推理，通过模糊规则和模糊集合的运算，进而实现数据融合。

与概率统计方法相比，模糊逻辑存在许多优点，在一定程度上克服了概率论所面临的问题，对信息的表示和处理更加接近人类的思维方式，一般比较适合在高层次上的应用（如决策）。但是，逻辑推理本身还不够成熟和系统化。此外，由于模糊逻辑推理对信息的描述存在很大的主观因素，所以信息的表示和处理缺乏客观性。

（2）模糊逻辑在数据融合中的一些常见技术。

模糊集合表示：模糊逻辑使用模糊集合来描述不确定性或模糊性。每个模糊集合都有一个隶属函数，表示每个可能值属于该集合的程度。例如，可以将温度传感器的观测值映射到"低温""中温"和"高温"等模糊集合中。

模糊推理：利用模糊规则来推导出模糊集合之间的关系，从而融合不同传感器的信息。模糊规则通常采用 IF-THEN 形式，例如："IF 温度为高 THEN 环境为炎热"。通过模糊推理，可以将不同传感器的模糊集合进行逻辑运算和合并，得到更准确的结果。

模糊聚合：将多个模糊集合合并成一个更大的模糊集合的过程。常用的模糊聚合方法包括最小值、最大值和平均值聚合等。例如，将多个传感器的模糊集合进行最大值聚合，可以得到最可能的结果。

模糊控制：模糊逻辑还可以用于设计模糊控制器，用于调节系统的控制参数以实现某种期望的性能。在数据融合中，模糊控制可以用于根据多个传感器的信息来调节系统的行为，以适应不同的环境和条件。

模糊集合的推广：除了标准的模糊集合，还可以使用广义模糊集合来处理更复杂的情况，如具有不确定性和模糊性的概率分布。广义模糊集合可以更灵活地表示不同传感器的观测信息，从而实现更准确的数据融合。

通过这些技术，模糊逻辑可以有效地处理传感器观测值的不确定性和模糊性，从而实现对多传感器信息的融合和决策。在实际应用中，需要根据具体问题的特点和要求选择合适的模糊逻辑方法，并进行适当的参数调整和模型优化。

（3）模糊逻辑应用示例。

基于模糊逻辑的人体对气温的感受的数据融合系统如图4.8所示，其中温度信息、湿度信息模糊化表示人体对气温的感受。

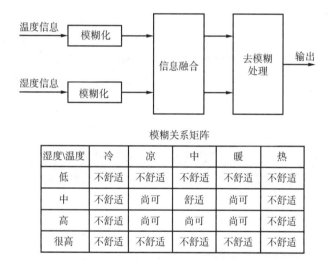

模糊关系矩阵

湿度\温度	冷	凉	中	暖	热
低	不舒适	不舒适	不舒适	不舒适	不舒适
中	不舒适	尚可	舒适	尚可	不舒适
高	不舒适	尚可	尚可	尚可	不舒适
很高	不舒适	不舒适	不舒适	不舒适	不舒适

图4.8 基于模糊逻辑的人体对气温的感受的数据融合系统

模糊逻辑在许多领域中有广泛应用，特别是在控制系统、模式识别和决策支持系统等领域，在控制系统中，模糊控制器可以处理不确定性和模糊性的输入，输出模糊化的控制信号，适用于复杂的非线性控制系统。在模式识别中，模糊分类和聚类方法可以处理模糊和不完整信息的分类问题。在决策支持系统中，模糊逻辑可以用于处理不确定性的决策问题。

需要说明的是，在选择和应用多传感器信息融合方法时，需要考虑传感器之间的关系、测量噪声、数据的时序性、计算复杂度及特定应用的要求，综合考虑这些因素，选择适合的融合方法可以提高系统状态的准确性和可靠性，表4.1所示为不同场合常用数据融合方法的比较。

表 4.1　不同场合常用数据融合方法的比较

融合方法	运行环境	信息类型	信息表示	不确定性	适用范围
加权平均	动态	冗余	原始数据	—	数据层融合
卡尔曼滤波	动态	冗余	概率分布	高斯噪声	数据层融合
贝叶斯估计	静态	冗余	概率分布	高斯噪声	决策层融合
统计决策理论	静态	冗余	概率分布	高斯噪声	决策层融合
D-S证据理论	静态	冗余互补	命题	—	决策层融合
模糊逻辑	静态	冗余互补	命题	隶属度	决策层融合
神经网络	动/静态	冗余互补	神经元输入	学习误差	数据层/决策层融合
产生式规则	动/静态	冗余互补	命题	置信因子	决策层融合

随着多传感器信息融合研究的深入和相关学科的发展，还会出现新的数据融合方法，这些方法都存在各自的优点和局限性。无论哪种方法，它所研究的对象都是不确定信息。不同种类的不确定信息都有不同的数学处理方法，目前还没有一种通用的方法可以用来处理所有不确定信息。随着大数据及物联网技术的发展，人工智能的新方法、新技术将在数据融合中起到越来越重要的作用。

近几年，又出现了许多将多种数据融合方法进行有机结合，实现优势互补的适应性更强、更高效的数据融合方法。由于神经网络具有大规模并行处理信息能力，所以系统信息的处理速度很快，将神经网络与其他数据融合方法相结合进行数据融合技术的研究，效果显著，已经形成了一种趋势。

4.3　多传感器信息融合层次

4.3.1　多传感器信息融合层次简介

多传感器信息融合与其他经典信号处理方法有本质的区别，关键在于数据融合要处理的多传感器的信息有着更加复杂多样的形式结构，并且能够出现于不同的信息层次中。根据融合系统中的数据抽象的层次，可以将多传感器信息融合划分成 3 个层次：数据层融合、特征层融合、决策层融合。处理问题时，可以根据不同目标特性进行合理选择。同时，由于各层次处理的信息特点不同，所采用的融合算法也有所不同。

1. 数据层融合

数据层融合也称像素层融合，针对传感器采集的数据，依赖传感器类型，进行同类数据的融合，然后从融合的数据中提取特征向量，并进行判断识别，如图 4.9 所示。数据层融合要处理的数据都是在相同类型的传感器下采集的，所以数据层融合不能处理异构数据。

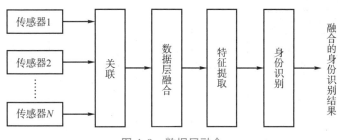

图 4.9　数据层融合

数据层融合是最低层次的融合，即原始数据的直接融合。这种方式几乎不处理收集到的同类型数据，而直接对其进行整合研究，保留了更多的初始细节信息。但是过多的信息量会导致系统计算处理时占用更多内存且耗时。该方式的实时效果极差，并且由于数据本身具有很大的不稳定性，所以要求处理系统具备很好的容错能力。

数据层融合需要传感器是同质的（传感器感测的是同一个物理量），如果多个传感器是异质的（传感器感测的不是同一个物理量），那么数据只能在特征层或决策层进行融合。数据层融合不存在数据丢失的问题，得到的结果也是最准确的，但计算量大，且对系统通信带宽的要求很高。

数据层融合的主要优点：只有较少数据量的损失；能提供其他融合层次所不能提供的细微信息；精度最高。

数据层融合的局限性：所要处理的传感器数据量大，故处理代价高，处理时间长，实时性差；这种融合是在信息的最底层进行的，它要求传感器是同质的，即提供对同一感测对象的同类感测数据的通信量大，抗干扰能力差。

数据层融合常用的融合方法是加权平均法和卡尔曼滤波法等。此级别的数据融合用于多源图像复合、图像分析和理解，以及同类雷达波形的直接合成等。

2. 特征层融合

特征用来表示研究对象的行为、性能及功能等。所说的特征层融合方法，指的是首先从每种传感器提供的感测数据中提取出有代表性的特征，然后对各组特征进行融合，合成单一的特征向量，接着运用模式识别的方法进行处理。一般来说，提取的特征信息应是数据信息的充分表示量或充分统计量。

特征层融合指的是提取所采集数据包含的特征向量，用来体现所监测物理量的属性。这是面向监测对象特征的融合。例如，在图像数据的融合中，可以采用边沿的特征信息，来代替全部数据信息。

特征层融合属于中间层次的融合方式，如图 4.10 所示，但其同时具备低层次和高层次融合方式的部分优势。跟我们通常所说的多属性决策不同，它一般包含以下 3 个步骤。

（1）将设定含有量纲的属性映射到[0,1]区间，以产生无量纲的量，这个无量纲的量被映射到各个属性的信任度中。

（2）按照特定的融合规则对反映各个属性的信任度进行数据融合，用于得出能够反映各备选方案信任度的量化结果。

（3）根据融合的结果做出最后决策。

在上面的 3 个步骤中，最关键的是第二步。第一步是在实际应用中所要面临的关键问

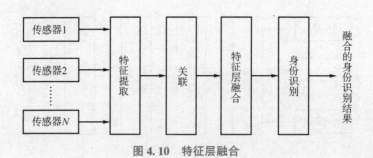

图 4.10　特征层融合

题，它没有固定模式可以遵循，而是与具体应用密切相关的问题，要视具体的情况来定；第二步与第一步紧密相关，即使当今已有很多方法可以用在属性融合中，可是都需要根据第一步得出的结果进行。

　　特征层融合的优点：实现了可观的数据压缩，降低了对通信带宽的要求，有利于实时处理。

　　特征层融合的缺点：由于损失了一部分有用信息，所以融合性能有所降低。

　　特征层融合可划分为目标状态信息融合和目标特征信息融合两大类。其中，目标状态信息融合主要用于多传感器目标跟踪领域，融合处理首先对多传感数据进行数据处理，以完成数据校准，然后进行数据相关和状态估计；具体数学方法包括卡尔曼滤波、联合概率数据关联、多假设法、交互式多模型法和序贯处理理论等。而目标特征信息融合则适用于组合分类，主要基于传统模式识别技术实现分类融合。目标特征信息融合实际属于模式识别问题，常见的数学方法有参数模板法、特征压缩和聚类方法、人工神经网络、K-最近邻法等。特征层融合能够自动提取原始数据中具有代表性特征的信息源，并对其进行整合，保留重要信息，从而为后期的决策提供数据支持。该方式对通信宽带的要求很低。但是，一旦丢失数据就会导致相应的准确性降低。

3. 决策层融合

　　决策层融合属于最高层次的融合方式，如图 4.11 所示。决策层融合指的是根据特征层融合所得到的数据特征，进行一定的判别、分类，以及简单的逻辑运算，根据应用需求进行较高级的决策，是高级的融合。

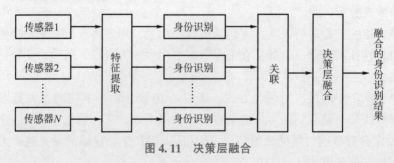

图 4.11　决策层融合

　　决策层融合要求在每个传感器独立完成监测数据的特征提取和识别任务的同时，整合多个传感器的结果。它直接面对决策目标，并为最终产生决策结果奠定基础。

　　决策层融合具有灵活性好、抗干扰能力强等特点，即使部分传感器出现故障或失效，仍能给出合理的决策结果。但是该方式会压缩数据，因此需要高成本地进行处理，甚至会损失大量的细节信息。

决策层融合的原理是把来自各种各样的传感器的数据经过预处理机构进行预处理以后对被测目标进行独立决策，随后将各独立决策进行数据融合，最终所获得的决策结果具有整体上的一致性。

决策层融合是三层融合的最终结果，是直接针对具体决策目标的，融合结果直接影响决策水平。

由于对传感器的数据进行了压缩，所以这种处理方法的数据损失量最大，产生的结果相对而言最不准确，但它的计算量小及对通信带宽的要求最低，具有通信量小、抗干扰能力强、对传感器依赖度低、不要求是同质传感器、融合中心处理代价低等优点，常见方法有贝叶斯估计、专家系统、D-S 证据理论、模糊逻辑等。

决策层融合是面向应用的融合。例如，在森林火灾的监测监控系统中，通过对温度、湿度和风力等数据特征的融合，可以断定森林的干燥程度及发生火灾的可能性等。这样，需要发送的数据就不是温湿度的值及风力的大小，而是发生火灾的可能性及危害程度等。在传感器网络的具体数据融合实现中，可以根据应用的特点来选择合适的融合方法。

表 4.2 对多传感器信息融合各层次中采用的融合方法及其应用进行了总结。

表 4.2　不同融合层次上的融合方法及其应用

类型	数据层融合	特征层融合	决策层融合
所属层次	最低层次	中间层次	最高层次
主要优点	原始信息丰富，并能提供另外两个融合层次所不能提供的详细信息，精度最高	实现了对原始数据的压缩，减少了大量干扰数据，易实现数据实时处理，并具有较高的精度	所需要的通信量小，传输带宽低，容错能力比较强，可以应用于异质传感器
主要缺点	所要处理的传感器数据量巨大，处理代价高，耗时长，实时性差；原始数据易受噪声污染，需融合系统具有较好的容错能力	在融合前必须先对特征进行相关处理，把特征向量分类成有意义的组合	判决精度降低，误判决率升高，同时，数据处理的代价比较高
主要方法	加权平均法、卡尔曼滤波法等	聚类分析法、贝叶斯估计法、熵法、加权平均法、D-S 证据理论、表决法及神经网络法等	贝叶斯估计法、专家系统、神经网络法、模糊理论、可靠性理论及参数模板法等
主要应用	多源图像复合、图像分析和理解	多传感器目标跟踪领域，融合系统主要实现参数相关和状态向量估计	其结果可为指挥控制与决策提供依据

4.3.2　多传感器信息融合层次的实际应用

1. 中医诊断的信息融合

中医诊断的信息融合过程如图 4.12 所示。中医诊断的信息融合过程涉及视觉、嗅觉、听觉、触觉 4 种不同的传感器，经过决策层融合进行病情诊断。

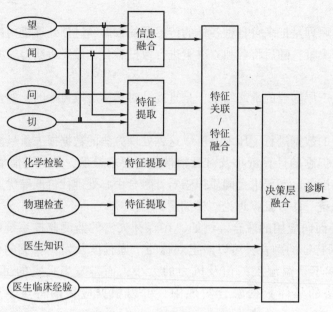

图 4.12　中医诊断的信息融合过程

2. 多振动信号融合评估机床健康状态

多振动信号融合评估机床健康状态涉及的数据融合有以下几种。

（1）特征层融合：从不同部位的振动信号中提取特征，并将这些特征进行融合。可以使用统计特征、频谱特征、时频特征等来描述不同部位振动信号的性质，然后使用加权平均、加权求和等方法将这些特征融合起来，得到一个综合的特征向量或特征组合，用于机床健康状态的评估。

（2）级联方法：将不同部位振动信号的评估结果串联起来。首先，对每个部位的振动信号进行单独的健康状态评估。然后，将这些评估结果作为输入，结合机床的结构特点和运行特性，通过规则或专家知识，对机床的整体健康状态进行评估。

以上两种可以使用的数据融合方法包括卡尔曼滤波、粒子滤波等，从而将不同部位的振动信号进行融合，得到机床健康状态的评估结果，并提高机床健康状态的评估准确性。

（3）模型融合：建立机床健康状态的多模型，并将不同部位振动信号输入这些模型进行评估。每个模型可以基于不同的特征、方法或健康状态指标来评估机床的健康状态。模型融合可以使用的方法包括投票法、加权求和等，将多个模型的评估结果进行融合，得到最终的机床健康状态评估结果。

因此，在进行多个部位振动信号的融合时，需要考虑不同部位振动信号之间的关系、测量噪声、传感器布置方式及机床结构特点等因素。综合考虑这些因素，选择合适的融合方法，可以提高机床健康状态评估的准确性和可靠性。

4.3.3　各融合层次的特点

3 个融合层次特点的比较如表 4.3 所示。决策层融合、特征层融合都没有要求传感器一定是同质的。除此之外，由于不同融合层次的融合方法都有各自的优缺点，为了提高融合的精确度及融合的速度，开发出高效的局部传感器融合策略及优化传感器融合中心的融合规则是十分必要的。

表 4.3　3 个融合层次特点的比较

比较项	数据层融合	特征层融合	决策层融合
处理的信息量	最大	中等	最小
信息量的损失	最小	中等	最大
抗干扰能力	最差	中等	最好
容错性	最差	中等	最好
算法难度	最难	中等	最易
融合前处理	最小	中等	最大
融合性	最好	中等	最差
对传感器的依赖程度	最大	中等	最小

4.4　多传感器信息融合体系

4.4.1　按结构划分

多传感器信息融合体系从结构上可以分为 3 种，分别为集中式、分布式、混合式。不同的多传感器信息融合体系之间的各项性能各有差异。

1. 集中式

集中式多传感器信息融合体系将获得的原始数据直接传输至中央处理器进行融合，可以实现数据的实时融合，如图 4.13 所示。其优点是数据处理精度高，算法灵活；缺点是对处理器的要求高，可靠性较低，数据多。采用集中式多传感器信息融合体系，传感器节点与传感器融合中心协作处理传感器信息。与传感器节点相比，传感器融合中心具有更大的带宽、更强的计算能力和处理能力。

2. 分布式

分布式多传感器信息融合体系具有可拓展性、灵活性、鲁棒性、容错性等特点，与集中式多传感器信息融合体系相比，具有独特的优势，如图 4.14 所示。将多个传感器节点产生的原始数据结合起来，这是分布式多传感器信息融合体系的目的。然后将结果传输至传感器融合中心，智能组合后进行优化，获得最终结果。分布式多传感器信息融合体系的延续性和可靠性好，通信带宽小，计算速度快，但跟踪精度不如集中式多传感器信息融合体系。

3. 混合式

混合式多传感器信息融合体系如图 4.15 所示，其具有较强的适应能力，综合了集中式多传感器信息融合体系和分布式多传感器信息融合体系的优点，将来自多个传感器的、对每个目标的测量组合成一个混合测量，然后利用混合测量来更新全部数据，稳定性较强。混合式多传感器信息融合体系比较复杂，增大了通信带宽和计算负荷。

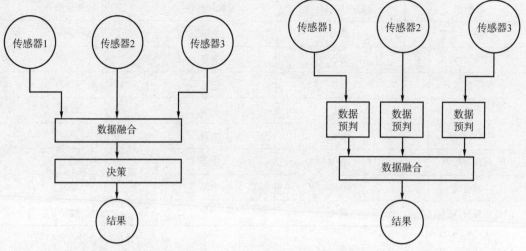

图 4.13　集中式多传感器信息融合体系　　　　图 4.14　分布式多传感器信息融合体系

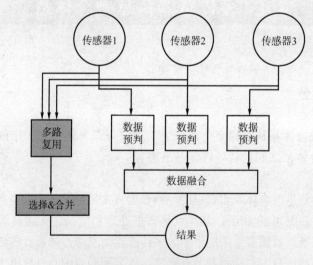

图 4.15　混合式多传感器信息融合体系

表 4.4 所示为 3 种不同的多传感器信息融合体系性能的比较。

表 4.4　3 种不同的多传感器信息融合体系性能的比较

多传感器信息融合体系	信息损失	精度	通信带度	可靠性	计算速度	融合处理	融合控制
分布式	大	低	小	高	快	容易	复杂
集中式	小	高	大	低	慢	复杂	容易
混合式	中	中	中	高	中	中等	中等

4.4.2 按传感器与传感器融合中心信息流的关系划分

从传感器与传感器融合中心信息流之间的关系来看，数据融合的结构分为串行、并行、串并行混合及网络型 4 种。串行结构与并行结构如图 4.16 和图 4.17 所示。

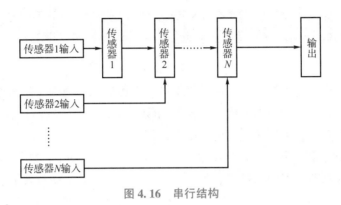

图 4.16 串行结构

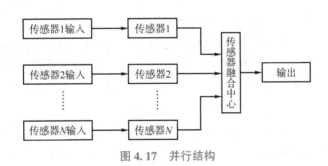

图 4.17 并行结构

串行的多传感器信息融合方法先是把两个传感器的数据进行融合，然后将融合的结果与另外一个传感器所采集的数据继续进行融合，按此方式依次进行，直到所有的传感器所采集的数据都全部融合完成为止。

在使用串行结构融合时，单个传感器除拥有接收数据、处理数据的功能外，还拥有数据融合功能。每个传感器处理的数据与上一级传感器输出数据的形式有非常大的关系，最后的传感器在综合所有的前级传感器所输出的数据后，获得的输出结果将会成为串行结构融合系统的结论。因此，在串行结构融合的情况下，上一级传感器的输出数据对下一级传感器的输出结构将产生很大的影响。

并行的多传感器信息融合指的是所有传感器输出的数据都将在同一时刻输入传感器融合中心中，每个传感器之间都是相互独立的。传感器融合中心将采取适当的方法对各种类型的数据进行综合处理，最后输出结果。因此，在并行结构融合的情况下，所有传感器输出的结果之间不会产生相互的影响。

串并行混合的多传感器信息融合是将并行与串行两种形式综合的结构，既可以先串行再并行，也可以先并行再串行。

网络型的多传感器信息融合的结构比较复杂，每个子数据的传感器融合中心被当作网络中的一节点。其输入既可能包含其他节点输出的信息，也可能有传感器数据流，它最终的输出不但可以成为某个传感器融合中心的输出，而且可以是几个传感器融合中心的输出，最后所得出的结论是所有输出的信息组合。

4.5　多传感器信息融合的关键问题

多传感器信息融合，主要是指利用计算机进行多源信息的处理，从而得到可综合利用信息的理论和方法，其中也包含对自然界的人和动物大脑进行多传感器信息融合机理的探索。在多传感器信息融合中，多源信息主要有以下特征。

（1）信息描述空间不同：在多传感器信息融合系统中，每个传感器得到的信息都是某个环境特征在该传感器空间中的描述。各传感器的物理特性及空间位置上的差异，造成这些信息的描述空间各不相同，因此很难对这样的信息进行融合处理。为了保证融合处理的顺利进行，必须在融合前对这些信息进行适当的处理，即将这些信息映射到一个共同的参考描述空间中，然后进行融合处理，最后得到环境特征在该空间上的一致描述。

（2）数据关联与时间同步：融合处理的前提条件是从每个传感器得到的信息必须是对同一目标的同一时刻的描述。这包括两个方面：一方面，要保证从每个传感器得到的信息是对同一目标的描述，即数据关联。另一方面，要保证各传感器之间应该在时间上同步。在动态工作环境下，同步问题表现得尤为突出。

（3）验前信息：多传感器信息融合所要处理的内容之一。它与其他信息不同，可以被用于多传感器信息融合的各个阶段，对多传感器信息融合起着重要的作用。因此，如何将验前信息与多传感器信息融合有机地结合，以及在动态环境下如何获取、更新验前信息都是值得研究的问题。在这方面，专家系统和数据挖掘技术为解决这些问题提供了很好的思路。

因此，多传感器信息融合研究的关键问题，就是提出一些理论和方法，对具有相似或不同特征模式的多源信息进行处理，以获得具有相关和集成特性的融合信息。

此外，在设计多传感器信息融合系统时，还应考虑以下一些基本问题：系统中传感器的类型、分辨率、准确率；传感器的分布形式；系统的通信能力和计算能力；系统的设计目标；系统的拓扑结构（包括多传感器信息融合层次和通信结构）。

4.6　多传感器信息融合技术的典型应用

多传感器信息融合系统在民用领域得到了较快的发展，主要用于机器人、智能制造、智能交通、医疗诊断、遥感、刑侦和保安等领域。机器人主要使用视觉图像、声音、电磁等数据的融合来进行推理，以完成物料搬运、零件制造、检验和装配等工作。

1. 多传感器信息融合技术在机器人中的应用

机器人学是一门涉及技术领域非常广泛的学科。机器人主要是由各种传感器、控制和信息融合计算机及机械手等部件组成的典型的多传感器系统。其中传感器和控制技术是核心的技术。绝大部分机器人应用中都可以看到传感器的存在。机器人进行工作的技术核心就是多传感器信息融合。例如，机器人的自主移动是建立在视觉传感器、测距传感器和超声波传感器信息融合的基础上的；机械手装配作业是建立在视觉传感器、触觉传感器和力觉传感器信息融合的基础上的。因此，多传感器信息融合技术在机器人领域有着广阔的应用前景。

而最突出的，应该是很多研究机构为了探讨多传感器信息融合的一般规律而在实验室设计的各种可移动机器人或各种环境下的自动驾驶装置。表4.5给出了一些应用多传感器信息融合技术的机器人实例。

表 4.5　应用多传感器信息融合技术的机器人实例

机器人	传感器	执行环境	系统模式	融合方法
HILARE	视觉、听觉、激光测距传感器	未知人造环境	以多变形目标在图形中定位	加权平均法
Stanford	半导体激光触觉、超声波传感器	未知人造环境	层次化传感器度量与符号表示	卡尔曼滤波法
HERMIES	多摄像机、声纳阵列、激光测距传感器	未知人造环境	节点网络图论	基于规则的方法
RANGER	半导体激光触觉、超声波传感器	未知室外三维环境	自适应感知	雅可比张量与卡尔曼滤波法
LIAS	超声波、红外线传感器	未知人造环境	分层结构	多种融合方法
Oxford Series	摄像机、声纳、激光测距传感器	已知或未知的工厂环境	分布式滤波和局部智能控制代理	卡尔曼滤波法
Alfred	听觉传感器、声呐、彩色摄像机	未知室内环境	模块结构和智能控制	逻辑推理
ANFM	摄像机、红外探测器、超声波传感器、GPS、惯性导航	已知或未知的自然环境	远程控制	模糊逻辑和神经网络法

HILARE是一款可移动机器人，它是第一个应用多传感器信息来创建世界模型的机器人。它利用视觉、听觉和激光测距传感器获取的信息，在未知环境中稳定工作。视觉和听觉传感器生成一个层次化坐标分割的图，视觉和激光测距传感器感知环境信息，并通过约束提取相关特征。每个传感器的不确定性分析使用高斯分布，并通过加权平均法融合得到对目标位置的估计。

RANGER是由卡内基·梅隆大学研发的一款可移动机器人。它包括状态空间控制器、基于卡尔曼滤波的导航中心和自适应感知中心。RANGER强调安全性和可靠性，认为可靠的模型是保证安全性的关键。它通过融合各种传感器获得的信息来确保模型的可靠性，而不仅仅依赖图像处理。这种融合多传感器信息的方法在处理复杂环境和确保机器人安全性方面具有重要意义。

自主移动的机器人在已知或动态的环境中工作时，将多传感器提供的数据进行精心融合，从而准确、快速地感知环境信息。工业机器人更是靠多传感器信息融合技术模拟人的智能作业，实现精确的定位和操作。图4.18所示为自主移动装配机器人示意。

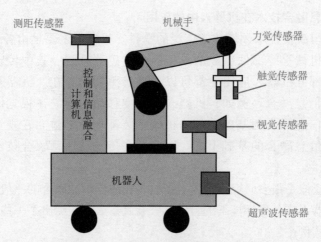

图 4.18 自主移动装配机器人示意

机器人作为现代科技产品，人工智能机器人的市场普及率越来越高。在路线导航、指令识别、人机互动等方面，都需要机器人通过不断学习、训练网络数据来实现。未来的机器人需要在情绪、指令理解、物品识别、导航等方面做得更好，用户也将更加注重与机器人的互动交流。

如何充分调动各类传感器并通过分析传感器数据和利用神经网络、机器学习等算法使机器人运行流畅，是机器人能否进一步实现智能化的关键。而多传感器信息融合技术则是解决这个问题的有效途径。该技术能够为更好地进行数据采集和融合分析判断提供可能性。它既可以使机器人在检测、搬运、导航定位等方面做得更加精准并得到量化应用，进而完全实现"机器人工厂"；也可以充分调动机器人的各个传感器数据信息，让机器学习更加流畅自如，进而使机器人的人机交互效果更加理想。

由此可见，多传感器信息融合技术将会在未来机器人设计领域拥有十分广阔的应用前景。

2. 多传感器信息融合技术在工业过程控制和智能运维中的应用

目前工业已经向着更加自动化的智能处理方向发展。智能制造系统包括各种智能加工机床、工具和材料传送装置、检测和试验装置及装配装置，进行智能加工、状态监测和故障诊断。

（1）工业过程控制。

在复杂工业过程控制系统中，人们利用多传感器信息融合系统实现对设备的健康管理。这类系统的结构如图 4.19 所示，具体说明如下。

首先，对从各传感器获取的信号进行时间序列分析、频率分析和小波分析等处理后，从中提取出特征数据。这些特征数据包含了设备运行状态和工作特性等关键信息。

其次，将所提取的特征数据输入神经网络模式识别器。神经网络模式识别器的任务是进行特征层融合，通过学习和分析输入的特征数据，识别出系统的特征模式，如正常工作状态和可能的故障模式。

最后，将识别出的特征数据输入模糊专家系统进行决策层融合。在模糊专家系统中，利用预先定义的领域知识规则和参数，与特征数据进行匹配和推理。通过这样的过程，可以对被测系统的运行状态、设备工作状况和故障等进行决策和判定。

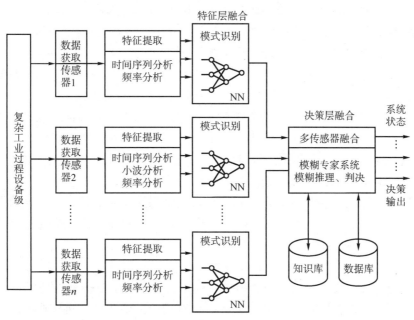

图 4.19　多传感器信息融合系统的结构

综合而言，多传感器信息融合技术在工业过程控制和智能运维中的应用，通过对多个传感器数据的融合分析，实现了对设备运行状态的实时监测和故障预警，从而提高了工业系统的稳定性和可靠性。这种技术的发展将为工业生产带来更高效、安全、智能的控制和管理手段。随着技术的不断进步，多传感器信息融合技术在工业领域的应用前景将会更加广阔。

（2）智能运维。

旋转机械故障诊断系统整体发展规模大，且具有一定的复杂性，需要的传感器种类和数量也比较多。不同的传感器组合可以为不同种类、不同位置的器件提供信息。尽管有时可以通过一种信息来判断机器是否有问题，但是在很多情况下所得到的诊断是不可靠的。要实现对机器正确、可靠的诊断，必须从多个角度获取多维的数据，并将其综合应用。

在对旋转机械故障实际诊断的时候，由于故障的产生原因机理比较复杂，各个类型的故障也是不同的。例如，不平衡、不对中、轴承座松动、转子径向碰撞等都会使转子产生不正常的振动。同一信号形成了不同的特征信息。因此，转子的振动信号中的特征信息比较多，将其充分结合能够保证对故障的有效诊断。

因检测对象的不确定性、系统噪声、传感器的测量误差等因素，系统的数据往往不完整、不准确、不明确，有时还会出现自相矛盾的情况，这就意味着故障诊断中存在许多不确定性。基于此，通过监测旋转机械关键位置的振动信号、温度信号、噪声信号等，采取多传感器信息融合方法进行故障的诊断，具体设计如下：

① 数据层模型：从实际来看，在对旋转机械故障进行诊断的时候，能按照运行的参数对其识别和分类。数据层存在的故障类型比较多，一般使用物理模型诊断比较复杂，所以适合使用 BP 神经网络，它能对系统故障进行详细判断。BP 神经网络在识别、分类中获得的储存量更大，所以要为其构建一种多输入、多输出模型，保证其准确地学习。

神经网络的组成部分为输入层、隐藏层和输出层。其中，输入层与输出层的结构比较简单。关于隐藏层的层数，很多学者从理论上进行了分析，结果表明：只要隐藏节点数足够，单隐藏层结构就能使非线性函数近似变得简单。

BP 神经网络在学习过程中，主要传输为前向传播和误差反向。在前向传输阶段，将输入层的采样数据传送至隐藏层进行运算，然后在输出层得到计算的结果。

② 特征层模型：在特征层上，首先要对采集到的信息进行多维地提取和压缩，然后把这些数据作为一个输入，以进行更高层次的故障诊断。特征层算法可以选用支持向量机，其与神经网络法相似。支持向量机采用了与故障模式相对应的特征数据，而不要求诊断规则提供更少的数据，但是具有更多的特征大小。

③ 决策层模型：从数据层和特征层得到的诊断结果是不可靠的，这就导致了一些故障需诊断。经过对数据层、特征层诊断结果的分析，保证诊断的准确性和可靠性的提升，也能给决策层提供重要条件。在该条件下，需要使用 D-S 证据理论。

多传感器信息融合技术也用于不断改进和更新工业设备的使用与识别方法。例如，在基于多传感器信息融合的袋式除尘器滤袋破损监测方法中，采用 D-S 证据理论融合各传感器的信号数据来判断滤袋破损问题；在基于 D-S 证据理论的道碴清筛机作业工况识别中，采集清筛机各工作装置的压力传感器信号并建立特征库，再采用分布式结构进行信息融合，从而判断道碴清筛机的作业工况。

如今，工业领域的环境监测更加规范化、严格化。将多传感器信息融合技术用于监测工业环境状态变化也是新的趋势。例如，对机房温度进行态势感知及预警，即在对搭建好的机房温度与外部环境参数实时监控采集的基础上，将机器学习算法和多传感器信息融合技术相结合，从而实现温度的实时感知与异常判断；在火灾监测系统设计中，把评估火灾相关因素（如烟雾、温度等）的传感器安装在需要检测的部位，并结合基于神经网络的多传感器信息融合技术来完成设计，可以对易发生危险的厂房或工作场地进行实时检测并完成异常报告。

3. 多传感器信息融合技术的其他应用

近年来，多传感器信息融合技术在军用领域和民用领域都受到了广泛的关注。这一技术正广泛应用于自动目标识别、战场监视、自动飞行器导航与控制、机器人、工业过程控制、遥感、医疗诊断、图像处理、模式识别等领域。多传感器信息融合技术的应用可大致分为军用和民用两大类。

（1）军用。

军用是多传感器信息融合技术诞生的源泉，主要用于军事目标（舰艇、飞机、导弹等）的检测、定位、跟踪和识别。这些目标可以是静止的，也可以是运动的。图 4.20 所示为其在军事上的典型应用，具体包括海洋监视系统，空对空、地对空防御系统。海洋监视系统对潜艇、鱼雷、水下导弹等目标进行检测、跟踪和识别，典型的传感器包括雷达、声呐、红外线传感器、综合孔径雷达等。空对空、地对空防御系统的基本目标是检测、跟踪、识别敌方飞机、导弹和反飞机武器，典型的传感器包括雷达、红外线传感器、敌我识别传感器、电光成像传感器等。

（2）民用。

多传感器信息融合技术在民用领域具有重要价值，以下是一些具体应用场景。

安全预警与故障检测：在工业过程监控中，多传感器信息融合技术可以识别引起系统状

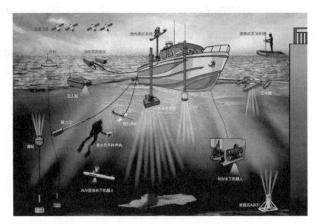

图 4.20　多传感器信息融合技术在海洋中应用

况超出正常运行范围的故障条件，并触发报警器，及时提醒操作人员进行处理，避免事故的发生。类似地，对于车辆等设备的长期使用，通过融合多点的传感器数据，可以分析关键部位是否存在故障，对于交通运输领域具有重要意义。

医疗诊断：在以往的医疗诊断中，外科医生常用视觉检查及温度计和听诊器来帮助诊断，现在出现了更为复杂而有效的医用传感技术，如超声波成像、核磁共振成像和 X 射线成像等。多传感器信息融合通过融合超声波图像、X 射线图谱、血管造影等不同类型的图像数据，可以更准确地确定病变位置，帮助医生推断病人的病情，提高诊断的准确性。

遥感：多传感器信息融合在遥感领域中的应用，主要是通过高空间分辨率全色图像和低光谱分辨率图像的融合，得到高空间分辨率和高光谱分辨率的图像，融合多波段和多时段的遥感图像来提高分类的准确性。遥感在军用和民用领域都有一定的应用，可用于监测天气变化、矿产资源、农作物收成等。

刑侦：多传感器信息融合技术在刑侦中的应用，主要是利用红外线、微波等传感设备进行隐匿武器、毒品等的检查。将人体的各种生物特征，如人脸、指纹、声音等进行适当的融合，能大幅提高对人的身份的识别认证能力，这对提高安全保卫能力是很重要的。

环境监测与资源管理：多传感器信息融合技术在环境监测方面具有广泛应用。

农业生产：多传感器信息融合技术在农业生产中的应用如图 4.21 所示。

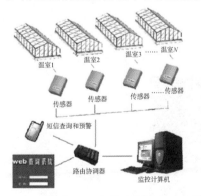

图 4.21　多传感器信息融合技术在农业生产中的应用

多传感器信息融合技术作为信息革命的新方向，不仅提高了数据的利用率，还增强了数据系统的稳定性和可靠性，同时消除了冗余信息，实现了最终决策的快速性和准确性。

然而，实现这一技术需要满足一系列较高的软硬件要求。需要敏感的多种类传感器硬件设备，以确保能够收集到全面而精准的数据。融合算法的不断优化也是必不可少的，只有通过更智能、更高效的算法才能将多个传感器的数据融合得更理想。

展望未来，多传感器信息融合技术将会与人工智能相结合，这将进一步提升其性能。通过人工智能的新出口，可以对传统的融合方法进行优化和创新，从而更好地应对各种复杂场景和任务。此外，数据收集之后的数据库管理和特征提取问题也需要得到更好的解决。

只有充分发掘大数据背后的意义，并从中提取出有价值的特征信息，才能更好地支持最终的决策过程。

本章小结

本章首先介绍了多传感器信息融合的基本概念及融合信息的特征，多传感器信息融合的基本原理及多传感器信息融合的一般方法，对多种常用的数据融合方法进行了分类并详细介绍了几种常用的典型方法及其应用场合；然后介绍了多传感器信息融合层次和融合体系及融合信息的关键问题；最后介绍了多传感器信息融合技术在智能制造及其他领域的典型应用。

本章习题

1. 什么是多传感器信息融合？多传感器信息融合的实质是什么？
2. 多传感器信息融合与信号处理的区别是什么？
3. 比较不同数据融合结构的特点和适应性，并用实例说明。
4. 为什么多传感器信息融合技术存在局限性？
5. 试举一例，说明多传感器信息融合的机理、过程、算法结构，并分析多传感器信息融合的效果。

习题答案

第 4 章习题答案

第 5 章　嵌入式测控系统

教学目的与要求

1. 掌握嵌入式系统的概念、特点、硬件架构、软件开发及几种常用的分类方法。
2. 了解嵌入式实时操作系统的特点、实时任务调度与优先级管理的设计和实现方法。
3. 掌握常用于测控领域的几种典型嵌入式实时操作系统的组成、特点及典型应用。
4. 掌握嵌入式测控系统的设计与开发流程。
5. 了解嵌入式系统的通信技术与数据传输及常见的通信协议和使用场景。
6. 了解嵌入式测控系统在工业自动化和医用电子设备等领域的典型应用案例及实现方法。

教学重点

1. 嵌入式系统的概念、特点、硬件架构、软件开发。
2. 常用于测控领域的几种典型嵌入式实时操作系统的组成、特点及典型应用。
3. 嵌入式测控系统的设计与开发流程。
4. 嵌入式测控系统在工业自动化和医用电子设备等领域的典型应用案例及实现方法。

教学难点

1. 嵌入式实时操作系统的组成、特点及典型应用。
2. 嵌入式测控系统的设计与开发流程。

思维导图

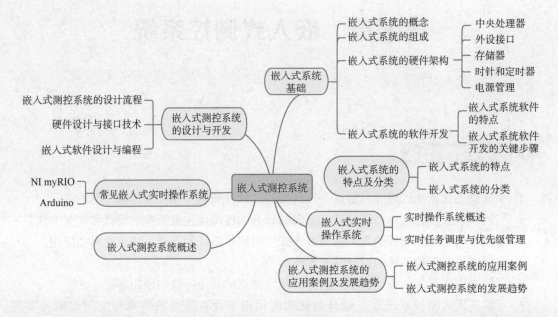

5.1　嵌入式测控系统概述

嵌入式测控系统是现代检测技术领域中的重要组成部分，是一种集成了测量、控制、数据处理和通信功能的综合性系统。它主要用于对被测对象的参量进行实时测量和控制，并通过内置的处理器和通信接口实现数据采集、传输和显示，是一种应用非常广泛的现代测控系统，也是嵌入式系统在工业领域的典型应用。

嵌入式测控系统通常以硬件和软件相结合的方式，实现对各种物理量、信号和参数的监测、采集和处理，具备高度自动化和智能化的特点。它在工业自动化、智能制造、医疗设备、交通运输等广泛领域都发挥着关键作用。随着科技的不断发展和智能化趋势的加速推进，嵌入式测控系统在各个行业中的应用越来越广泛，为提高生产效率、产品质量和服务水平，以及实现自动化、智能化、数字化转型提供了有力支持。

嵌入式测控系统具有实时性和稳定性优势，能够快速、准确地对被测对象进行测量和控制。在工业自动化中，它可以用于监测和控制生产线上的各种参数，实现智能化生产和制造过程的优化。在智能制造中，它可以实现设备之间的智能互联，实现自动化调度和协同工作，提高生产效率和资源利用率。在医疗设备中，它可以实现对医疗仪器的精确控制和数据采集，提高医疗诊断的准确性和治疗效果。在交通运输中，它可以用于车辆的智能控制和监测，实现交通管理的智能化和安全性的提升。

嵌入式测控系统的核心技术包括传感器技术、数据采集技术、信号处理技术、控制算法和通信技术等。通过不断创新和发展，嵌入式测控系统能够实现更高的测量精度、更快的数据处理速度、更可靠的控制性能，并且具备更强大的网络通信能力，实现设备之间的智能互联和远程监控。

因此，嵌入式测控系统在现代检测技术中扮演着重要角色，其广泛应用于各个行业，推动了工业自动化、智能制造和数字化转型的发展。随着科技的不断进步，嵌入式测控系统将继续创新和演进，为实现更高水平的测量、控制和自动化提供不断的支持和可能性。

5.2　嵌入式系统基础

5.2.1　嵌入式系统的概念

嵌入式系统是一种专用计算机系统，它被嵌入其他设备或系统，用于执行特定的功能。

最简单的嵌入式系统仅有执行单一功能的控制能力，在唯一的只读存储器（Read-Only Memory，ROM）中仅有实现单一功能的控制程序，无微型操作系统。复杂的嵌入式系统，如个人数字助理（Personal Digital Assistant，PDA）、手持电脑（Handheld Personal Computer，HPC）等，具有与 PC 几乎一样的功能。

一般地，嵌入式系统通常是指"嵌入对象体系的、用于执行独立功能的专用计算机系统"。IEEE 关于嵌入式系统的定义：用来控制或监视机器、装置或工厂等大规模系统的设备。国内一般定义嵌入式系统为：以应用为中心，以微电子技术、控制技术、计算机技术和通信技术为基础，强调软硬件的协同性与整合性，软硬件可剪裁，从而能够适应实际应用中对功能、可靠性、成本、体积、功耗等严格要求的专用计算机系统。嵌入式系统的嵌入式本质就是将一台计算机嵌入一个对象体系。

嵌入式系统与通用计算机系统有所不同，通用计算机系统具有广泛的应用场景，而嵌入式系统则专注于特定领域的独立功能。它可以是一个简单的单片机控制器，也可以是一个复杂的嵌入式微处理器系统。实质上嵌入式系统与 PC 的区别仅仅是将微型操作系统与应用软件嵌入 ROM、RAM 或 Flash，而不是存储于磁盘等载体中。很多复杂的嵌入式系统又是由若干个小型嵌入式系统组成的。

从广义上来讲，凡是带有微处理器的专用硬件系统，都可以称为嵌入式系统，如各类单片机和 DSP 系统。这些系统在完成较为单一的专业功能时具有简洁、高效的特点，具有自己的操作系统和特定功能，但软件的能力有限。推荐使用嵌入式微处理器构成独立系统。

因此，嵌入式系统就是一个硬件和软件的集合体，整体架构是指系统的总体设计和组成，包括硬件和软件两个方面。嵌入式系统的硬件部分通常包括嵌入式处理器、外围电路和外设等组件，而软件部分则由实时多任务操作系统和各种专用软件组成。

嵌入式系统的硬件以芯片、模板、组件、控制器形式埋藏于设备内部。嵌入式软件是实时多任务操作系统和各种专用软件，一般固化在 ROM 或 Flash 中。

嵌入式系统的功能和性能的实现需要处理器、时钟和定时器、操作系统等硬件和软件共同协作，即嵌入式系统软硬兼施，融为一体，成为产品。

嵌入式系统特别强调"量身定做"的原则，开发人员往往需要针对某一种特殊用途开发出一个截然不同的嵌入式系统，所以我们很难不经过"大量"修改而直接将一个嵌入式系统全套用到其他的嵌入式产品上去。本章主要介绍测控领域中的嵌入式系统。

"嵌入性""专用性"与"计算机系统"是嵌入式系统的 3 个基本要素。对象系统则是指嵌入式系统所嵌入的宿主系统。嵌入式系统的特点是由这 3 个基本要素衍生出来的。不同的嵌入式系统，其特点会有差异。

在一些移动设备或电池供电的场景下，嵌入式系统具有低功耗特性，可以延长设备的使用寿命。此外，嵌入式系统是专用的，根据特定应用需求量身定做，强调满足特定功能和性能要求，避免资源的浪费。

与通用的计算机系统相比，嵌入式系统具有以下显著特点：系统内核小、专用性强、运行环境差异大、可靠性要求高、系统精简和高实时性操作系统、具有固化在非易失性存储器中的代码。

5.2.2　嵌入式系统的组成

嵌入式系统是将嵌入了软件的计算机硬件作为其最重要部分的系统，它是一种专门用于某个应用或生产的特殊产品的计算机系统。由于其软件通常嵌入 ROM 中，所以不像计算机那样需要辅助存储器。嵌入式系统从下往上包含 4 个部分，即嵌入式系统硬件平台、硬件抽象层（Hardware Abstraction Layer，HAL）、嵌入式实时操作系统及嵌入式系统应用，如图 5.1 所示。

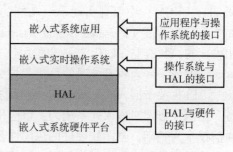

嵌入式系统的主要组成部分是嵌入式系统硬件平台、嵌入式实时操作系统和嵌入式系统应用。

图 5.1　嵌入式系统的组成

5.2.3　嵌入式系统的硬件架构

嵌入式系统的硬件架构是指系统中各个硬件组件之间的连接方式和功能划分。硬件架构的设计决定了系统的可靠性、性能、功耗和尺寸等特性。嵌入式系统的硬件架构主要包括中央处理器、外设接口、存储器、时钟和定时器及电源管理等几个部分。图 5.2 所示为嵌入式系统硬件的主要组成。

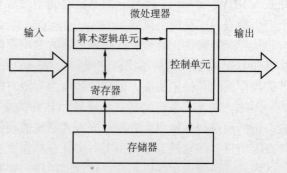

1. 中央处理器

中央处理器（Central Processing Unit，CPU）是嵌入式系统的核心，负责执行指令、控制和管理系统的各种操作。嵌入式系统中常用的 CPU 包括微控制器、DSP、

图 5.2　嵌入式系统硬件的主要组成

ARM 等。选择合适的 CPU 取决于系统的性能需求、功耗要求和预算限制。目前 32 位嵌入式微处理器是市场的主流。

在 1996 年以前，最成功的嵌入式微处理器是摩托罗拉（Motorola）公司的 68000 系列。

当前，最引人注目的还是 ARM 公司的 ARM 系列、MIPS 公司的 MIPS 系列，以及日立（Hitachi）公司的 SuperH 系列（其中 ARM 和 MIPS 都是知识产权公司，把微处理器 IP 技术授权给半导体厂商，由它们生产形态各异的微处理器芯片）。

微处理器是整个系统的核心，通常由三大部分组成：控制单元、算术逻辑单元和寄存器。各组成部分的主要功能如下。

（1）控制单元：主要负责取指、译码和取操作数等基本动作，并发送主要的控制指令。控制单元中包括两个重要的寄存器：程序计数器（PC）和指令寄存器（IR）。程序计数器用于记录下一条程序指令在内存中的位置，以便控制单元能到正确的内存位置取指；指令寄存器负责存放被控制单元所取的指令，通过译码，产生必要的控制信号传输到算术逻辑单元进行相关的数据处理工作。

（2）算术逻辑单元：算术逻辑单元分为两部分，一部分是算术运算单元，主要处理数值型的数据，进行数学运算，如加、减、乘、除或数值的比较；另一部分是逻辑运算单元，主要处理逻辑运算工作，如 AND、OR、XOR 或 NOT 等运算。

（3）寄存器：用于存储暂时性的数据，主要是从存储器中所得到的数据（这些数据被传输到算术逻辑单元中进行处理）和算术逻辑单元中处理好的数据。

2. 外设接口

外设接口用于连接嵌入式系统与外设，包括各种传感器、执行器和通信模块等。常见的外设接口包括串口（UART）、SPI、I2C、以太网、USB 等。这些接口使嵌入式系统能够实现与外设的数据交换和通信。

3. 存储器

存储器用于存储程序代码和数据。嵌入式系统通常包括 ROM 以及随机存取存储器（Random Access Memory，RAM），前者用于存储固化的程序代码，后者用于存储临时数据和变量。另外，Flash 用于存储持久性数据和系统配置信息。

4. 时钟和定时器

时钟和定时器用于对系统进行时间管理和事件触发。时钟提供系统的基本时序，定时器用于实现各种定时功能，如任务调度、事件计时等。

5. 电源管理

电源管理模块用于管理嵌入式系统的电源供应，实现低功耗和节能。电源管理模块能够根据系统需求调整功耗，并在空闲时进入低功耗模式，以延长系统的电池寿命或降低功耗。典型嵌入式系统的硬件架构如图 5.3 所示。

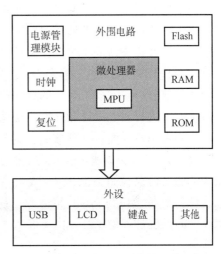

图 5.3　典型嵌入式系统的硬件架构

5.2.4　嵌入式系统的软件开发

嵌入式系统的软件架构是指针对特定应用需求编写和调试系统的应用软件。软件架构的设计决定了系统的功能、性能和稳定性。

嵌入式系统的应用软件是针对特定的实际专业领

域，基于相应的嵌入式硬件平台，并能完成用户预期任务的计算机软件。同时，用户的任务可能有时间和精度的要求。有些应用软件需要嵌入式操作系统的支持，但在简单的应用场合下不需要专门的操作系统。

嵌入式系统的软件开发是指针对嵌入式系统的特定硬件平台和应用需求，编写、调试和优化软件代码的过程。这些软件代码可以包括底层驱动程序、操作系统、应用程序和算法等，用于控制硬件、管理资源、实现功能和提供特定的服务。

1. 嵌入式系统软件的特点

为了提高执行速度和系统可靠性，嵌入式系统软件一般都固化在存储器中。软件代码要求高质量、高可靠性。因此，程序编写和编译工具的质量要高，以减少程序二进制代码的长度，提高执行速度。

在多任务嵌入式系统中，对重要性各不相同的任务进行合理调度是保证每个任务及时执行的关键，单纯通过提高处理器的速度是低效和无法完成的。这种任务调度只能由优化编写的系统软件来完成。系统软件的高实时性是基本要求。

随着嵌入式应用的深入和普及，涉及的实际应用环境越来越复杂，嵌入式系统软件也越来越复杂。支持多任务的实时操作系统成为嵌入式系统必需的系统软件。

2. 嵌入式系统软件开发的关键步骤

（1）软件需求分析：在软件开发之前，首先需要进行软件需求分析，明确嵌入式系统的功能和性能要求。这包括定义系统的输入、输出、控制逻辑、数据处理等方面的需求，以便为后续的软件开发工作奠定基础。

（2）硬件平台适配：由于嵌入式系统是针对特定硬件平台开发的，所以需要进行硬件平台适配工作。这包括配置和初始化硬件资源，如处理器、外设接口、传感器、执行器等，确保软件能够正确地与硬件交互。

（3）驱动程序开发：嵌入式系统通常需要编写底层驱动程序，用于控制硬件设备。驱动程序是软件与硬件交互的接口，实现对外设的控制和数据交换。其正确性和稳定性对系统的功能和性能至关重要

（4）操作系统选择与配置：对于复杂的嵌入式系统，可能需要运行操作系统来管理资源和调度任务。在这种情况下，需要选择合适的实时操作系统，并进行相应的配置。实时操作系统能够确保系统在严格的时间限制内响应输入和产生输出，具备实时性能。根据系统的需求，可以选择合适的实时操作系统，如 FreeRTOS、VxWorks、μC/OS 等。

（5）应用程序开发：应用程序是嵌入式系统的核心功能模块，是针对特定应用需求开发的软件部分，它实现了系统的具体功能和控制逻辑。应用层软件通常由开发人员编写，根据系统需求进行功能设计和开发，实现特定的业务逻辑和任务。应用程序开发包括编写控制算法、实现用户界面、处理数据、实现通信协议等。

（6）通信协议实现：嵌入式系统通常需要与其他设备或系统进行通信，因此需要实现相应的通信协议，如 TCP/IP、CAN、Modbus 等。

（7）软件测试与调试：嵌入式系统的软件开发过程中需要进行严格的测试和调试，确保软件的正确性和稳定性。由于嵌入式系统往往在实际设备中运行，所以测试和调试要求更加严格。

（8）性能优化：对于一些对实时性要求较高的嵌入式系统，可能需要进行性能优化，

以提高系统的响应速度和效率。这包括优化代码、减少功耗、降低延迟等方面的工作。

（9）软件发布与更新：完成软件开发后，需要将软件部署到目标嵌入式系统中，并进行最终的验证和测试。在系统投入使用后，可能还需要进行软件的更新和维护，以适应不断变化的需求。

嵌入式系统的软件开发是一个复杂而关键的过程，涉及软件需求分析、硬件平台适配、驱动程序开发、操作系统选择与配置、应用程序开发、通信协议实现、软件测试与调试等多个方面。通过合理的软件开发流程和优化技术，可以实现嵌入式系统的高效运行和稳定性。在实际应用中，硬件和软件的优化与协同发展是嵌入式系统开发的重要课题，也是实现嵌入式系统高效运行的关键。

5.3 嵌入式系统的特点及分类

5.3.1 嵌入式系统的特点

嵌入式系统与应用需求密切结合，具有很强的个性化，需要根据具体应用需求对软硬件进行裁剪，以符合应用系统的功能、成本、体积、可靠性等要求。嵌入式系统具有以下特点。

（1）专用性：嵌入式系统被设计用于执行特定的任务或功能，通常针对特定的应用领域或产品。相比通用计算机系统，嵌入式系统更加专注于特定的功能，从而具有更高的效率和性能。

（2）资源受限：嵌入式系统通常在资源方面受到限制，包括处理器性能、存储容量、功耗、物理尺寸等。由于资源有限，所以嵌入式系统的设计需要更加注重优化和精简，以满足特定应用的需求。

（3）实时性：很多嵌入式系统要求实时性，即能够在规定的时间内做出及时响应。例如，工业自动化控制系统、汽车电控系统等都对实时性有着严格要求。

（4）稳定性：嵌入式系统通常被长时间运行，因此要求具有高度的稳定性和可靠性。任何故障或错误都可能导致系统失效，从而影响整个应用的正常运行。

（5）功耗优化：由于嵌入式系统通常用于移动设备或资源受限的场景，所以功耗优化是一个重要的考虑因素。嵌入式系统需要尽可能地降低功耗，延长电池寿命或减少能耗。

（6）即插即用：很多嵌入式系统被设计成即插即用的形式，方便用户在需要时随时连接或取下，以适应不同的应用场景。

（7）固化：一些嵌入式系统的软件被固化在硬件中，以实现特定功能。这种固化的方式使系统更加稳定和安全。

（8）具有实时操作系统：很多嵌入式系统使用实时操作系统来管理任务和资源，确保系统能够满足实时性要求。

（9）具有通信能力：由于很多嵌入式系统需要与其他设备或系统进行通信，所以嵌入式系统需具备一定的通信能力。

总的来说，嵌入式系统的特点是多样且灵活的，取决于其应用领域和需求。它们在现代科技中扮演着重要角色，用于实现各种智能化、自动化和互联互通的应用。

5.3.2 嵌入式系统的分类

根据不同标准，嵌入式系统有不同的分类方法。

1. 按处理器类型分类

（1）单片机，又称微控制器，是一种集成了 CPU、存储器（ROM、RAM）、输入/输出端口（Input/Output，I/O）和时钟电路等功能的单芯片微型计算机。单片机通常用于资源有限、简单任务的嵌入式应用，如家电控制、传感器控制等。由于其体积小、成本低、功耗低的特点，所以单片机在许多领域有着广泛的应用。

（2）微处理器：一种仅包含 CPU 的芯片，其功能较为简单，需要依赖外部芯片提供外围设备支持。与单片机相比，微处理器通常用于复杂任务和高性能应用，如智能手机、网络路由器、工业控制系统等。

2. 按系统用途分类

（1）消费类嵌入式系统：这类嵌入式系统广泛应用于日常消费品中，如智能手机、平板电脑、数码相机、家用电器等。这些系统通常要求功耗低、体积小、性能高，并提供丰富的用户界面和功能。

（2）工业控制嵌入式系统：这类嵌入式系统用于工业自动化和控制领域，如可编程逻辑控制器（Programmable Logic Controller，PLC）、机器人控制系统等。工业嵌入式系统对实时性要求较高，能够可靠地完成复杂的自动化控制任务。

（3）汽车嵌入式系统：在现代汽车中，嵌入式系统被广泛应用于发动机控制单元、车载娱乐系统、车身电子控制系统等。这些系统需要能够在恶劣环境下稳定运行，同时满足车辆安全和性能要求。

（4）医疗嵌入式系统：医疗设备中的嵌入式系统用于实现医学成像、监护、诊断等功能。这些系统需要具有高度可靠性、精确性和安全性，用于支持医疗专业人员的工作。

（5）军事和航天嵌入式系统：这类系统在军事装备和航天器上应用，用于实现复杂的导弹控制、通信系统、航空航天设备等。这些系统对抗干扰和可靠性有着极高的要求。

3. 按操作系统分类

（1）实时操作系统：用于对实时性要求较高的嵌入式系统。它能够确保任务在规定的时间内得到及时处理，从而满足实时性应用的需求。实时操作系统通常分为硬实时操作系统和软实时操作系统两种。

（2）嵌入式 Linux：指在一些较为复杂的嵌入式系统中使用的操作系统。与实时操作系统相比，嵌入式 Linux 能提供更灵活的开发环境和功能支持，适用于需要更强大计算能力和丰富应用支持的场景。

4. 按通信方式分类

（1）有线嵌入式系统：有线嵌入式系统使用有线接口进行通信，常见的有以太网、USB等。有线通信方式通常具有较高的传输速率和稳定性，适用于对通信速率要求较高的场景。

（2）无线嵌入式系统：无线嵌入式系统使用无线通信方式，常见的有 Wi-Fi、蓝牙、ZigBee 等。无线通信方式适用于移动设备、传感器网络等场景，具有灵活性和便捷性。

5. 按物理尺寸分类

（1）小型嵌入式系统：通常用于嵌入微型设备，如嵌入式传感器节点、可穿戴设备等。这类系统要求体积小、功耗低，能够实现对环境和物体的智能感知。

（2）大型嵌入式系统：通常用于工业控制器、汽车电控单元等。这些系统需要更高的计算能力和稳定性，用于控制复杂的工业设备和汽车系统。

实际上，嵌入式系统的应用领域非常广泛，几乎涵盖了生活和工业的各个方面。每种类型的嵌入式系统都有其独特的特点和挑战，因此在开发过程中需要针对具体应用进行合理设计和优化。

5.4　嵌入式实时操作系统

嵌入式实时操作系统是一种针对嵌入式系统设计的操作系统，它专门用于管理实时任务和资源，以满足嵌入式系统对实时性能的严格要求。实时操作系统负责管理任务的执行顺序、任务的调度、任务间的通信和同步，确保系统能够在规定的时间内做出及时响应。

5.4.1　实时操作系统概述

我们知道，操作系统是计算机中最基本的程序。操作系统负责计算机系统中全部资源的分配与回收、控制与协调等并发的活动，提供用户接口，使用户获得良好的工作环境，为用户扩展新的系统功能提供软件平台。

实时操作系统是一种专门设计用于处理受事件驱动实时任务的操作系统，能对来自外界的作用和信号在特定的时间内响应，并保证系统对外部事件做出及时响应。它强调的是实时性、可靠性和灵活性。其与实时应用软件相结合成为有机的整体，起着核心作用，由它来管理和协调各项工作，为应用软件提供良好的运行软件环境及开发环境。

实时操作系统在嵌入式系统和实时应用中发挥着重要作用，能够确保系统稳定、可靠地运行，并满足实时性要求。

1. 实时操作系统的分类

（1）按响应时间分类。

一般地，从对任务的响应时间上划分，实时操作系统通常分为硬实时操作系统和软实时操作系统。

① 硬实时操作系统：硬实时操作系统对任务的响应时间有严格的要求，必须在规定的时间内完成所有任务，任何延迟都是不可接受的。这类系统通常用于要求高可靠性的应用领域，如航空航天、医疗设备、工业控制等，对任务的响应时间有极其严格的要求。

② 软实时操作系统：软实时操作系统也对任务的响应时间有一定的要求，但只要在大多数情况下满足实时性要求即可。这类系统通常用于对实时性要求相对较低的应用领域，如

嵌入式网络设备、智能家居、消费类电子产品等。

（2）按系统应用特点分类。

从实时操作系统的应用特点来看，实时操作系统可以分为以下两种。

① 一般实时操作系统：应用于实时处理系统的上位机和实时查询系统等实时性较弱的实时系统，并且提供了开发、调试、运行一致的环境。

② 嵌入式实时操作系统：应用于对实时性要求高的实时控制系统，而且应用程序的开发过程是通过交叉开发来完成的，即开发环境与运行环境是不一致的。嵌入式实时操作系统具有规模小、可固化使用、实时性强（在毫秒或微秒数量级上）的特点。嵌入式实时操作系统是一段在嵌入式系统启动后首先执行的背景程序，用户的应用程序是运行于嵌入式实时操作系统之上的各个任务，嵌入式实时操作系统根据各个任务的要求，进行资源（包括存储器、外设等）管理、消息管理、任务调度、异常处理等工作。在实时操作系统支持的系统中，每个任务均有一个优先级，嵌入式实时操作系统根据各个任务的优先级，动态地切换各个任务，满足对实时性的要求。

2. 实时操作系统的特点

实时操作系统的关键特点包括以下几个。

（1）任务调度：实时操作系统负责对任务进行调度，按照任务的优先级和调度算法决定任务的执行顺序，以保证高优先级任务能够被及时响应。

（2）中断处理：实时操作系统需要对硬件中断和软件中断进行处理，及时响应硬件事件和任务的请求。

（3）通信和同步：实时操作系统提供通信机制和同步机制，允许任务之间进行数据传递和共享资源，确保任务之间能够正确、协同工作。

（4）资源管理：实时操作系统用来管理系统的资源，包括处理器、内存、输入/输出设备等，以确保资源的有效利用和分配。

（5）可裁剪性：实时操作系统通常支持可裁剪的设计，允许用户根据应用的需求选择需要的功能和模块，减少系统的资源占用和开销。

5.4.2　实时任务调度与优先级管理

实时操作系统是一种专门用来处理实时任务的操作系统。实时任务是在特定时间约束内必须完成的任务，它们对系统的响应时间和稳定性要求较高。实时操作系统负责对任务进行调度和管理，以保证实时任务按时完成，并确保系统的可靠性和稳定性。

实时任务调度是实时操作系统的核心功能之一。实时操作系统通过调度算法决定哪个任务应该在某个时刻执行。实时任务调度可以分为两种类型：抢占式调度和协作式调度。在抢占式调度中，高优先级任务可以打断正在执行的低优先级任务，从而优先执行。而在协作式调度中，低优先级任务需要主动让出 CPU 控制权，这样才能执行高优先级任务。

优先级管理是实时任务调度的关键。每个实时任务都有一个优先级，优先级决定了任务被调度执行的顺序。实时操作系统可以采用固定优先级和动态优先级两种方式进行优先级管理。固定优先级是在任务创建时就确定了其优先级，而动态优先级允许根据任务的运行情况和实时需求进行动态调整。

实时操作系统的设计和实现是复杂而具有挑战性的，需要考虑任务的优先级、调度算法、中断处理、通信机制、资源管理等各个方面，以满足不同应用对实时性的要求。在现代嵌入式系统中，实时操作系统为各种实时应用提供了可靠的基础，保证了系统的高效、稳定运行。

5.5　常见嵌入式实时操作系统

常见嵌入式操作系统包括以下几种。

（1）Arduino。

Arduino 是一种开源的嵌入式平台，广泛用于快速原型设计和创意项目。它基于 ATMEL AVR 单片机或 ARM 微控制器，具有简单易用的开发环境和丰富的扩展模块（称为 Shield），是入门级嵌入式系统的理想选择。

Arduino 是一个简化的实时操作系统，它提供了基本的任务调度和管理功能，使开发者能够轻松地编写多任务应用程序。由于 Arduino 的资源限制，故其通常适用于对实时性要求不是很高的简单应用。

（2）NI myRIO。

NI myRIO 是美国国家仪器有限公司（National Instruments，NI）推出的一款嵌入式学习平台，主要用于工程教育和学生实验。NI myRIO 集成了现场可编程门阵列（Field Programmable Gate Away，FPGA）和 ARM 处理器，可实现定制化的硬件设计和高级控制算法。

它配备了 LabVIEW 系统设计软件，可用于开发数据采集、信号处理、控制系统等应用。NI myRIO 提供了实时操作系统支持，可以运行基于实时任务的应用程序，满足实时性要求。

（3）Linux。

Linux 是一种广泛使用的开源操作系统，也可用于嵌入式系统。在嵌入式领域，通常使用轻量级的 Linux 发行版，如嵌入式 Linux 或 Yocto Project 等。

Linux 具有丰富的功能和强大的多任务支持，适用于复杂的嵌入式应用，如网络设备、无人机、工业自动化等。Linux 在嵌入式系统中可以提供高度灵活性和可定制性，但也会占用较多的系统资源。

（4）FreeRTOS。

FreeRTOS 是一种小巧且开源的实时操作系统，特别适用于资源有限的嵌入式系统。它支持多任务、任务优先级和任务通信，具有低延迟和高实时性。

（5）Micrium OS。

Micrium OS 是一套专业的实时操作系统，具有高度稳定性和可靠性。它提供了许多常见的实时功能，适用于要求高可靠性和实时性的复杂嵌入式应用。

（6）QNX。

QNX 是一种高性能的实时操作系统，广泛应用于汽车、工业自动化、医疗设备等领域。它具有强大的多任务和分布式处理能力，并支持硬实时和软实时操作系统。

（7）VxWorks。

VxWorks 是一种实时性能卓越的嵌入式操作系统，常用于航空航天、通信、网络设备等领域。它支持广泛的硬件平台，并具有高度可定制性和可扩展性。

（8）μC/OS-Ⅱ和μC/OS-Ⅲ。

μC/OS-Ⅱ和μC/OS-Ⅲ是MicroC/OS的两个版本，是一种小巧的实时操作系统。它们适用于资源有限的嵌入式系统，并提供了常见的实时功能。

（9）RTLinux。

RTLinux是一种将实时性能与Linux内核结合的操作系统。它使用Linux作为宿主内核，并在其上运行一个实时内核。RTLinux提供了Linux的功能和驱动程序支持，同时实现了硬实时性能。

这些嵌入式操作系统在不同领域和应用中有各自的特点。开发者根据项目需求、资源限制和实时性要求选择适合的操作系统是非常重要的。每种操作系统都有其适用的场景，正确选择将有助于提高嵌入式系统的性能和可靠性。下面对NI myRIO和Arduino进行详细介绍。

5.5.1　NI myRIO

NI myRIO是由NI推出的一款嵌入式测控设备，旨在为工程师、学生和科研人员提供高性能、低成本的嵌入式系统开发平台。

NI myRIO作为一款强大而灵活的嵌入式测控设备，其组成包括处理器模块、丰富的外围接口、多个连接端口、内存和存储，以及配套的软件支持，NI myRIO-1900的引脚数量很丰富，它可以给用户提供10路模拟输入、6路模拟输出和40路的数字输入和输出，实物如图5.4所示。同时，NI myRIO-1900也具有SPI、I2C、UART和PWM等信号输出引脚。在设备连接方面，该控制器可以通过有线与无线的方式进行连接。有线方式利用USB接口与计算机相连。无线方式可以利用一个共同的网络Wi-Fi将两者连接起来，或者将控制器配置为热点Wi-Fi，这种方法可以使控制器摆脱有线的束缚，在应用中作用很大。NI myRIO-1900硬件框图如图5.5所示。

图5.4　NI myRIO-1900实物

NI myRIO-1900能够同时连接多个外接元器件，其上的扩展端口（MXP）连接器A和B发挥了很大的作用，这两个连接器的对应接口和引脚携带相同的信号，但有些特定引脚的功能是二元化的，可以充当两种接口使用，具体接口和功能的情况如图5.6和表5.1所示。其相同信号通过连接器名称Connector A／DIO1和Connector B／DIO1在软件中区分。

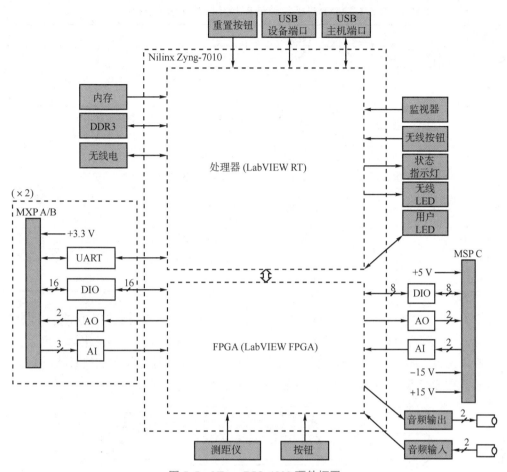

图 5.5 NI myRIO-1900 硬件框图

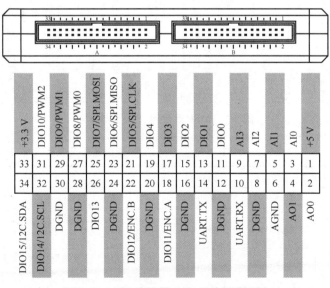

图 5.6 MXP 连接器 A 和 B 的引脚排列

表 5.1　MXP 连接器 A 和 B 上的主/次级信号及说明

信号名称	参考	指标	描述
+5 V	DGND	输出	+5 V 电源输出
AI<0..3>	AGND	输入	参考值 0~5 V，单端模拟输入通道。有关详细信息，请参阅模拟输入通道部分
AO<0..1>	AGND	输出	参考值 0~5 V，单端模拟输出通道。有关详细信息，请参阅模拟输出通道部分
AGND	N/A	N/A	用于模拟输入和输出的参考
+3.3 V	DGND	输出	+3.3 V 电源输出
DIO<0..15>	DGND	输入/输出	通用数字线路：3.3 V 输出，3 V/5 V 兼容输入。请参阅 DIO 线路部分了解更多信息
UART. RX	DGND	输入	UART 接收输入。UART 线路在电气上与 DIO 线路相同
UART. TX	DGND	输出	UART 发送输出。UART 线路在电气上与 DIO 线路相同
DGND	N/A	N/A	数字信号的基准电压源：+5 V 和+3.3 V

除了 MXP 连接器 A 和 B，NI myRIO-1900 上还有 MSP（具有数据采集功能的连接端口）连接器 C，其引脚排列如图 5.7 所示，其上有些特定引脚的功能也是二元化的，可以充当两种接口使用，各引脚功能如表 5.2 所示。C 可以对 A、B 起到补充作用，但形状与它们并不一样，通常在连接器 A、B 的引脚无法满足需求时，可以连接在 C。

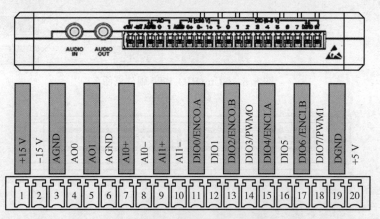

图 5.7　MSP 连接器 C 的引脚排列

表 5.2　MSP 连接器 C 上的主/次级信号及说明

信号名称	参考	指标	描述
+15 V/−15 V	DGND	输出	+15 V/ −15 V 功率输出
AI0+/AI0−；AI1+/AI1−	AGND	输入	±10 V，差分模拟输入通道。有关详细信息，请参阅模拟输入通道部分
AO<0..1>	AGND	输出	参考值±10 V，单端模拟输出通道。有关详细信息，请参阅模拟输出通道部分
AGND	N/A	N/A	用于模拟输入和输出及+15 V/−15 V 电源输出的基准电压源

信号名称	参考	指标	描述
+5 V	DGND	输出	+5 V 电源输出
DIO<0..7>	DGND	输入/输出	通用数字线路：3.3 V 输出，3 V/5 V 兼容输入。请参阅 DIO 线路部分了解更多信息
DGND	N/A	N/A	数字线路参考值和+5 V 电源输出

NI myRIO 采用了 Zynq SoC 架构，将 FPGA 和 ARM Cortex-A9 处理器集成在一块芯片上。FPGA 提供了可编程逻辑资源，可以实现硬件加速和实时处理，而 ARM 处理器负责运行操作系统和执行高层应用程序。NI myRIO 还配备了丰富的外部接口，包括模拟输入/输出、数字输入/输出、通用输入/输出（General Purpose Input Output，GPIO）、USB 接口等，以支持各种外设和传感器的连接。其中的 FPGA 部分已经预先配置了一些功能，这些功能可以直接使用或进一步编程定制。

1. NI myRIO 中 FPGA 预配置的一些功能

（1）数字输入/输出：FPGA 中的 GPIO 可以配置为数字输入或输出引脚，用于连接和控制数字设备或传感器。

（2）模拟输入/输出：FPGA 中集成了高精度的 ADC 和 DAC，可用于采集模拟信号或输出模拟控制信号。

（3）PWM：FPGA 支持 PWM 信号的生成，可以用于控制电动机的速度或其他需要精确脉冲宽度控制的应用。

（4）正交编码器：FPGA 支持对编码器信号进行硬件解码，用于测量电动机或转子的位置和速度。

（5）SPI 和 I2C：FPGA 中支持 SPI 和 I2C 通信协议，可用于连接和控制各种外设和传感器。

（6）UART：FPGA 中集成了 UART 接口，用于串行通信和连接其他设备。

（7）电源控制：FPGA 可以控制 NI myRIO 的电源供应，实现节能和电源管理功能。

（8）实时计时器：FPGA 中集成了实时计时器，可用于产生定时中断，实现精确的实时控制。

（9）直接存储器存取（Direct Memory Access，DMA）控制器：FPGA 中的 DMA 控制器可以实现高速数据传输，减轻 ARM 处理器的负担，提高数据处理效率。

2. NI myRIO 的优点

NI myRIO 具有以下几个优点。

（1）多功能性：NI myRIO 的 FPGA 和 ARM 处理器相互协作，使其在多功能性方面表现出色。FPGA 可实现实时控制、高速数据采集和信号处理，而 ARM 处理器则负责运行操作系统和处理高层应用，实现更复杂的算法和通信功能。

（2）实时性：NI myRIO 配备了实时操作系统，确保任务的实时响应和准确性。这对于需要高精度的控制和实时数据处理的应用非常重要，如机器人控制、自动化生产线和实时数据采集等。

（3）支持多种开发环境：NI myRIO 支持多种开发环境，其中最主要的是 LabVIEW 和 C/C++。LabVIEW 是一种图形化编程语言，适合快速开发和调试，尤其适合初学者。而 C/C++ 则适合更复杂的算法和控制任务，提供了更高的灵活性和性能。

（4）易于使用：NI myRIO 提供了友好的图形化编程界面和丰富的示例代码，使用户可以快速上手并进行应用开发。同时，NI 公司提供了详细的技术文档和在线支持，可以帮助用户解决遇到的问题。

NI myRIO 采用了 FPGA 和 ARM 处理器的组合，拥有强大的计算和控制能力，适用于各种实时控制、数据采集和信号处理应用。利用 NI myRIO 在 FPGA 中已经配置好的数据采集功能和丰富的输入/输出接口及通信接口，用户可以根据不同的应用需求，利用 NI myRIO 进行各种测控系统的设计与开发。

需要注意的是，虽然 NI myRIO 中的 FPGA 已经预先配置了一些功能，但用户也可以通过 LabVIEW FPGA 或 VHDL 等编程语言对 FPGA 进行定制化开发，实现更复杂的控制算法和数据处理功能。这使 NI myRIO 在不同应用场景下具有更高的灵活性和可扩展性。

总之，NI myRIO 融合了 FPGA、嵌入式处理器和各种外设接口，是一种功能强大且灵活的嵌入式平台。NI myRIO 作为一种易于使用的嵌入式测控设备，为工程师和研究人员提供了一个灵活而可靠的平台，满足各种复杂应用的需求。其丰富的接口和实时性能使它在各个领域的嵌入式测控中都有着广泛的应用前景。

3. NI myRIO 的应用领域

（1）机器人控制：NI myRIO 可以作为机器人控制器，实现各种运动控制和轨迹规划。

（2）自动化生产线：NI myRIO 可以用于控制和监测自动化生产线上的各种设备和工艺过程。

（3）传感器数据采集：NI myRIO 可以连接各种传感器，实现数据采集和实时处理。

（4）医疗设备控制：NI myRIO 可以应用于医疗设备的控制和数据处理，如医疗影像设备、生命支持系统等。

（5）智能制造：NI myRIO 可以用于智能制造中的实时控制和数据监测，提高制造过程的效率和质量等。

5.5.2 Arduino

Arduino 是一种开源的嵌入式计算平台，由 Arduino 公司设计和生产。它基于简单易用的硬件和软件，旨在为艺术家、设计师、学生和爱好者提供一个便捷的方式来创建交互式项目和原型。Arduino 具有开放的设计，允许用户轻松定制和扩展硬件功能，因此在教育和创客领域广受欢迎。

Arduino 的组成主要包括以下几个部分。

（1）开发板：Arduino 开发板是 Arduino 平台的核心，其上集成了微控制器、输入/输出引脚、电源接口等。常见的 Arduino 开发板包括 Arduino UNO、Arduino MEGA、Arduino NANO 等，每种开发板具有不同的规格和功能。

（2）集成开发环境（Integrated Development Environment, IDE）：Arduino IDE 是用于编写、上传和调试 Arduino 代码的软件工具。它基于简单的 C/C++ 语法，并提供了丰富的库函数和示例代码，使用户能够快速上手和开发项目。

（3）Shield 扩展板：Arduino Shield 是一种可插拔的扩展板，可以堆叠在 Arduino 开发板上，扩展其功能。常见的 Shield 包括以太网 Shield、无线通信 Shield、LCD 显示 Shield 等，它们使 Arduino 能够连接到网络、传感器和其他外设。

（4）传感器和执行器：Arduino 可以与各种传感器（如温度传感器、湿度传感器、光线传感器等）和执行器（如电动机、舵机、继电器等）进行连接，实现对外部环境的感知和控制。

Arduino UNO 硬件实物如图 5.8 所示。

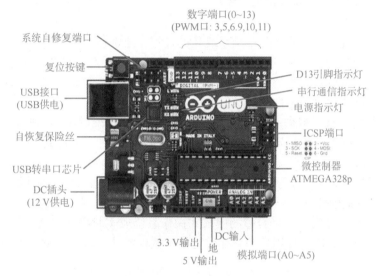

图 5.8　Arduino UNO 硬件实物

Arduino 在嵌入式测控系统中的应用非常广泛。Arduino 的易用性和开放性，使其成为初学者和业余爱好者进行嵌入式系统开发的首选平台。以下是 Arduino 在嵌入式测控系统中的一些常见应用。

（1）数据采集和监测系统：通过连接各种传感器，Arduino 可以实现对环境参数（如温度、湿度、压力等）的实时采集和监测，用于环境监测、气象站等。

（2）智能家居控制：结合各种执行器，Arduino 可以实现对家居设备的智能控制，如灯光控制、智能门锁、智能窗帘等。

（3）自动化控制系统：Arduino 可以用于控制和调节自动化系统，如温度控制、液位控制、电动机控制等。

（4）机器人控制：Arduino 可以作为机器人控制的核心，实现机器人的运动控制、传感器数据处理和决策算法。

（5）物联网应用：结合无线通信 Shield，Arduino 可以连接到互联网，实现物联网设备的连接和数据传输。

总之，Arduino 作为一种简单易用的嵌入式计算平台，广泛应用于各种测控系统和物联网项目，为用户提供了一个便捷而强大的开发平台。它不仅适用于学习和教育，还可以用于快速原型开发和创客项目。

5.6 嵌入式测控系统的设计与开发

嵌入式测控系统的设计与开发是指针对特定测量和控制需求，从硬件和软件两个方面进行系统设计和开发，以实现对被测对象的数据采集、处理、控制和监测等功能。

5.6.1 嵌入式测控系统的设计流程

嵌入式测控系统的设计流程是一个系统化的过程，通常包括以下几个主要步骤。

（1）系统需求分析：明确测控系统的功能和性能需求，与系统使用者、相关工程师和专家进行沟通，了解被测对象的特性、测量参数、采样频率、控制要求、实时性等方面的需求，以及系统的可靠性、稳定性、可扩展性等要求。

（2）系统架构设计：根据系统需求，制定嵌入式测控系统的整体架构，确定硬件平台、嵌入式处理器、传感器、执行器、数据采集卡等硬件组件的选择和配置；设计系统的通信方式、数据传输协议、接口设计等。

（3）硬件设计与制造：进行硬件电路设计和 PCB 布局，根据系统架构选取合适的器件和元件；制造 PCB 并完成硬件组装；硬件设计需要考虑系统的可靠性、抗干扰能力、功耗等因素。

（4）嵌入式软件开发：选择合适的嵌入式操作系统或实时操作系统，并进行软件开发；编写驱动程序、控制算法、数据处理和通信协议等软件模块；软件开发过程中需要充分考虑系统的实时性和稳定性。

（5）系统集成与测试：将硬件和软件进行集成，确保它们能够正确地相互通信和协同工作；进行全面的系统测试，包括功能测试、性能测试、稳定性测试、实时性测试等，以验证系统是否满足设计需求。

（6）系统调试与优化：对系统进行调试，发现并解决潜在的问题和 bug（程序错误）；优化系统性能，提高数据采集、处理和控制的效率和精度。

（7）系统部署与应用：将嵌入式测控系统部署到目标设备中，进行实际应用；根据实际使用情况，不断优化系统，提高系统的可靠性和稳定性。

（8）系统维护与升级：定期对系统进行维护和升级，确保系统的稳定运行和满足新的需求；根据实际应用情况，对系统进行功能扩展和性能优化。

嵌入式测控系统的设计流程是一个迭代的过程，需要不断地进行需求分析、设计、开发、测试和优化。在整个流程中，系统需求的准确捕捉和全面分析是系统设计成功的关键。同时，与相关领域的专家和用户紧密合作，不断优化和改进系统，将有助于实现高性能、高可靠性的嵌入式测控系统。

5.6.2 硬件设计与接口技术

硬件设计与接口技术是嵌入式测控系统开发中的重要组成部分，它涵盖了硬件电路设计、传感器与执行器的接口设计、通信接口设计等内容。以下是硬件设计与接口技术的一些关键点。

（1）硬件电路设计：嵌入式测控系统中最基础的部分。它涉及选择合适的处理器、存储器、时钟、电源管理等组件，然后进行电路原理图设计和 PCB 布局。在设计过程中需要考虑信号完整性、电磁兼容性、抗干扰能力等因素，确保电路的稳定性和可靠性。

（2）传感器与执行器的接口设计：传感器和执行器是嵌入式测控系统中的关键设备，它们用于检测被测物理量和执行控制动作。在传感器和执行器的接口设计中，需要确定传感器和执行器的类型、工作原理、通信协议等，然后设计合适的接口电路和信号处理电路，将传感器和执行器与嵌入式系统相连接。

（3）通信接口设计：嵌入式测控系统通常需要与其他设备进行通信，如与上位机进行数据传输、与其他嵌入式系统进行通信等。在通信接口设计中，需要选择合适的通信协议（如 UART、SPI、I2C、CAN 等）、物理层接口（如串口、以太网口等），并设计相应的通信电路和协议栈，以实现可靠的数据交换。

（4）电源管理：嵌入式测控系统通常有严格的功耗要求，因此电源管理是很重要的一部分。设计合理的电源管理电路，包括供电、电池管理、功耗控制等，可以有效延长系统的续航时间和提高系统的稳定性。

（5）外设接口设计：除了传感器和执行器，嵌入式测控系统还可能需要连接其他外设，如显示屏、键盘、存储设备等。在外设接口设计中，需要考虑不同外设的接口标准和通信方式，设计合适的接口电路和驱动程序，以实现与外设的数据交换和控制。

（6）安全性与可靠性：嵌入式测控系统有时会涉及对安全性和可靠性的严格要求，如在工业控制、医疗设备等领域。在硬件设计与接口技术中，需要采取相应的措施来确保系统的安全性和可靠性，如加密传输、故障检测与容错、数据备份等。

综合考虑上述各方面，硬件设计与接口技术对于嵌入式测控系统的性能有着重要的影响。合理设计硬件电路和接口，确保各个组件的协同工作和数据交换，将有助于实现高性能、高可靠性的嵌入式测控系统。

5.6.3 嵌入式软件设计与编程

嵌入式软件设计与编程是嵌入式测控系统开发中至关重要的一部分，它涵盖了软件架构设计、实时操作系统的选择、编程语言的选用、驱动程序的开发、应用程序的编写及调试与测试等内容。以下是嵌入式软件设计与编程的一些关键点。

（1）软件架构设计：在嵌入式测控系统的开发中，合理的软件架构设计对于系统的可维护性和可扩展性至关重要。软件架构包括划分模块、确定模块之间的接口和通信方式，以及定义系统的控制流和数据流。一个良好的软件架构能够提高开发效率，降低开发风险，并确保软件的可靠性和稳定性。

（2）实时操作系统的选择：嵌入式测控系统通常需要满足实时性要求，因此选择合适的实时操作系统是很重要的。实时操作系统可以提供任务调度、优先级管理、中断处理等功能，以确保系统能够及时响应事件和任务。常见的实时操作系统有 FreeRTOS、VxWorks、Linux 等，开发者需要根据项目的实时性要求选择合适的实时操作系统。

（3）编程语言的选用：嵌入式测控系统的软件编程语言的选择也很重要。C 语言是嵌入式测控系统开发中最常用的编程语言，因为它具有高效、灵活、可移植等特点。此外，一些特定的嵌入式平台也可能支持其他编程语言，如 Python、C++等。开发者需要根据项目的需求和硬件平台的支持情况选择合适的编程语言。

（4）驱动程序的开发：嵌入式测控系统通常需要与各种硬件设备进行交互，如传感器、执行器、通信模块等。开发者需要编写相应的驱动程序，用于控制和读取这些硬件设备。驱动程序的开发要考虑到设备的特性和接口协议，确保硬件设备的正常通信和操作。

（5）应用程序的编写：嵌入式测控系统的应用程序是实现系统功能的核心部分。开发者需要编写应用程序来处理数据、控制硬件设备、执行任务等。应用程序的编写要遵循软件架构的设计，合理分配任务和资源，并保证应用程序的效率和稳定性。

（6）调试与测试：在嵌入式软件设计与编程过程中，调试和测试是不可或缺的环节。开发者需要使用调试工具来定位和解决软件 bug，确保系统的正确运行。同时，进行系统级测试和单元测试也是必要的，以验证软件的功能和性能。

综合考虑上述各方面，嵌入式软件设计与编程对于嵌入式测控系统的功能实现、性能优化和可靠性保证起着至关重要的作用。只有软硬件相辅相成，相互协作，才能构建出高效、稳定且功能完善的嵌入式测控系统。

5.7　嵌入式测控系统的应用案例及发展趋势

5.7.1　嵌入式测控系统的应用案例

嵌入式测控系统主要用于各种信号处理与控制，目前已在国防、国民经济及社会生活各领域普及应用，包括企业、军队、办公室、实验室及个人家庭等各种场所。

以工业中的应用为例，嵌入式测控系统可应用于各种智能测量仪表、数控装置、可编程控制器、控制机、分布式控制系统、现场总线仪表及控制系统、工业机器人、机电一体化机械设备、汽车电子设备等。

在工业自动化领域，嵌入式测控系统广泛应用于控制、监测和优化工业生产过程。下面通过 3 个案例来介绍嵌入式测控系统在工业自动化及医用电子设备领域中的应用。

1. 自动化生产线控制系统

在制造业工厂中，需要生产复杂的机械零部件，为了提高生产效率、降低人力成本，并确保产品质量，实现高效的生产线控制，可以采用嵌入式测控系统来实现自动化生产线控制。

自动化生产线控制系统的系统架构包括以下几个部分。

（1）控制主机：采用高性能嵌入式计算机作为控制主机，搭载实时操作系统。它具有强大的计算和通信能力，用于协调整个生产线的工作。

（2）传感器网络：在生产线的各个环节，布置了多种传感器，包括光电传感器、压力传感器、温度传感器、激光测距传感器等。这些传感器用于感知生产过程中的状态和参数，并将数据传输给控制主机。

（3）执行器网络：通过控制主机，与生产线上的执行器（如电动机、气缸等）进行通信，实现对设备的控制和调节。

（4）PLC控制单元：嵌入式测控系统与现有的PLC进行通信，实现与现有设备的无缝集成，以利用现有资源。

（5）人机界面：嵌入式触摸屏作为人机界面，提供直观的操作界面。工人可以通过嵌入式触摸屏设置生产参数、监测生产状态和查看生产统计数据。

该系统能够实现的功能和应用如下。

（1）生产线控制：通过嵌入式测控系统，实现对生产线上各个设备的自动控制，包括启停控制、速度调节、位置校准等。生产线的自动化控制大大提高了生产效率和一致性。

（2）产品检测与排序：嵌入式测控系根据传感器数据对生产的零部件进行检测和排序，确保产品质量，将不合格产品自动剔除。

（3）故障监测与报警：嵌入式测控系统实时监测生产设备的状态，一旦发现异常或故障，即时发出报警信号，提醒维修人员进行处理。

（4）生产数据采集与分析：嵌入式测控系统对生产过程中的各项数据进行采集和记录，并进行数据分析，为生产管理和优化提供参考依据。

通过嵌入式测控系统的应用，工厂成功实现了生产线的自动化控制和监测，提高了生产效率和产品质量，降低了生产成本。

2. 自动化装配生产线控制系统

在汽车制造工厂，使用嵌入式测控系统来实现自动化车辆装配生产线的控制和优化。该装配生产线需要完成复杂的组装工序，包括发动机安装、车身焊接、车门安装等。为了提高装配效率、减少人力干预和确保组装质量，嵌入式测控系统被广泛应用。

自动化装配生产线控制系统的系统架构包括以下几个部分。

（1）控制主机：使用嵌入式控制器，具有高性能的处理能力和实时控制能力，负责整个装配生产线的协调和控制。

（2）传感器网络：在装配生产线上布置多种传感器，如视觉传感器、压力传感器、力传感器等。这些传感器用于实时感知装配过程中的零部件状态和位置。

（3）执行器网络：通过嵌入式测控系统，与装配生产线上的执行器（如机械臂、气动马达等）进行通信，实现对装配工序的自动化控制。

（4）人机界面：使用嵌入式触摸屏作为人机界面，提供直观的操作界面，供操作员设置装配参数、监测装配状态和查看装配统计数据。

该系统能够实现的功能和应用如下。

（1）自动化生产控制：嵌入式测控系统实现了对整个生产线的自动控制。生产线上的各个设备和工位能够自动启停、调整速度和位置，实现高效生产。

（2）产品质量监测：通过传感器网络，可以实时监测生产过程中的关键参数。例如，光电传感器用于检测零部件的位置和尺寸，压力传感器用于检测压力参数等。系统会对采集的数据进行实时分析，确保产品质量符合标准。

（3）故障检测与报警：嵌入式测控系统实时监测设备的运行状态。一旦发现设备出现异常或故障，系统会发出报警信号，并提示维护人员进行处理。

（4）生产数据采集与分析：嵌入式测控系统采集并记录生产过程中的各项数据，包括生产数量、通过率、设备运行时间等。这些数据有助于生产管理和优化决策。

（5）灵活生产调度：嵌入式测控系统支持灵活的生产调度和排程，可以根据需求进行生产线的重新配置和优化，提高生产线的适应性和灵活性。

通过嵌入式测控系统的应用，汽车制造工厂实现了装配生产线的高度自动化控制和监测，提高了装配效率和产品质量，降低了装配成本和人力成本，使汽车制造过程更加高效和可靠。这样的自动化装配生产线控制系统在工业自动化领域得到广泛应用，为各行业带来了明显的生产效益和竞争优势。

医用电子设备包括各种医疗电子仪器，如 X 光机、超声诊断仪、计算机断层成像系统、心脏起搏器、监护仪、辅助诊断系统、专家系统等。下面介绍嵌入式测控系统在医用电子设备中的应用。

3. 高精度机器人设备用于脑瘤手术

NI CompactRIO 嵌入式控制器是一个高精度监测和嵌入式控制系统。使用 NI CompactRIO 嵌入式控制器开发一个高性能机器人控制系统。该系统能够在微创神经外科中安全地移动机器人，如图 5.9 所示。由于 NI CompactRIO 硬件平台及其灵活的编程环境，目前的解决方案比原型设计更合理、可靠和有效率。对于高精度机器人设备用于脑瘤手术的嵌入式控制系统，其优点主要体现在以下几个方面。

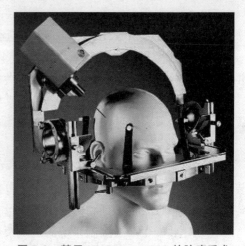

图 5.9　基于 NI CompactRIO 的脑瘤手术

（1）精确控制：脑瘤手术对于手术机器人的精确控制要求非常高，嵌入式控制系统可以通过专用的传感器和算法实现对机器人运动的精确控制，确保手术过程的准确性和安全性。

（2）实时性：嵌入式控制系统采用实时操作系统和高性能处理器，可以在毫秒级的时间内响应外部事件和输入信号，实时调整机器人的运动轨迹，确保手术过程的流畅和稳定。

（3）稳定性和可靠性：脑瘤手术对于手术机器人的稳定性和可靠性要求非常高，嵌入式控制系统通过优化的硬件设计和专用的软件算法，可以确保机器人的运动平稳和可靠，降低手术风险。

（4）自动化和智能化：嵌入式控制系统可以实现自动化和智能化的手术过程，通过预设的程序和算法，机器人可以自主地完成复杂的手术动作，减轻医生的工作负担，提高手术效率。

（5）灵活性和适应性：嵌入式控制系统可以根据不同的手术需求进行定制设计，适应不同类型的脑瘤手术。同时，由于其紧凑的设计，嵌入式控制系统可以灵活安装在手术机器人的控制单元中，不占用过多空间。

（6）实时数据处理和存储：嵌入式控制系统可以实现对手术过程中的数据进行实时处理和存储，如图像数据、传感器数据等，为医生提供实时的手术反馈和数据支持。

（7）安全性：嵌入式控制系统可以通过安全措施和算法，确保手术机器人在操作过程中不会对患者和医护人员造成伤害，保障手术过程的安全性。

高精度机器人设备用于脑瘤手术的嵌入式控制系统具有精确控制、实时性、稳定性和可靠性、自动化和智能化、灵活性和适应性等优点。这些优点使嵌入式控制系统在高精度脑瘤手术中得到广泛应用，为医生提供了强大的辅助工具，提高了手术的成功率和患者的治疗效果。

嵌入式测控系统在其他领域的应用请读者自行学习和阅读。

5.7.2 嵌入式测控系统的发展趋势

信息时代和数字时代的到来为嵌入式测控系统带来了巨大的发展机遇。随着物联网、人工智能、云计算等技术的不断成熟，嵌入式测控系统的应用场景不断拓展，市场前景非常广阔。同时对嵌入式生产厂商提出了新的挑战，要求他们提供更加全面、高效、可靠的嵌入式软硬件系统。

从中我们可以看出，未来嵌入式测控系统有以下几大发展趋势。

（1）网络化和信息化：随着 Internet 技术的成熟和带宽的提高，嵌入式测控系统将越来越注重网络化和信息化的需求。嵌入式设备需要具备网络通信能力，支持各种网络通信接口，并融入物联网，实现设备之间的互联互通。这将推动嵌入式测控系统在马达控制、工业自动化、高级音频、图像处理、联网车载应用、物联网和穿戴式设备等领域的广泛应用。

（2）精简系统内核和优化算法：未来嵌入式测控系统将注重提高系统性能和降低功耗和成本。设计者将精简系统内核，只保留与系统功能紧密相关的软硬件，利用最少的资源实现最适当的功能。此外，不断改进算法和优化编译器性能也将成为重要任务，以提高嵌入式测控系统的效率和性能。

（3）强大的硬件开发工具和软件包支持：嵌入式测控系统的开发是一项系统工程，因此嵌入式测控系统生产厂商需要提供强大的硬件开发工具和软件包支持。这将有助于开发者更高效地进行硬件和软件的开发，加快产品的上市时间，降低开发成本。

（4）开放平台与软硬件协同：未来的嵌入式测控系统将倾向于开放平台，支持多样化的开发和应用。软硬件协同设计将成为重要趋势，以实现更高效的开发和集成。同时，软件人员需要具备丰富的硬件知识，发展先进的嵌入式软件技术，推动嵌入式测控系统的进一步创新。

（5）友好的多媒体人机界面：嵌入式设备与用户的亲密接触需要提供友好的多媒体人机界面。优化图形界面和多媒体技术，使用户获得良好的交互体验，将成为嵌入式测控系统发展的重要方向。

综上所述，未来嵌入式测控系统将以网络化、信息化、精简化、开放化和智能化为主要发展趋势。这些趋势将推动嵌入式测控系统在各个领域持续创新和广泛应用，为人们的生活和工作带来更多便利和智能化的体验。同时，嵌入式测控系统领域需要不断加强跨学科合作和人才培养，以应对未来技术挑战和应用需求。

本章小结

本章主要介绍了嵌入式系统的概念、特点、硬件架构、软件开发及几种常用的分类方法；嵌入式实时操作系统的特点、实时任务调度与优先级管理的设计和实现方法；常用于测控领域的几种典型嵌入式实时操作系统（如 NI myRIO、Arduino 等）的组成、特点及典型应用；嵌入式测控系统的设计与开发流程；嵌入式测控系统在工业自动化和医用电子设备等领域的典型应用案例及实现方法。

本章习题

1. 简述嵌入式系统的基本概念、特点、硬件架构及软件开发。

2. 请结合智能制造领域，学习典型嵌入式实时操作系统（如 NI myRIO、Arduino）的典型应用的实现方法。

3. 简述嵌入式测控系统的设计与开发流程。

4. 简述嵌入式实时操作系统的主要特点和核心功能。

5. 嵌入式系统的硬件平台由哪些部分组成？

习题答案

第 5 章习题答案

第 6 章　虚拟仪器技术及 LabVIEW 应用

 教学目的与要求

1. 掌握虚拟仪器的定义、主要特点、优势和主要构成元素。
2. 了解虚拟仪器的主要功能并掌握其实现方法。
3. 了解 LabVIEW 的图形化编程环境操作面板，掌握 LabVIEW 工具和函数库、数据采集和控制模块、LabVIEW 中子 VI 的使用方法。
4. 掌握 LabVIEW 中常用的信号分析与处理软件的类型、原理和实现方法。
5. 掌握常用的几种虚拟仪器开发软件的特点及应用。
6. 掌握虚拟仪器的硬件平台和应用软件两大部分的基本组成及其主要类型和特点。
7. 基于案例教学掌握 LabVIEW 数据采集程序设计方法及典型应用的实现。

 教学重点

1. 虚拟仪器的主要功能的实现方法。
2. LabVIEW 工具和函数库、数据采集和控制模块、LabVIEW 中子 VI 的使用方法。
3. LabVIEW 中常用的信号分析与处理软件的类型、原理和实现方法。
4. LabVIEW 数据采集程序设计方法及典型应用的实现方法。

 教学难点

1. 虚拟仪器的主要功能的实现方法。
2. LabVIEW 中常用的信号分析与处理软件的类型、原理和实现方法。

思维导图

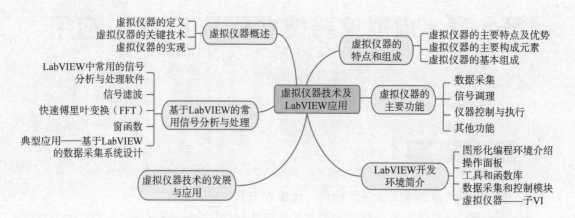

6.1　虚拟仪器概述

虚拟仪器（Virtual Instrument，VI）指的是以计算机技术为基础，利用软件技术，将计算机与硬件设备相结合，从而产生的一种软硬件测试技术平台，是计算机技术同仪器技术深层次结合产生的全新概念的仪器，也是一种基于计算机软硬件技术的测试和测量系统。它将传统的硬件仪器与计算机技术相结合，通过使用软件来模拟、控制、处理实验和测试过程，软件具有灵活多变、自由组合的特点，结合丰富的计算机接口，可以更完美地执行数据采集，进而实现测试、测量、控制和数据分析等功能。

虚拟仪器的概念最早是由 NI 在 1986 年提出的，但其雏形可以追溯到 1981 年由美国西北仪器系统公司推出的数字存储示波器。这种仪器和个人计算机的概念相适应，当时被称为个人仪器。1986 年，NI 推出了图形化的虚拟仪器编程环境 LabVIEW（Laboratory Virtual Instrument Engineering Workbench），标志着虚拟仪器软件设计平台基本成型，虚拟仪器从概念构思变为工程师可实现的具体对象。它广泛地被工业界、学术界和研究实验室所接受，视为一个标准的数据采集和仪器控制软件。

LabVIEW 作为虚拟仪器的主要开发环境，提供了丰富的图形化编程功能，使用户可以快速搭建各种复杂的测试和控制系统，无须深入掌握底层编程语言。LabVIEW 支持多种硬件平台，并且拥有大量的工具包和扩展模块，可以方便地进行数据分析、信号处理、图形显示和通信等操作。

自 1986 年问世以来，LabVIEW 图形化开发工具广泛应用于工程控制、自动化、测试和测量、数据采集与处理、信号处理、通信等领域，成为科学研究、工程开发和教学实验的重要工具。它在教育界得到广泛应用，帮助学生更好地理解和掌握复杂的实验和测试技术。同时，LabVIEW 也被许多工程师和科学家用于开发自定义的测量和控制系统，实现各种复杂的科研和工程任务。

6.1.1 虚拟仪器的定义

虚拟仪器实质是由计算机硬件资源，模块化仪器硬件和用于数据分析、过程通信及图形用户界面的软件组成的测控系统。它利用加在计算机上的一组软件与仪器模块相连接，将计算机硬件资源与仪器硬件有机融合为一体，大大降低和缩小了仪器硬件的成本和体积，并通过计算机强大的图形界面和数据处理能力提供对测量数据的显示和分析，具有灵活性、高度集成、易于使用和成本效益等优势。因此，虚拟仪器在科研、工程、教学和生产等领域得到广泛应用。

虚拟仪器是在计算机上显示传统仪器面板，它将硬件电路完成的信号调理和处理功能交由计算机程序完成。用户在通用计算机平台上，根据需求定义和设计仪器测试性能，这种"硬件功能软件化"是虚拟仪器的一大特征。其打破了传统仪器只能由生产厂家定义，用户无法改变的模式。利用高性能的模块化硬件，结合高效灵活的软件，用户可以很方便地组建自己的自动测试系统来完成各种测试、测量和自动化的应用。

6.1.2 虚拟仪器的关键技术

虚拟仪器是基于计算机技术的测试和测量系统，其实现涉及多个关键技术，具体包括以下几个。

（1）图形化编程语言：虚拟仪器的开发环境通常采用图形化编程语言，使用户可以通过拖曳和连接图标来构建测试和控制应用。图形化编程语言的优势在于简化了编程过程，使用户无须深入掌握底层编程语言即可实现复杂的功能。

（2）数据采集与处理：虚拟仪器需要能够实时采集外部传感器或信号源的数据，并对数据进行处理和分析。因此，数据采集和处理技术是虚拟仪器的核心技术之一。这包括数据采样、模数转换、滤波、特征提取、数据存储等技术。

（3）图形显示和用户界面：虚拟仪器的用户界面应直观、友好，能够实时显示测量结果和控制信息。图形显示技术包括绘图、图形化界面设计、数据可视化等，使用户可以通过直观的界面监控和控制系统。

（4）通信与控制：虚拟仪器需要与外设进行通信和控制，通过硬件接口与外设连接。通信技术可以是串口通信、网络通信等，而控制技术包括控制指令生成和执行等。

（5）实时性和性能优化：对于实时数据采集和控制应用，虚拟仪器需要具备较高的实时性和性能。为了满足这些要求，需要对软件和硬件进行性能优化和实时性设计。

总的来说，虚拟仪器的实现涉及多个关键技术，其中图形化编程语言、数据采集与处理、图形显示和通信与控制是实现虚拟仪器的核心技术。而 LabVIEW 等虚拟仪器的开发环境为用户提供了便捷的工具和接口，使虚拟仪器的实现变得更加简单和高效。

6.1.3 虚拟仪器的实现

虚拟仪器的实现通常使用开发环境，如 LabVIEW、MATLAB 等。以 LabVIEW 为例，它提供了强大的图形化编程环境和丰富的工具包，能够方便地实现各种测试、测量和控制应用。虚拟仪器具体的实现步骤包括以下几步。

（1）设计用户界面：通过拖曳和连接图标，设计虚拟仪器的用户界面，包括数据显示、图形绘制、控制按钮等。

（2）数据采集与处理：使用 LabVIEW 提供的数据采集模块，实现数据的实时采集和处理。数据处理可以包括滤波、特征提取、数据分析等。

（3）通信与控制：通过 LabVIEW 提供的通信接口，与外设进行通信和控制。

（4）实时性和性能优化：针对实时性要求较高的应用，需要对程序进行性能优化和实时性设计，确保系统的快速响应和准确性。

（5）部署与应用：将虚拟仪器部署到目标计算机或嵌入式系统上，实现实际的测试、测量和控制任务。

6.2 虚拟仪器的特点和组成

6.2.1 虚拟仪器的主要特点及优势

虚拟仪器是基于计算机的测量仪器，是将仪器装入计算机，以通用的计算机硬件及操作系统为依托，实现各种仪器功能。虚拟仪器研究中涉及的基础理论主要有计算机数据采集和数字信号处理。

虚拟仪器实际上是一个按照仪器需求组织的数据采集系统。虚拟仪器研究的另一个问题是各种标准仪器的互连及与计算机的连接。未来的仪器应当是网络化的。

虚拟仪器以软件设计为核心，通过硬件设备与计算机软件结合，在数据采集、测试、处理等方面实现更多功能。软件最基本的部分是设备驱动软件，为了适配各类仪器的接口，设备驱动软件采用标准化设计，无论硬件是何种形式，软件都将通过程序和算法实现连接，这是虚拟仪器最大的优势之一。当用户需求发生变化时，虚拟仪器可以通过编程适应新变化，满足用户的个性化需求。

1. 虚拟仪器的主要特点

虚拟仪器作为一种基于计算机技术的测试和测量系统，具有许多特点和优势，在科学研究、工程开发和教学实验等领域得到广泛应用。与传统仪器相比，虚拟仪器最大的特点是其功能由软件定义，当虚拟仪器用户需要改变仪器功能或需要构造新的仪器时，可以由用户自己改变应用软件来实现，用户通过选择不同的应用软件，就可以形成不同的虚拟仪器，不必重新购买新的仪器。而传统仪器的功能是由厂商事先定义好的，用户无法变更其功能。以下是虚拟仪器的主要特点。

（1）灵活性：虚拟仪器可以根据实际需要进行快速配置和定制。通过软件编程，可以实现不同的测试和测量功能，无须更换硬件，并且尽可能采用通用的硬件。各种仪器的差异主要是软件。用户可以根据自己的需要定义和制造各种仪器，从而融合计算机强大的硬件和软件资源，实现部分仪器硬件的软件化，增加了系统的灵活性。

（2）高度集成：虚拟仪器将传统的硬件仪器与计算机技术相结合，基于计算机总线和模块化仪器总线，硬件模块化、系列化，提高了系统的可靠性和易维护性。基于计算机网络技术和接口技术，虚拟仪器广泛支持各种工业总线标准，可方便地构建自动测试系统，实现测量、控制过程的智能化、网络化。同时，虚拟仪器突破了传统仪器在数据处理、存储、人机交互等方面的限制，实现了仪器的集成化。通过虚拟仪器的开发环境，可以集成多种功能和模块，从而实现多样化的测试和控制任务，使仪器的功能可以灵活地适应不同的应用场景。

（3）易用性：虚拟仪器采用图形化编程语言，易于学习和使用，用户无须深入掌握底层编程语言，即可进行应用开发。通过拖曳和连接图标，用户可以快速构建测试和控制应用；可充分发挥计算机的能力，具有强大的数据处理功能，可以创造出功能更强的仪器。

（4）成本效益：相比传统的硬件仪器，虚拟仪器具有较低的成本。由于虚拟仪器可以通过软件配置实现多种功能，所以用户无须购买多种硬件设备，从而节省了成本。

（5）实时性：虚拟仪器通常配备高性能的计算机和数据采集卡，可以实现较高的实时性。这使虚拟仪器在实时数据采集、控制和反馈等应用中表现出色。

（6）可编程性：虚拟仪器的开发环境提供了丰富的函数库和工具包，用户可以自定义程序和算法，实现复杂的数据处理和控制任务，从而提高虚拟仪器的灵活性和扩展性。

（7）数据可视化：虚拟仪器通过图形显示和数据可视化，使测试和测量结果被直观展示，方便用户观察和分析数据。

总的来说，虚拟仪器具有灵活性、高度集成、易用性、成本效益、实时性、可编程性和数据可视化等特点。这些特点使虚拟仪器成为一种强大的测试和测量工具，在科学研究、工程开发和教学实验等领域得到广泛应用。

2. 虚拟仪器的优势

相较于其他技术而言，虚拟仪器的优势主要表现在以下几个方面。

（1）性能高：虚拟仪器技术是在PC技术的基础上发展起来的，完全"继承"了以现成即用的PC技术为主导的最新商业技术的优点，包括功能卓越的处理器和文件I/O，从而使数据在高速导入磁盘的同时能实时地进行复杂的分析。此外，越来越快的计算机网络使虚拟仪器技术展现其更强大的优势。

（2）扩展性强：得益于软件的灵活性，只需更新计算机或测量硬件，就能以最少的硬件投资和极少的（甚至不需要）软件升级改进整个系统，可以把最新科技集成到现有的测量设备，最终以较少的成本加速产品上市的时间。

（3）开发时间少：在驱动和应用两个层面上，虚拟仪器高效的软件构架能与计算机、仪器仪表和通信方面的最新技术结合在一起，提供了灵活性和强大的功能，以及高性能、低成本的测量和控制解决方案。

（4）无缝集成：虚拟仪器技术从本质上来说是基于计算机的开放式标准体系结构集成

的软硬件概念。随着产品在功能上不断地趋于复杂，通常需要集成多个测量设备来满足完整的测试需求，而连接和集成这些不同设备总是要耗费大量的时间。虚拟仪器软件平台为所有的 I/O 设备提供了标准的接口，用户可根据自己的需要，选用不同厂家的产品，能够轻松地将多个测量设备集成到单个系统，降低了任务的复杂性，使仪器系统的开发更为灵活、效率更高，缩短了系统的组建时间。

6.2.2 虚拟仪器的主要构成元素

与传统仪器相比，虚拟仪器具有强大的功能，它强调"软件就是仪器"，用软件代替硬件，易开发、易调试，可有效节约资金。虚拟仪器主要包括 3 个构成元素：高效的软件、模块化的 I/O 硬件、用于集成的软硬件平台。图 6.1 给出了传统仪器和虚拟仪器的构成。

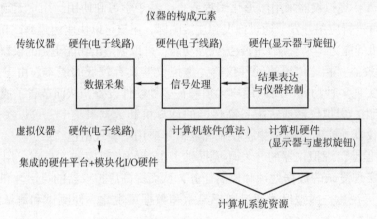

图 6.1　传统仪器和虚拟仪器的构成

1. 高效的软件

软件是虚拟仪器中最重要的部分，是虚拟仪器的核心技术。使用正确的软件工具并通过设计或调用特定的程序模块，可以高效创建自己的应用及友好的人机交互界面，并在执行任务时能够以最少的资源和时间完成所需的工作，具备良好的性能和响应速度。

常用的虚拟仪器开发软件主要包括以下几种。

（1）LabVIEW：一款功能强大的虚拟仪器开发软件，广泛应用于测试、测量、数据采集和控制系统的开发。用户可以通过拖曳和连接图标的方式，快速构建虚拟仪器的用户界面和逻辑控制。

（2）MATLAB：MathWorks 公司开发的一种数值计算和科学编程环境。它不仅可以进行高级数学计算和数据分析，还提供了丰富的工具包，支持虚拟仪器的开发和控制。

（3）LabWindows/CVI：NI 开发的一款用于 C 语言开发的虚拟仪器开发环境。它适用于对 C 语言熟悉的工程师和开发人员，提供了强大的测试和测量功能。

（4）Simulink：MathWorks 公司开发的一种基于模块化建模的仿真环境。它主要用于系统建模和仿真，也可以与实际硬件连接，构建虚拟仪器系统。

（5）NI Measurement Studio：NI 开发的一组工具包，用于在 Microsoft Visual Studio 环境

下进行虚拟仪器的开发。它支持多种编程语言，如 C++、C#等。

（6）Python：一种通用的编程语言，被广泛用于虚拟仪器的开发。Python 的简洁和易学特性使它成为一种受欢迎的虚拟仪器开发语言。

这些虚拟仪器开发软件都提供了丰富的工具和库，以便开发人员可以快速构建各种虚拟仪器应用。用户可以根据自己的需求和编程偏好选择合适的虚拟仪器开发软件。这些虚拟仪器开发软件已相当完善，而且还在升级、提高。

例如，行业标准图形化编程软件——LabVIEW，不仅能轻松、方便地完成与各种软、硬件的连接，更能提供强大的后续数据处理能力，设置数据处理、转换、存储的方式，并将结果显示给用户。此外，还提供了更多交互式的测量工具和更高层的系统管理软件工具，例如连接设计与测试的交互式软件 SignalExpress、用于传统 C 语言的 LabWindows/CVI、针对 Microsoft Visual Studio 的 NI Measurement Studio 等，均可满足客户对高性能应用的需求。依靠功能强大的软件可以在仪器中创建智能性和决策功能，从而发挥虚拟仪器技术在测试应用中的强大优势。

2. 模块化的 I/O 硬件

模块化的 I/O 硬件是指将 I/O 功能模块化设计的硬件设备。这种硬件设计可以使用户根据需要，通过组合不同的 I/O 模块来满足特定的应用要求。这样的设计具有灵活性和可扩展性，使用户可以根据实际需求定制 I/O 系统，无须购买整个集成的硬件设备，从而节省成本和提高系统的可维护性。

模块化的 I/O 硬件通常包含以下几个特点。

（1）插拔式模块：I/O 模块通常采用插拔式设计，用户可以轻松地将模块插入或拔出主控制设备，实现快速的系统组装和升级。

（2）多种 I/O 类型：模块化的 I/O 硬件通常提供多种类型的 I/O 接口，如模拟输入、模拟输出、数字输入、数字输出、计数器、通信接口等。用户可以根据实际需求选择所需的模块类型。

（3）独立功能：每个模块通常都是独立的功能单元，具有自己的处理能力和通信接口。这使每个模块既可以独立工作，也可以与其他模块协同工作，实现更复杂的功能。

（4）编程灵活：模块化的 I/O 硬件通常提供友好的编程接口和 API，这使用户可以通过编程来控制和配置模块的功能。

（5）高性能：虽然每个模块相对独立，但设计得到了优化，以保证整个系统的高性能和稳定性。

（6）可扩展性：模块化的 I/O 硬件设计使系统可以轻松扩展。用户可以随着应用需求的增长，添加更多的 I/O 模块，而无须更换整个系统。

（7）工业级标准：模块化的 I/O 硬件通常符合工业级标准，能够在各种环境和应用场景下稳定运行。

模块化的 I/O 硬件在工业自动化、实验测量、数据采集和控制等领域得到广泛应用。它们为用户提供了灵活、高效和可靠的 I/O 解决方案，有助于构建复杂的测试和控制系统。

同时，模块化的设计使硬件维护和升级更加便捷，为用户节省了时间和成本。面对日益复杂的测试测量应用，已经形成了全方位的软、硬件的解决方案。无论使用 PCI、PXI、CMCIA、USB 或 1394 总线，都能够找到相应的模块化的硬件产品。产品种类从数据采集、信号调理、声音和振动测量、视觉、运动、仪器控制、分布式 I/O 到 CAN 接口等工业通信，应有尽有。高性能的硬件产品结合灵活的开发软件，可以创建完全自定义的测量系统，满足各种独特的应用要求。

3. 用于集成的软、硬件平台

虚拟仪器通常用于集成的软、硬件平台是指将虚拟仪器软件与硬件设备结合在一起，构建成一个完整的测试、测量或控制系统的平台。这种集成的平台可以实现更全面和复杂的功能，满足更多样化的应用需求。以下是常见的虚拟仪器用于集成的软、硬件平台。

（1）PXI（PCI eXtensions for Instrumentation）平台：PXI 是一种基于 PCI 总线的模块化测量和控制平台，结合了 PC 的优势和模块化仪器的灵活性。在 PXI 平台上，可以插入各种 I/O 模块、数据采集卡和控制卡，与 LabVIEW 等虚拟仪器软件结合，构建出强大的虚拟仪器系统。

（2）CompactRIO 平台：CompactRIO 是 NI 推出的一种用于测量和控制的嵌入式平台。它结合了 FPGA 技术和实时处理器，能够提供高性能和低延迟的数据处理能力。在 CompactRIO平台上，可以运行 LabVIEW Real-Time 等虚拟仪器软件，实现实时数据采集和控制。

（3）FPGA 开发板：FPGA 开发板是一种用于开发和实现 FPGA 逻辑的硬件平台。它可以与 LabVIEW FPGA 等虚拟仪器软件结合，用于实现高速数据处理和实时控制。

（4）模块化数据采集系统：一些厂商提供模块化数据采集系统，这些系统集成了多种数据采集和控制模块，可与虚拟仪器软件进行连接，实现灵活的数据采集和控制应用。

（5）嵌入式平台：一些嵌入式开发板和平台，如 Arduino、Raspberry Pi 等，也可以与虚拟仪器软件结合使用，构建简单的虚拟仪器系统。

（6）软件定义无线电（Software Defined Radio，SDR）平台：SDR 平台可以实现灵活的无线电信号处理和通信，结合虚拟仪器软件，可以用于无线通信测试和仿真等应用。

这些集成的软硬件平台使虚拟仪器系统更加灵活和强大，能够应对复杂的测试和控制任务。通过软、硬件的结合，用户可以根据实际需求选择合适的平台，实现定制化的虚拟仪器系统。

例如，专为测试任务设计的 PXI 等硬件平台，已经成为当今测试、测量和自动化应用的标准平台，它的开放式构架、灵活性和 PC 技术的成本优势为测量和自动化行业带来了一场翻天覆地的改革。PXI 作为一种专为工业数据采集与自动化应用量身定制的模块化仪器平台，内建高端的定时和触发总线，再配以各类模块化的 I/O 硬件和相应的测试测量开发软件，可以建立完全自定义的测试测量解决方案。因此，无论是面对简单的数据采集应用，还是高端的混合信号同步采集，借助 PXI 等高性能的硬件平台都能应付自如。这就是虚拟仪器技术无可比拟的优势。

6.2.3 虚拟仪器的基本组成

一般地，虚拟仪器由硬件平台和软件两部分组成，如图 6.2 所示。

狭义的虚拟仪器概念主要是在测量与测试系统的范畴内，通过软件定义通用硬件的功能，从而实现不同的自定义功能。

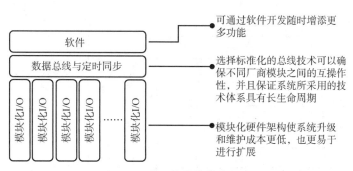

图 6.2　虚拟仪器的基本组成

广义的虚拟仪器概念可进一步扩展到自动控制等领域，只要是通过软件定义模块化硬件功能，从而满足自定义应用需求的系统，都可以看作虚拟仪器的应用。

1. 硬件平台

虚拟仪器硬件平台是由计算机和仪器硬件组成的，实现对信号的采集、测量/转换与控制，主要由以下两部分组成。

（1）计算机硬件平台：可以是笔记本电脑、PC 或工作站。

（2）测控功能硬件：可以是插入式数据采集板（含信号调理电路、A/D 转换器、数字 I/O、定时器、D/A 转换器等），或者是带标准总线接口的仪器（如 GPIB 仪器、VXI 仪器、RS-232 仪器等）及控制卡等。

2. 软件

虚拟仪器软件主要包括以下几个部分。

（1）虚拟仪器软件体系结构（Virtual Instrumentation Software Architecture，VISA）：实质是标准的 I/O 函数库及其相关规范的总称。一般称这个 I/O 函数库为 VISA 库。它是计算机与仪器之间的软件层连接，以实现对仪器的程控。

（2）仪器驱动程序：任何一种硬件功能模块，要与计算机进行通信，都需要在计算机中安装该硬件功能模块的驱动程序（就如同在计算机中安装声卡、显示卡和网卡一样）。仪器硬件驱动程序使用户不必了解详细的硬件控制原理和 GPIB、VXI、DAQ、RS-232 等通信协议就可以实现对特定仪器硬件的使用、控制与通信。

仪器驱动程序是完成对某一特定仪器控制与通信的软件程序集，是应用程序实现仪器控制的桥梁，一般由模块化仪器厂商提供。其针对某一特定仪器提供的一组 API 函数，可供应用开发者直接在应用开发软件环境中调用，起到"承上启下，连接软硬"的作用，进一步简化了仪器控制操作。模块化仪器厂商对模块化仪器所提供的驱动 API 也属于仪器驱动程序。

（3）应用软件：如 LabVIEW，其提供了交互式的图形化开发环境，采用图形化编程语言——G 语言，程序表现为框图的形式。应用软件还包括通用数字处理软件，如频域分析的功率谱估计、快速傅里叶变换（Fast Fourier Transform，FFT）、快速傅里叶逆变换（Inverse Fast Fourier Transform，IFFT）和细化分析等；时域分析的相关分析、卷积运算、反卷积运算、均方根估计、差分/积分运算和排序、数字滤波等。图 6.3 所示为虚拟仪器软件的类型。

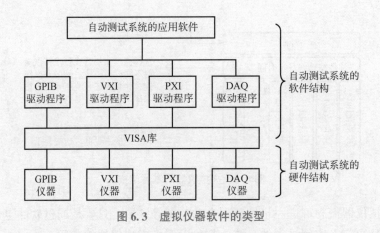

图 6.3 虚拟仪器软件的类型

6.3 虚拟仪器的主要功能

测量仪器的内部功能可划分为输入信号的测量、转换、数据分析处理及测量结果的显示4 个部分。虚拟仪器也不例外，但是实现上述功能的方式不同。

6.3.1 数据采集

1. 数据采集的定义

虚拟仪器可以实时采集来自传感器、设备或其他数据源的数据。这些数据可以是模拟信号（如温度、压力、电压等）或数字信号（如开关状态、计数器值等）。虚拟仪器通过硬件接口（如数据采集卡）将模拟信号转换为数字信号，再经信号调理、采样、量化编码、传输等步骤传输到计算机或嵌入式处理器中，进行数据处理记录或控制虚拟仪器。

测试系统必须要有数据采集（Data Acquisition，DAQ）功能，数据采集是虚拟仪器设计的核心，使用虚拟仪器必须要掌握如何进行数据采集。

狭义的数据采集主要是模拟输入，其目的是测量某种电信号或物理信号，如电压、电流、温度、压力、加速度、声强等。广义的数据采集除模拟输入外，还包括模拟输出、数字I/O 等。例如，目前市面上的多功能数据采集设备通常包括模拟输入、模拟输出、数字I/O、计数器/定时器等功能，如 NI 的 M 系列多功能数据采集卡等。现在一些传感器/变送器已经集成了模数转换功能，可以直接通过数字接口读取数据，从而不需要模拟输入采集。

数据采集的应用十分广泛，几乎涵盖所有工程专业和科学研究方向，如电子、电气、机械、车辆工程、海洋工程、环境、化工、生物医学、土木工程、能源电力、高能物理等。

数据采集系统的基本构成如图 6.4 所示。

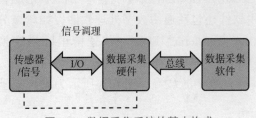

图 6.4 数据采集系统的基本构成

2. 数据采集硬件的类型

虚拟仪器数据采集涉及不同类型的硬件设备和软件架构。以下是常见的虚拟仪器数据采集硬件的类型。

（1）数据采集卡：一种专用硬件设备，用于将模拟信号转换成数字信号，并传输给计算机进行处理。它可以采集来自传感器、仪器或其他设备的模拟信号，并将其实时转换为数字数据供虚拟仪器软件使用。

（2）控制卡：一种硬件设备，用于与外部执行器或设备进行通信和控制。它可以接收虚拟仪器软件发送的控制指令，并将信号转换为外设可以理解的形式，实现对外部系统的控制和调节。

（3）模拟 I/O 模块：一种集成了模拟输入和输出功能的硬件模块。它可以用于模拟信号的输入和输出，支持多通道采集和输出。

（4）数字 I/O 模块：用于数字信号的输入和输出，如开关状态、计数器值等。

（5）FPGA：一种可编程逻辑器件，可以实现定制化的数据采集和处理功能。它在虚拟仪器中常用于高速数据处理和实时控制。

数据采集硬件将计算机转变为一个自动化测量系统。LabVIEW 支持各种接口和协议，如 USB、GPIB、串口、以太网等，以便连接不同类型的设备并实现数据采集。典型的数据采集硬件的类型如图 6.5 所示。

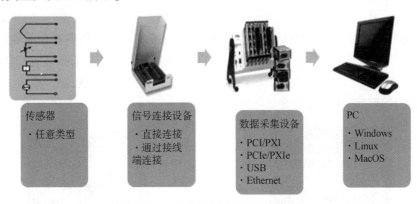

图 6.5　典型的数据采集硬件的类型

3. 数据采集的软件架构

（1）虚拟仪器开发环境（LabVIEW）：LabVIEW 提供了一个图形化编程环境，使用户可以使用 G 语言来开发数据采集和控制应用程序。用户可以使用 LabVIEW 的图形化编程工具，如拖曳和连接图标，来创建数据采集和控制模块，以及用户界面。数据采集的软件架构如图 6.6 所示。

（2）数据采集模块（NI-DAQmx VI）：LabVIEW 中的数据采集模块是用于控制数据采集卡并获取传感器数据的部分。数据采集模块可以配置数据采样频率、数据传输方式、触发条件等，以确保从数据采集卡中获取正确的数据。

（3）仪器驱动程序［NI-DAQmx 驱动软件（*.DLL）］：数据采集卡通常需要相应的驱动程序来与 LabVIEW 进行通信。这些驱动程序由数据采集卡厂商提供，并集成到 LabVIEW 的软件平台中。这些驱动程序允许 LabVIEW 与数据采集卡进行连接，使 LabVIEW 能够与数据采集卡进行交互和控制，并访问其硬件功能。

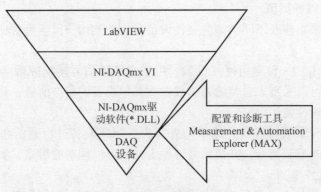

图 6.6　数据采集的软件架构

（4）数据处理和分析（LabVIEW）：LabVIEW 提供了丰富的数据处理和分析工具，可以对采集到的数据进行各种操作，如滤波、去噪、数据转换、统计分析等。

（5）用户界面（LabVIEW）：LabVIEW 的图形化编程环境使用户能够轻松创建自定义的用户界面，用于监视和控制数据采集和控制过程。

6.3.2　信号调理

为了正确（或更精确地）测量某些传感器的输出或信号，有时需要信号调理。不同的传感器需要不同的信号调理。信号调理不是每时每刻都必需的，其依赖传感器或信号形式。图 6.7 所示为调理前、后信号的对比。调理后的信号满足了信号采集卡对输入的要求。信号调理一般用于传感器本体和数据采集硬件之间。

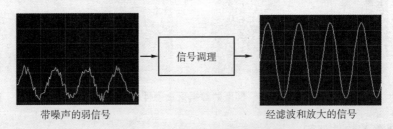

带噪声的弱信号　　　　　　　　　经滤波和放大的信号

图 6.7　调理前、后信号的对比

以下介绍常用信号调理设备，以及电压信号典型调理方案。

1. 信号调理设备

外置式信号调理设备如 NI SCX，需要再连接数据采集设备。

与数据采集设备相结合：如 NI CompactDAQ 平台及基于 PXI Express 的 SC Express 等模块中已经集成了数据采集（模数转换）功能。在软件方面，使用同样的 NI-DAQmx 驱动并正确配置系统和参数之后，用户编程时只需关心数据采集部分。

2. 电压信号测量的信号调理

电压信号测量的信号调理包括以下几个步骤。

（1）放大：针对小信号，为了尽可能用满数据采集卡 ADC 的位数，需要提高信号的信噪比（Signal-to-Noise Ratio，SNR）。

（2）衰减：针对大信号，为了使测量信号范围在模拟输入通道范围之内。

（3）隔离：通过电磁、光耦合等方式使测量信号源与测量仪器没有直接电路相连，可以抑制共模信号，解决接地回路问题并保护仪器。

（4）滤波：减少噪声、滤除干扰频率。这里指的是前端硬件滤波，不同于后端数字滤波或软件滤波。

在 LabVIEW 中的电压信号调理设置与普通的数据采集程序基本无异，只需配置并选择相应的信号调理设备通道，并正确设置电压范围，还可以根据测试需求设置合适的增益。

6.3.3　仪器控制与执行

虚拟仪器可以实现对外设或执行器的控制。通过硬件接口，虚拟仪器可以发送控制指令到外设，实现实时的控制和调节。这使虚拟仪器在自动化控制系统中得到广泛应用。基于 PC 技术的控制器通过仪器总线连接分立仪器，对分立仪器参数进行配置和控制，并获取分立仪器的测量数据。一般地，基于 PC 技术的控制器有个人计算机、服务器、PXI 控制器等。

仪器控制的软件层次：通过 PCI／PXI／VXI 等总线对模块化仪器进行控制和数据操作也属于仪器控制，而且软件层次也是类似的，通过高层次的 API 调用底层驱动，可以控制基于 GPIB、串口、USB、VXI 及其他总线的仪器。针对不同的仪器选择所调用的底层驱动（如串口驱动或 GPIB 驱动），使上层用户不必关心底层的仪器控制和通信技术，简化了仪器控制。图 6.8 所示为仪器控制的软件层次。

图 6.8　仪器控制的软件层次

6.3.4　其他功能

1. 数据分析处理

虚拟仪器充分利用了计算机的存储、运算功能，并通过软件实现对输入信号数据的分析处理。虚拟仪器可以对采集到的数据进行各种处理和分析操作，包括滤波、数据平均、傅里叶变换、特征提取、数据拟合等。数据处理和分析可以帮助用户从原始数据中提取有用信息，得出结论和做出决策。虚拟仪器比传统仪器及以微处理器为核心的智能仪器有更强大的数据分析处理功能。

2. 测量结果的表达

虚拟仪器充分利用计算机资源，如内存、显示器等，对测量结果进行表达与输出，表达与输出测量结果有多种方式。虚拟仪器可以将采集到的数据通过图表、图形、数值等形式进行可视化展示。数据的可视化有助于用户直观地观察和分析数据，并更好地理解测试或控制结果。这也是传统仪器远不能及的。

3. 实时监控

虚拟仪器可以实时监控和记录系统状态和数据变化。用户可以随时查看和分析实验或控制过程中的数据和结果。

4. 自动化测试与控制

虚拟仪器可以实现自动化测试和控制。用户可以预先设定测试或控制的参数和条件，然后启动虚拟仪器进行自动执行，提高测试和控制的效率和准确性。

5. 故障模拟与分析

虚拟仪器可以模拟各种故障和异常情况，帮助用户进行系统故障分析和处理。

6. 教学应用

虚拟仪器在教学实验中得到广泛应用，帮助学生更好地理解和掌握实验原理和操作技巧。

总的来说，虚拟仪器的主要功能包括数据采集、信号调理、仪器控制与执行、数据分析处理、测量结果的表达、实时监控、自动化测试与控制、故障模拟与分析，以及教学应用等。这些功能使虚拟仪器成为一种灵活、高效和多功能的测试和测量工具，在科学研究、工程开发、教学实验等领域得到广泛应用。图 6.9 所示为测控系统中虚拟仪器的一种典型结构，包含了虚拟仪器中的数据采集与控制、数据分析处理、结果表达等基本功能。

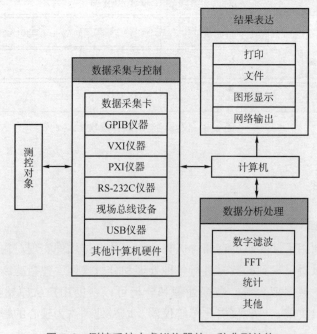

图 6.9　测控系统中虚拟仪器的一种典型结构

6.4　LabVIEW 开发环境简介

　　虚拟仪器实际上是一个按照仪器需求组织的数据采集系统。LabVIEW 使用图形化编程语言，被视为一个标准的数据采集和仪器控制软件，是一个功能强大、灵活的仪器和分析软件应用开发工具。它的出现标志着虚拟仪器软件设计平台的基本成型，虚拟仪器从概念构思变为工程师可实现的具体对象。

　　虚拟仪器（VI）是 LabVIEW 首先提出的创新概念。事实上，LabVIEW 编写的程序都冠以 .vi 后缀，表示虚拟仪器的含义。最初，LabVIEW 提出的虚拟仪器概念是一种程序设计思想。这种思想可以简单表述为：一个 VI 可以由前面板、数据流框图和图标连接端口组成，前面板相当于真实物理仪器的操作面板，数据流框图则相当于仪器的电路结构。前面板和数据流框图有各自的设计窗口，图标连接端口则负责前面板窗口和数据流框图窗口之间的数据传输与交换。

　　随着现代测试与仪器技术的发展，虚拟仪器的概念已经发展为一种创新的仪器设计思想，成为设计复杂测试系统和测试仪器的主要方法和手段。虚拟仪器是 LabVIEW 的精髓，也是 G 语言区别于其他高级语言最显著的特征。可以说，正是由于 LabVIEW 的成功，才使虚拟仪器的概念为学术界和工程界广泛接受；反之，也正是由于虚拟仪器概念的延伸与扩展，才使 LabVIEW 的应用更加广泛。

　　LabVIEW 提供图形化编程环境、操作面板、工具和函数库、数据采集和控制模块、虚拟仪器子 VI 等。这些共同构建了 LabVIEW 功能强大、灵活易用的特点，使其成为数据采集、控制和测试等领域的首选开发平台。

6.4.1　图形化编程环境介绍

　　LabVIEW 本身是一个功能完整的软件开发环境，使用 G 语言采用基于流程图的图形化编程方式。与其他编程语言相同，G 语言既定义了数据类型、结构类型、语法规则等编程语言基本要素，也提供了包括断点设置、单步调试和数据探针在内的程序调试工具，在功能完整性和应用灵活性上不逊于任何高级语言。

　　对测试技术而言，LabVIEW 是一个功能强大且灵活的软件。LabVIEW 提供了一个图形化编程环境，利用它可以方便地建立自己的虚拟仪器，其图形化的界面使编程及使用过程都生动有趣，用户能够轻松地创建自定义数据采集和控制应用程序。NI 也生产基于计算机技术的软硬件产品，其产品帮助工程师和科学家进行测量、过程控制及数据分析和存储。

　　LabVIEW 最大的优势表现在两个方面。一方面是编程简单，易于理解，针对数据采集、仪器控制、信号分析和数据处理等任务，设计并提供了丰富完善的功能图标，用户只需直接调用，无须自己编写程序。尤其是对熟悉仪器结构和硬件电路的工程技术人员而言，使用 LabVIEW 就像设计电路一样，上手快，效率高。另一方面，LabVIEW 集成了与 GPIB、VXI、RS-232 和 RS-485 协议的硬件及数据采集卡通信的全部功能。它还内置了便于应用 TCP/IP、ActiveX 等软件标准的库函数。LabVIEW 作为开放的工业标准，提供了各种接口总线和常用仪器的驱动程序，是一个通用的软件开发平台。

用户使用 LabVIEW 可以连接各种传感器和设备，并通过各种接口（如 USB、GPIB、串口等）进行数据采集和控制。用户可以使用 LabVIEW 的图形化编程语言，来编写数据采集和控制程序。LabVIEW 还提供了丰富的工具和函数库，使用户能够更轻松地完成数据处理、分析和可视化。

LabVIEW 适用于各种领域，包括工业自动化、科学研究、教育等。它在数据采集和控制方面具有很大的优势。因为它不仅能够实现高效的数据采集和控制，而且可以轻松地与其他系统集成，使整个系统更加灵活和高效。

6.4.2 操作面板

在 LabVIEW 中，操作面板是虚拟仪器的用户界面部分，用于与用户进行交互和展示程序的状态。操作面板提供了一个可视化的用户界面，用户通过操作面板可以直观地输入数据、启动程序，并实时监视程序的输出结果。LabVIEW 的图形化编程特性使操作面板的设计和配置非常灵活，适用于各种实验、测试和控制应用。

LabVIEW 的操作面板主要包括以下几个部分。

（1）控件：操作面板上用于接收用户输入的元件，可以是按钮、滑动条、开关、数值输入框、下拉菜单等。用户可以通过这些控件来输入数据、设置参数、启动程序等。

（2）指示器：操作面板上用于显示程序输出结果的元件，可以是图表、数值显示、LED 指示灯等。指示器用于实时监视程序的输出，显示处理后的数据或状态信息。

（3）布局和设计区域：这部分区域用于将控件和指示器按照需要进行布局和设计。LabVIEW 提供了灵活的布局工具，用户可以将控件和指示器自由排列组合，使界面更加直观和易用。

（4）连接线和通道：用于将操作面板上的控件和指示器与背面板上的数据处理模块、子 VI 等连接起来。通过连接线和通道，实现数据的传递和交互。

（5）标题和注释：操作面板可以添加标题和注释，用于说明虚拟仪器的功能和用途，帮助用户理解和使用程序。

（6）菜单和工具栏：操作面板上通常包含菜单和工具栏，用于控制虚拟仪器的运行和配置。菜单和工具栏提供了一些常用的功能，如保存、运行、停止、调试等。

（7）用户自定义元件：LabVIEW 还支持用户自定义控件和指示器，用户可以根据需要添加自己的图形元素和交互界面，实现个性化的操作面板设计。

图 6.10 所示为 LabVIEW 启动的初始化界面。选择"文件"→"新建 VI"命令，创建新的 LabVIEW 程序。根据创建程序的不同类别，单击其右边的下拉按钮就可以进行类别的设定。

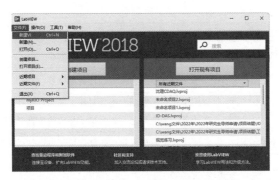

图 6.10　LabVIEW 启动的初始化界面

LabVIEW 程序的创建主要依靠 3 个模板：控件模板、函数模板、工具模板。

控件模板包含各种控制件和显示件，用来创建程序的前面板。函数模板包含编辑程序代码所涉及的 VI 程序和函数，这些 VI 程序和函数根据类型的不同被分组放在不同的子模板内。一般在启动 LabVIEW 后，这两个模板会自动显示出来。控件模板只对前面板编辑有效，即只在前面板窗口被激活时才显示。函数模板只对代码编辑有效，即只在代码窗口被激活时才显示。另外一个重要的编程工具是工具模板。该模板上的工具可以对前面板和代码窗口中的对象进行编辑。选择不同的工具，光标变成不同的操作方式，可以修改、操作前面板对象和图标代码。

控件模板、函数模板、工具模板如图 6.11 所示。

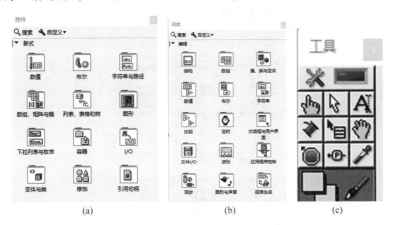

图 6.11　LabVIEW 的启动界面

（a）控件模板；（b）函数模板；（c）工具模板

工具模板中各工具的功能如表 6.1 所示，当从工具模板中选择了任意一种工具后，鼠标箭头就会变成该工具相应的形状。

表 6.1　工具模板中各工具的功能

图标	名称	功能
	自动选择工具	选择自动选择工具后，当鼠标指针在面板或程序对象图标上移动时，系统自动从工具模板上选择相应工具，方便用户操作
	操作工具	用于操作前面板的控制和显示

续表

图标	名称	功能
	定位调整大小/选择工具	用于选择、移动或改变对象的大小
	编辑文本工具	用于输入标签文本或创建自由标签
	连线工具	用于在程序框图上连接对象。如果联机帮助的窗口被打开，把该工具放在任意一条连线上，就会显示相应的数据类型
	对象快捷菜单工具	使用该工具单击窗口任意位置均可以弹出对象的快捷菜单
	滚动窗口工具	使用该工具可以不需要使用滚动条就能在窗口中漫游
	设置/清除断点工具	在调试程序的过程中设置、清除断点
	探针工具	可以在程序框图内的数据流线上设置探针，通过探针窗口来观察该数据流线上的数据变化
	获取颜色工具	从当前窗口中提取颜色
	设置颜色工具	用来给对象定义颜色。它也显示出对象的前景色和背景色

控件模板包括创建前面板所需的输入控件和显示控件，其中包括新式、银色、系统、经典 4 种选项，如图 6.12 所示。

图 6.12　控件模板中的选项

函数模板中包含创建程序框图所需的 VI 和函数，如图 6.13 所示。

操作面板的特点和功能如下。

控件和指示器：操作面板上可以添加各种控件和指示器，如按钮、滑动条、开关、数值输入框、图表、数值显示等。控件用于接收用户输入，指示器用于显示程序的输出结果。

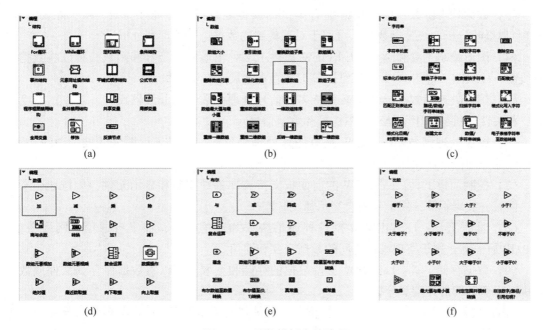

图 6.13 函数模板中的选项

（a）结构；（b）数组；（c）字符串；（d）数值；（e）布尔；（f）比较

用户交互：用户可以通过操作面板上的控件来输入数据、设置参数、启动程序等。Lab-VIEW 程序会根据用户的输入进行相应的处理和操作。

实时监视：操作面板上的指示器可以实时显示程序的输出结果，用户可以通过图表、图形等方式直观地监视数据的变化。

布局和设计：用户可以自由设计操作面板的布局，将控件和指示器按照需要排列组合，使界面更加清晰和易用。

数据交互：操作面板可以与背面板进行数据交互，将用户输入传输给背面板的程序进行处理，将程序处理结果反馈给操作面板的指示器显示出来。

用户自定义：用户可以根据实际需求自定义操作面板，添加自定义控件或指示器，实现个性化的用户界面。

参数设置：操作面板上的控件可以用于设置程序的参数，使程序可以根据不同的参数进行不同的操作。

6.4.3 工具和函数库

LabVIEW 拥有丰富的工具和函数库，用于实现数据采集、控制、数据处理、信号分析、图像处理等各种应用。以下是 LabVIEW 中常用的一些工具和函数库。

（1）数据采集工具：LabVIEW 提供了数据采集模块，可以与各种传感器、仪器设备和数据采集卡等进行连接，实现数据的实时采集和读取。

（2）控制工具：LabVIEW 支持控制各种外设，如执行器、电动机、阀门等，实现自动化控制和调节。

（3）数据处理函数：LabVIEW 拥有丰富的数据处理函数，如加、减、乘、除、滤波、FFT、傅里叶分析、统计函数等，可用于对采集到的数据进行处理和分析。

（4）图形绘制工具和函数：LabVIEW 提供了多种图形绘制工具和函数，可以将数据以曲线图、柱状图、饼图、二维/三维图等形式直观地展示在前面板上。

（5）信号处理函数：LabVIEW 支持多种信号处理函数，如滤波器设计、功率谱密度计算、相关性分析等，用于处理模拟信号和数字信号。

（6）图像处理函数：LabVIEW 拥有图像处理函数库，可以进行图像滤波、边缘检测、图像匹配等图像处理操作。

（7）控制面板工具：LabVIEW 的前面板支持添加各种控制和显示元件，如按钮、滑动条、图表、数码管等，用于与用户交互和实时监控。

（8）通信工具：LabVIEW 支持各种通信协议和通信接口，如串口通信、网络通信、TCP/IP 通信等，用于实现设备之间的数据交互和通信。

（9）数据存储工具：LabVIEW 支持数据的存储和读取，可以将数据保存到文件或数据库中，方便后续的处理和分析。

（10）仪器驱动程序：LabVIEW 提供了丰富的仪器驱动程序，可以与各种仪器和设备进行通信和控制。

LabVIEW 的工具和函数库非常丰富，涵盖了数据采集、控制、数据处理、信号处理、图像处理等各个方面，使 LabVIEW 成为一个功能强大的图形化编程环境和开发平台，适用于多种科学、工程和实验应用。

6.4.4 数据采集和控制模块

1. 数据采集和控制模块简介

LabVIEW 提供了丰富的数据采集和控制模块，用于实现与各种传感器、仪器设备和数据采集卡等硬件设备的通信和控制。这些模块可以通过 LabVIEW 的图形化编程语言 G 语言进行配置和连接，使用户能够轻松地实现数据采集和控制功能。以下是 LabVIEW 中常用的数据采集和控制模块。

（1）数据读取模块：用于从外设读取数据。根据硬件设备的类型，数据读取模块可以支持模拟输入（如电压、电流）、数字输入（如开关量）、频率计数等。

（2）数据写入模块：用于向外设发送控制信号或设置参数。数据写入模块支持模拟输出（如控制电压输出）、数字输出（如控制继电器）、脉冲输出等。

（3）时钟和触发模块：用于设置采样时钟和触发条件。时钟模块可以设置采样频率和采样时间，而触发模块可以根据设定的条件触发数据采集。

（4）数据缓冲模块：用于缓存采集到的数据，确保数据的实时性和准确性。

（5）通信模块：支持各种通信协议和通信接口，如串口通信、网络通信、TCP/IP 通信等，实现设备之间的数据交互和通信。

（6）数据采集模块：LabVIEW 中专门用于数据采集的模块，它可以与多种数据采集卡进行通信，并实现模拟输入、模拟输出、数字输入、数字输出等功能。

（7）控制模块：用于与外设进行实时控制和调节，支持 PID 控制等自动化控制算法。

（8）数据分析模块：支持数据处理和分析，包括滤波、FFT、傅里叶分析、统计函数等。

这些数据采集和控制模块使 LabVIEW 成为一个强大的数据采集、控制和测试平台，适用于多种实验、测试和控制应用。用户可以根据具体的硬件设备和应用需求，选择合适的模块，并通过图形化编程的方式将它们连接起来，快速构建复杂的数据采集和控制系统。

2. LabVIEW 的数据采集软件架构

LabVIEW 的数据采集软件架构是指在 LabVIEW 环境下，实现数据采集功能的软件设计和组织结构。LabVIEW 采用了模块化的设计理念，允许用户将数据采集的功能模块化，并通过图形化编程的方式将这些模块连接起来，形成一个完整的数据采集系统。

LabVIEW 的数据采集软件架构通常包括以下几个关键组件。

（1）主 VI：数据采集系统的核心，是整个数据采集软件的入口。主 VI 负责调用其他子 VI 或函数，协调数据采集的流程，以及与用户界面进行交互。在主 VI 中，用户可以设置采样频率、采集时长、触发条件等参数，以及选择数据的保存和显示方式。

（2）数据采集模块：执行实际数据采集的核心模块。在 LabVIEW 中，可以使用 NI-DAQmx 驱动或其他硬件制造商提供的驱动来实现数据采集。数据采集模块负责从硬件设备读取数据，并将采集到的数据传输给其他模块进行处理。

（3）数据处理模块：用于对采集到的数据进行处理和分析。根据实际需求，可以在数据处理模块中进行滤波、噪声抑制、特征提取、数据转换等操作，以得到更有用的信息。

（4）数据存储模块：用于将处理后的数据保存到文件或数据库中，以便后续的查看和分析。LabVIEW 提供了多种文件格式和数据库连接方式，用户可以根据需要选择合适的数据存储方式。

（5）用户界面模块：用于实现与用户的交互，显示采集的数据和处理结果，并提供参数设置、启动和停止采集等功能。用户界面模块通常位于主 VI 的前面板，用户可以通过操作界面与数据采集系统进行交互。

需要注意的是，在 LabVIEW 中实现数据采集功能，数据采集卡通常需要相应的驱动程序来与 LabVIEW 进行通信。这些驱动程序由数据采集卡厂商提供，并集成到 LabVIEW 的软件平台中。这些驱动程序允许 LabVIEW 与数据采集卡进行连接，并访问其硬件功能。

在 LabVIEW 中一般会使用 NI-DAQmx 驱动。NI-DAQmx 是 LabVIEW 中常用的数据采集卡软件架构，支持多种数据采集卡和 I/O 设备。NI-DAQmx 提供了一系列的 API 和函数，其提供的强大的数据采集和控制驱动程序使 LabVIEW 可以通过简单的图形化编程来配置和控制数据采集卡。它可以与 NI 的数据采集硬件设备（如数据采集卡、模拟 I/O 模块等）进行通信，实现高性能的数据采集和控制功能。

工程技术人员也可以使用 LabVIEW 中的一个工具（即 DAQ Assistant），快速配置数据采集任务。

综上所述，通过合理的软件架构设计，LabVIEW 的数据采集系统可以实现高效、稳定和灵活的数据采集功能。用户可以根据实际应用需求，选择合适的数据采集模块、数据处理模块和用户界面模块，并将它们组合在一起形成一个完整的数据采集系统。这种模块化的设计和图形化编程的特点，使 LabVIEW 成为数据采集领域的强大工具。

6.4.5 虚拟仪器——子 VI

LabVIEW 中的每个 VI 都被称为虚拟仪器,因为它们类似于传统的硬件仪器,但是通过软件来实现功能。虚拟仪器可以用于数据采集、控制、数据处理、信号分析等各种应用。

虚拟仪器是 LabVIEW 的基本编程单元,每个 LabVIEW 虚拟仪器都有一个前面板和一个背面板。

前面板是虚拟仪器的用户界面,用于创建用户界面并与用户交互。用户可以在前面板上添加控件和指示器,用于输入参数、显示结果及监视和控制虚拟仪器的运行。

背面板是虚拟仪器的执行部分,包含了数据处理和程序逻辑。在背面板上,用户可以添加数据处理等功能模块,包含了与前面板控件的连接和与外设通信的代码,以及子 VI 等,用于实现虚拟仪器的功能。

子 VI 由以下 3 个部分构成。

(1)前面板:即用户界面。

(2)程序框图:包含用于定义 VI 功能的图形化源代码。

(3)图标和连线板:用以识别 VI 的接口,以便在创建 VI 时调用另一个 VI。当一个 VI 应用在其他 VI 中,该 VI 就被称为子 VI。子 VI 相当于文本编程语言中的子程序。

前面板是 VI 的用户界面。创建 VI 时,通常应先设计前面板,然后设计程序框图,执行在前面板上创建的输入、输出任务。前面板示例如图 6.14 所示,需要注意的是,输入控件只能做输入,显示控件只能做输出。

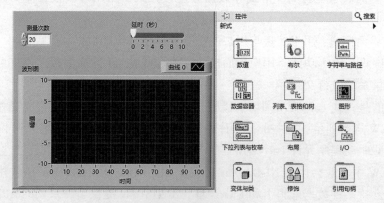

图 6.14 前面板示例

程序框图由接线端、节点、连线和结构等构成,如图 6.15 所示。

(1)接线端:用来表示输入控件和显示控件的数据类型。

(2)节点:程序框图上的对象,具有输入、输出端口,在 VI 运行时进行运算。

(3)连线:程序框图中对象的数据传输通过连线实现。每根连线都只有一个数据源,但可以与多个读取该数据的 VI 和函数连接。

(4)结构:文本编程语言中的循环和条件语句的图形化表示。

子 VI 作为一种特殊的虚拟仪器,其前面板和背面板结构和普通的 VI 相同。子 VI 的前面板可以包含输入控件,用于接收来自主 VI 的输入数据;背面板可以包含数据处理模块,

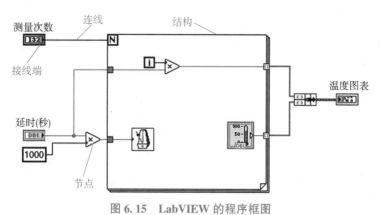

图 6.15　LabVIEW 的程序框图

对输入数据进行处理，并将结果传输给主 VI。因此，子 VI 可以看作封装了特定功能的独立小型虚拟仪器。

使用子 VI 可以实现模块化的程序设计，提高代码的可读性和维护性。通过将复杂的功能模块封装成子 VI，可以在主 VI 中简化代码，提高程序的可扩展性和重用性。这样，Lab-VIEW 中的子 VI 实际上也是一种具有特定功能的虚拟仪器，可以在主 VI 中调用并与其他虚拟仪器共同构建复杂的 LabVIEW 程序。

6.5　基于 LabVIEW 的常用信号分析与处理

LabVIEW 本身是一个强大的工程开发平台，提供了丰富的信号分析与处理功能，可以通过编写 LabVIEW 程序来实现各种信号处理算法。此外，LabVIEW 还支持许多第三方信号处理工具包和模块，可以进一步扩展信号分析与处理的功能。

在实际的信号处理应用中，使用 LabVIEW 有诸多好处：与硬件无缝连接，易于获取真实数据，随后直接进行信号处理；针对在线信号处理的函数接口设计，交互式地直接调试，可以根据实际测量数据实时尝试不同的信号处理算法效果，决定最终的算法，开发效率高。

6.5.1　LabVIEW 中常用的信号分析与处理软件

1. LabVIEW 信号处理工具包

这是 NI 官方提供的信号处理工具包，LabVIEW 内置超过 1 000 种现成的信号处理函数，其中包含了许多常用的信号处理函数和算法，如概率统计、微积分、曲线拟合插值、最优化等数学函数，以及频谱分析、小波分析、时频分析、滤波器设计、特征提取、多通道分析、调制/解调等算法。用户可以直接在 LabVIEW 中使用这些工具进行信号处理，也可以编写自定义的信号处理算法。图 6.16~图 6.19 所示为 LabVIEW 中的信号分析与处理的常用函数。

图 6.16　数学选板

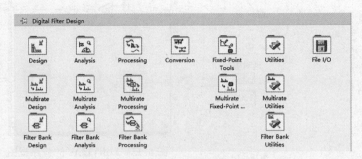

图 6.17　数字滤波器设计选板

图 6.18　频谱测量选板

图 6.19　高级信号处理（时频分析、小波分析等）选板

2. 声音和振动测量套件

图 6.20 所示是用于声音和振动信号分析的工具包，其适用于声音、振动和声学测试应用。它包含了一系列专业的信号处理函数和工具，用于分析和处理声音和振动信号。

3. 视觉开发模块

尽管视觉开发模块主要用于图像处理和计算机视觉应用，但其中的一些图像处理算法也可用于信号处理。例如，可以将信号转换成图像形式，然后使用图像处理算法进行分析。

4. MATLAB 集成

LabVIEW 可以与 MATLAB 进行集成，使用 MATLAB 的信号处理工具箱来进行更复杂的信号分析和处理。通过 MATLAB 脚本节点，可以在 LabVIEW 中调用 MATLAB 函数和算法。

5. 第三方信号处理工具包

除 NI 提供的以上工具包外，LabVIEW 社区中还有许多第三方开发的信号处理工具包和模块，可以通过 LabVIEW 插件管理器或 LabVIEW Tools Network 进行安装和使用。

> **注意：**
> （1）在 LabVIEW 中进行信号分析与处理时，用户可以根据实际需求选择合适的工具包和模块，或者自行编写信号处理算法。如图 6.21 所示，LabVIEW 的图形化编程特性使信号处理程序的开发过程更加直观和高效，从而使 LabVIEW 成为一个强大的信号处理平台。
> （2）利用信号处理函数并结合多种目标硬件完成信号处理工作。图 6.22 所示为常用硬件。

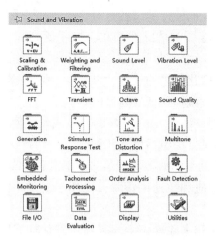

图 6.20 声音与振动选板

图 6.21 信号处理函数选板

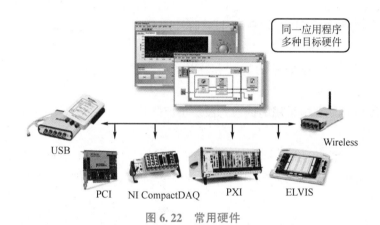

图 6.22 常用硬件

6.5.2 信号滤波

信号滤波是一种常用的信号处理技术，其目的是去除信号中的噪声、干扰或不需要的频率成分，从而提取出感兴趣的信号信息。一般数据采集卡采集到的信号中含有较多的噪声影响，所以为了后续计算的平稳性与准确性，还需要对采集到的信号使用硬件或软件进行处理。通常对信号进行滤波和放大。

信号滤波在信号分析和处理中具有重要作用，可以改善信号质量，减少干扰，使信号更适合后续的分析和应用。信号滤波可以应用于各种领域，包括通信、音频处理、图像处理、生物信号处理、振动分析等。

在 LabVIEW 中，可以使用内置的信号处理函数和工具包实现信号滤波。NI-DAQmx 驱动也支持硬件滤波功能，可以在数据采集时直接应用滤波器。用户可以根据实际需求，选择合适的滤波器类型和参数，对信号进行滤波处理，从而获得更干净和可靠的信号信息。

1. 信号滤波的常用方法

常见的硬件滤波主要是通过模拟电路直接对模拟信号进行处理，硬件滤波的主要特点是不需要占用处理器资源，在数字化采样之前发生。而软件滤波就是对已经经过了采样和数字化的信号，通过软件进行处理。软件滤波的主要特点是配置简单，几乎无成本，无老化效应。

数字滤波器即以数值计算的方法来实现对离散化信号的处理，以减少干扰信号在有用信号中所占的比例，从而改变信号的质量，达到滤波或加工信号的目的。

在 LabVIEW 中有大量的函数用于信号的处理，而且 LabVIEW 的交互式环境便于完成需要反复试验的预处理任务。以信号滤波为例，常见方法包括以下几种。

（1）移动平均滤波：通过计算一段连续数据的平均值，实现信号的平滑和去噪。

（2）巴特沃斯滤波：具有平坦的通带频率响应和快速的滚降，适用于去除不需要的频率成分。

（3）卡尔曼滤波：适用于估计系统状态变量和去除噪声，尤其在状态估计问题中应用广泛。

（4）数字陷波滤波：用于去除特定频率的干扰，如 50 Hz 电源线干扰。

（5）小波变换滤波：可以在时频域上对信号进行分析和处理，提供一种多尺度的滤波方法。

（6）自适应滤波：根据信号的特性和环境动态调整滤波参数，适用于非线性和时变系统。

2. 工程实际信号处理中常用的低通滤波及小波降噪

（1）低通滤波。

低通滤波是一种常用的信号滤波技术，用于去除信号中高于一定频率的成分，只保留低于该频率的信号成分。低通滤波的目的是使低频信号通过，同时削弱或消除高频信号，从而实现信号的平滑和去噪。

低通滤波器的工作原理是基于频域的处理。信号可以通过傅里叶变换转换到频域，变成频率的函数。低通滤波器在频域中设置一个截止频率，高于这个频率的成分被滤除，而低于这个截止频率的成分被保留。

① 常见的低通滤波器的类型。

理想低通滤波器：在截止频率之前完全通过信号，而在截止频率之后将所有频率的成分都削弱为零。理想低通滤波器的幅、相频特性如图 6.23 所示。这是一种理论上的滤波器，实际应用中很难实现，因为它会导致剧烈的频率过渡和振铃效应。

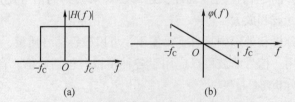

图 6.23 理想低通滤波器的幅、相频特性

（a）幅频特性；（b）相频特性

巴特沃斯低通滤波器：一种常用的低通滤波器，在通带中具有平坦的频率响应。巴特沃斯低通滤波器在截止频率处有较平滑的过渡，较少引起频率过渡和振铃效应。

移动平均滤波器：一种简单的低通滤波器，通过对信号中的数据进行平均来减少噪声和高频成分，通过计算信号中一段连续数据的平均值来减少噪声。移动平均滤波器适用于平稳信号，但可能会导致信号的延迟。

移动平均滤波器是一种特定的低通滤波器，可以去除信号中的高频噪声。需要注意的是，在使用移动平均滤波法时，低频幅度会有一定的衰减，衰减程度随平均长度的增加而增大。移动平均滤波器的滤波效果如图 6.24 所示。

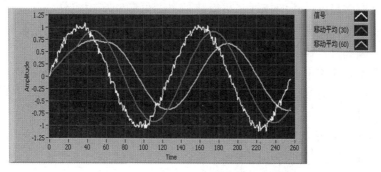

图 6.24　移动平均滤波器的滤波效果

指数平滑滤波器：一种递归滤波器，对当前信号值进行加权平均，使较新的数据具有较大的权重。

低通滤波法在信号处理中具有广泛应用，可以用于去除噪声、平滑信号、提取低频成分等。在 LabVIEW 中，用户可以使用内置的滤波函数和工具，也可以自定义实现低通滤波器，根据具体需求选择合适的滤波器类型和参数来实现信号的低通滤波。

② 利用 Express VI 设计器设计低通滤波器。

使用 Express VI 设计器设计低通滤波器，可灵活调整滤波器的频率响应，去除高频噪声的同时尽可能保持低频成分的幅度。Express VI 设计器如图 6.25 所示，它可以用来设置滤波器的类型（如低通、高通、带通、带阻平滑）和截止频率。也可以使用 LabVIEW 中的数字滤波器函数（如图 6.26 所示），来选择不同的滤波器样式。

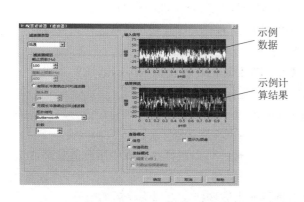

示例数据

示例计算结果

图 6.25　Express VI 设计器

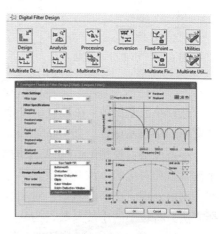

图 6.26　数字滤波器函数

一般地，数字滤波器分为无限冲激响应（Infinite Impulse Response，IIR）滤波器和有限冲激响应（Finite Impulse Response，FIR）数字滤波器。其特点是精度高、稳定性好、灵活性强、处理功能强。

（2）小波降噪。

小波降噪是一种常用的信号降噪方法，利用小波变换进行信号处理。小波降噪通过将信号从时域转换到小波域，利用小波系数的特性来识别和去除噪声成分，从而实现对信号的降噪处理。

小波变换具有多尺度分析的特性，可以将信号的低频和高频成分分开。在信号中，噪声通常具有较高的频率，而有用的信号通常具有较低的频率。经小波变换后，噪声通常被分布在小波系数的高频部分，而有用的信号则分布在低频部分。

小波降噪在实际应用中表现出较好的效果，可以有效去除信号中的噪声，保留信号的重要信息。选择合适的小波基函数和阈值是小波降噪的关键，需要根据具体信号的特性和降噪效果的要求来进行调整。

① 小波降噪的主要步骤。

小波变换：对原始信号进行小波变换，将信号从时域转换到小波域。小波变换是一种多尺度分析方法，可以提供信号在不同频率范围的分解。

图 6.27　小波分析函数

阈值处理：在小波域中，根据小波系数的特性，对小波系数进行阈值处理。阈值处理是小波降噪的核心步骤，其目的是将较小的小波系数设为 0，保留较大的小波系数。这是因为噪声通常表现为小幅度的高频振动，而真实信号的小波系数通常具有较大的幅度。

小波重构：经过阈值处理后，对处理后的小波系数进行逆小波变换，将信号从小波域恢复到时域。这样得到的信号是降噪后的信号。

② 小波降噪基于 LabVIEW 的实现。

在 LabVIEW 中，可以通过 Wavelet Analysis VI 和相关的函数实现小波降噪，如图 6.27 所示。LabVIEW 提供了一些用于小波分析和小波降噪的工具和函数，使实现小波降噪变得相对简单。以下是在 LabVIEW 中实现小波降噪的一般步骤。

数据采集和预处理：采集信号数据并对其进行预处理，确保信号数据可以用于小波分析和小波降噪。

选择小波基函数：在进行小波分析时，需要选择合适的小波基函数。LabVIEW 提供了一些常用的小波基函数，如 Daubechies、Haar、Symlet 等。

小波分解：使用 LabVIEW 中的 Wavelet Analysis VI 或函数，将信号进行小波分解，得到小波系数和对应的小波基函数。

阈值处理：在小波域中，对小波系数进行阈值处理。可以根据经验或使用自适应阈值选择方法，将较小的小波系数设为 0。

小波重构：将经过阈值处理后的小波系数进行逆小波变换，得到降噪后的信号。

结果显示和分析：将降噪后的信号进行显示和分析。可以将原始信号和降噪后的信号进行对比，评估降噪效果。

在 LabVIEW 中，可以通过 Wavelet Analysis Toolkit 来扩展小波分析和小波降噪的功能。该工具包提供了更多的小波基函数和降噪方法，帮助用户更加灵活和高效地实现小波降噪。

图 6.28 所示为小波降噪的效果。一般地，基于小波的降噪方法适合宽频、时变、多尺度信号的非线性复杂信号的降噪处理。

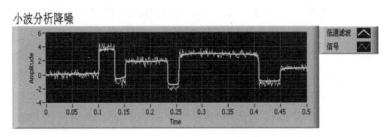

图 6.28　小波降噪的效果

不同滤波方法的对比如表 6.2 所示。

表 6.2　不同滤波方法的对比

对比项	低通滤波	小波降噪
去除成分	高频	有选择地去除高频
幅频响应类型	低通滤波	低通并保留高频幅度较大部分（非线性）
过渡带	可控（与滤波器的设计有关）	与小波类型有关
低频衰减	可控（与滤波器的设计有关）	与小波类型有关
优势	性能可控	非平稳信号的效果好

6.5.3　快速傅里叶变换（FFT）

傅里叶变换是信号处理与数据处理中的一个重要分析工具。其意义在于将信号从时域转换到频域，通过频域分析将复杂的信号分解为各个单一的频率成分，以便进行频谱分析和频域处理。FFT 在许多领域中都有广泛的应用，如信号分析、频谱分析、滤波、图像处理等。它可以帮助我们了解信号的频率成分、频谱特性和周期性等重要信息。

在 LabVIEW 中，FFT 是一种强大的信号处理工具，用于将信号从时域转换到频域。LabVIEW 提供了内置的 FFT 函数和工具，使 FFT 的实现变得非常简单和高效。

1. LabVIEW 中的 FFT

（1）FFT 函数：可以通过将信号数组输入 FFT 函数，将信号从时域转换到频域。FFT 函数可以实现不同长度的 FFT，如 256 点 FFT、512 点 FFT、1 024 点FFT 等。用户可以根据实际需要选择合适的 FFT 长度。

（2）信号预处理：在应用 FFT 函数之前，通常需要对信号进行预处理，如去除直流成分、去除高频噪声等。LabVIEW 中提供了丰富的信号预处理工具和函数，如均值滤波器、高通滤波器、低通滤波器等，可根据实际情况选择合适的预处理方法。

（3）FFT 输出：FFT 函数输出的结果是频域中的复数数组，其中包含信号在不同频率上的振幅和相位信息。通常，用户关心信号的振幅谱，可以通过将 FFT 函数输出的复数数组进行幅值运算得到。

（4）频谱显示：LabVIEW 中提供了图表和图形化的工具，可以方便地将 FFT 函数输出的频谱数据进行可视化显示，以便用户直观地观察信号的频谱特性。

（5）频谱分析：基于 FFT 的频谱分析是 FFT 的主要应用之一。用户可以通过 FFT 将时域信号转换为频域信号，然后进行频谱分析，以获取信号的频率成分和频率特性。

（6）实时 FFT：LabVIEW 支持实时 FFT，可以在数据采集过程中实时对信号进行 FFT 分析，并将频谱数据实时显示。

（7）反向 FFT：LabVIEW 中还提供了反向 FFT 函数，用于将频域信号恢复为时域信号。这对于频域滤波和信号合成等很有用。

图 6.29　FFT 函数

2. FFT 时需要注意的问题

LabVIEW 中的 FFT 函数如图 6.29 所示，使用该函数时，有以下一些问题需要注意，以确保正确的信号处理和频谱分析结果。

（1）采样频率和 FFT 长度：确保选择适当的采样频率和 FFT 长度。采样频率需要满足奈奎斯特采样定理，以避免出现混叠现象。FFT 长度应该足够长，以提高频谱分辨率，但同时要注意在性能和计算资源之间做出权衡。

（2）信号预处理：在进行 FFT 之前，通常需要对信号进行预处理，如去除直流成分、降噪处理等。确保预处理步骤合理，以避免对 FFT 结果产生不良影响。

（3）频谱泄露：FFT 对非周期信号的频谱分析可能会出现频谱泄露现象。频谱泄露是指信号频谱的能量在离散频率上出现泄露。可以通过窗函数来减少频谱泄露。

（4）频谱解释：注意理解 FFT 函数输出的频谱结果。FFT 函数输出的是复数数组，其中包含信号在不同频率上的振幅和相位信息。正确解释 FFT 函数的输出是进行频谱分析的关键。

（5）高频噪声：在高频范围内，噪声和干扰可能会影响 FFT 结果。因此，要确保采样和信号处理系统足够稳定，以处理高频噪声。

（6）实时 FFT 的性能：若使用实时 FFT 功能，则要注意实时计算的性能。确保计算资源足够多，以满足实时 FFT 的要求。

（7）选择合适的滤波器：在频域中，可以通过选择合适的滤波器来进行频谱处理。根据应用需求，选择低通、高通、带通等滤波器。

（8）信号长度：信号长度应当合适，不宜过长或过短。过长的信号可能导致计算复杂度的增加，而过短的信号可能会导致频谱分辨率不够。

综上所述，使用 LabVIEW 中的 FFT 功能时，需要注意选择适当的采样频率和 FFT 长度、进行信号预处理、理解 FFT 输出、处理频谱泄露等问题。合理地使用 FFT 功能可以获得准确且有效的频谱分析结果。

在实际编程时，需要注意以下问题。

（1）时域显示（采样点的幅值）可以通过离散傅里叶变换（Discrete Fourier Transform，DFT）的方法转换为频域显示。为了快速计算 DFT，通常采用一种 FFT 的方法。当信号的采样点数是 2^n 时，就可以采用这种方法实现。

（2）FFT 的输出都是双边的，它同时显示了正、负频率的信息。根据实际工程需要，只关注正频率的频谱。FFT 的采样点之间的频率间隔是 f_s/N，这里 f_s 是采样频率。

（3）分析库中有两个可以进行 FFT 的 VI，分别是 Real FFT VI 和 Complex FFT VI。这两个 VI 之间的区别在于，前者用于计算实数信号的 FFT，而后者用于计算复数信号的 FFT。它们的输出都是复数。

大多数实际采集的信号都是实数，因此对于多数应用都使用 Real FFT VI。当然也可以通过设置信号的虚部为 0，使用 Complex FFT VI。使用 Complex FFT VI 的一个实例是信号含有实部和虚部。这种信号通常出现在数据通信中，因为这时需要用复指数调制波形。

（4）计算每个 FFT 显示的频率分量的能量的方法是对频率分量的幅值平方。高级分析库中的 Power Spectrum VI 可以自动计算能量频谱。但是能量频谱不能提供任何相位信息。

FFT 和能量频谱可以用于测量静止或动态信号的频率信息。FFT 提供了信号在整个采样期间的平均频率信息。因此，FFT 主要用于固定信号（即信号在采样期间的频率变化不大）的分析。FFT 变换如图 6.30 所示。

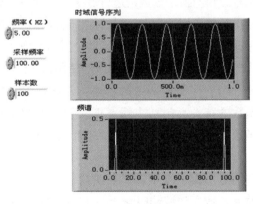

图 6.30　FFT 变换

6.5.4　窗函数

在 LabVIEW 中，窗函数是一种用于减少频谱泄露的信号处理技术，常用于频谱分析和 FFT 等应用。窗函数通常与 FFT 结合使用，用于在时域中对信号进行加权，以减少非周期信号在频域中的泄露现象。LabVIEW 中提供了多种窗函数供用户选择，用户可以根据不同的应用需求和信号特性，选择合适的窗函数。

1. 常见的窗函数

在 LabVIEW 中，常见的窗函数包括以下几种，每种窗函数都有不同的频谱特性和应用场景。

（1）矩形窗：最简单的窗函数，其在时域上是一个常数，相当于没有进行加权。在频域上，矩形窗会引入频谱泄露，因为其主瓣宽度很宽，频谱副瓣衰减较慢。在 LabVIEW 中，可以通过"Rectangular 窗"函数来调用矩形窗。

（2）汉宁窗：在时域上呈现出较平滑的曲线形状，其主瓣宽度较窄，频谱副瓣衰减相对较快。它在频谱分析中常用于减少频谱泄露。在 LabVIEW 中，可以通过"Hanning 窗"函数来调用汉宁窗。

（3）汉明窗：与汉宁窗类似，也可以在时域上呈现出平滑的曲线形状，用于减少频谱泄露。它与汉宁窗相比，主瓣宽度稍宽，但频谱副瓣衰减相对更快。在 LabVIEW 中，可以通过"Hamming 窗"函数来调用汉明窗。

（4）布莱克曼窗：在时域上呈现出更加平滑的曲线形状，频谱副瓣衰减非常快，因此能有效减少频谱泄露。在 LabVIEW 中，可以通过"Blackman 窗"函数来调用布莱克曼窗。

（5）凯泽窗：一种可调节的窗函数，可以通过参数来控制主瓣宽度和频谱副瓣衰减。这使凯泽窗在一定范围内可以灵活适应不同的频谱分析需求。在 LabVIEW 中，可以通过"Kaiser 窗"函数来调用凯泽窗。

图 6.31　窗函数

调用这些窗函数的方法很简单，在 LabVIEW 的 Block Diagram（图形化程序编辑区）中使用相应的窗函数 VI，然后将要进行 FFT 处理的信号数组与窗函数数组进行点乘运算即可，如图 6.31 所示。用户可以根据具体应用需求和信号特性，选择合适的窗函数和调整相应的参数，帮助减少频谱泄露，提高频谱分析的准确性和精度。

2. LabVIEW 中窗函数的使用方法

（1）了解窗函数的特性：在选择窗函数之前，要先了解每种窗函数的特性，包括主瓣宽度、频谱副瓣衰减、时域响应等。不同窗函数对频谱泄露的抑制效果和信号分辨率会有不同影响。

（2）选择窗函数的类型：LabVIEW 中提供了多种常用的窗函数，包括矩形窗、汉宁窗、汉明窗、布莱克曼窗、凯泽窗等。不同类型的窗函数在频域和时域上具有不同的特性，因此要根据具体应用场景选择合适的窗函数类型。

（3）应用窗函数：在 LabVIEW 中，可以通过内置的窗函数 VI 来应用窗函数。将要进行 FFT 处理的信号数组与所选的窗函数数组进行点乘运算，即可得到加权后的信号数组。这样，在进行 FFT 之前，信号已经经过了窗函数加权处理。

（4）观察频谱效果：在应用窗函数后，进行 FFT 得到频谱分析结果。通过观察频谱图，可以评估窗函数对频谱泄露的抑制效果，以及信号分辨率的影响。

（5）选择最佳窗函数：根据观察结果和应用需求，选择最佳的窗函数。可能需要根据不同的信号进行尝试，以获得最优的频谱分析结果。

常用的窗函数如表 6.3 所示。

表 6.3　常用的窗函数

窗函数	定义	应用
矩形窗	$W[n]=1$	区分频域和振幅接近的信号，瞬时信号宽度小于窗
指数型窗	$W[n]=\exp[n\ln(f/N-1)]$	瞬时信号宽度大于窗
汉宁窗	$W[n]=0.5\cos(2n\pi/n)$	瞬时信号宽度大于窗，普通应用
汉明窗	$W[n]=0.54-0.46\cos(2n\pi/N)$	声音处理
平顶窗	$W[n]=0.281\,063\,9-0.520\,897\,2\cos(2n\pi/N)+$ $0.198\,039\,9\cos(2n\pi/N)$	分析无精确参照物且要求精确测量的信号
三角形窗	$W[n]=1-\lvert(2n-N)/N\rvert$	无特殊应用

在实际应用中，进行窗函数的选择一般要仔细分析信号的特征及希望达到的目的，并经反复调试。

6.5.5　典型应用——基于 LabVIEW 的数据采集系统设计

以某普通机床主轴回转误差测量系统中的数据采集为例，介绍基于 NI-DAQmx 的数据采集方法。

图 6.32 所示为主轴回转误差测量系统的功能模块，本小节主要介绍数据采集模块。

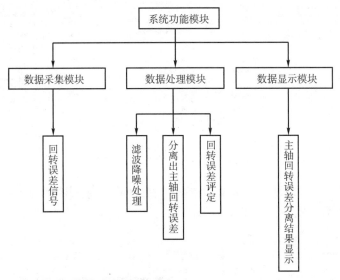

图 6.32　主轴回转误差测量系统的功能模块

1. 系统硬件及软件介绍

（1）数据采集系统的硬件构成：电涡流传感器、NI CompactDAQ 机箱 NIc DAQ-9181（8 槽以太网）、计算机。

（2）数据采集系统的软件：LabVIEW。

2. 开发环境配置

在设计数据采集系统时可采用 LabVIEW，亦可采用其他开发环境或一些无须编程的配置环境（如 SignalExpress）。

安装顺序：先安装开发环境再安装设备驱动程序（即先安装 LabVIEW 再安装 NI-DAQmx）。其中，NI-DAQmx 是 NI 开发的数据采集和控制驱动程序。它是 LabVIEW 中常用的数据采集卡软件架构，支持多种数据采集卡和 I/O 设备。NI-DAQmx 提供了一系列的 API 和函数，使 LabVIEW 可以通过简单的图形化编程来配置和控制数据采集卡。

NI-DAQmx 为驱动层软件，需要在 LabVIEW 中利用 Measurement & Automation Explorer（简称 MAX，随 NI-DAQmx 或任何其他 NI 驱动软件安装）安装 NI-DAQmx 函数。NI-DAQmx 包括 DAQ Assistant（数据采集助手）和 DAQmx API。DAQ Assistant 是 LabVIEW 中的一个工具，用于帮助用户快速配置数据采集任务。

3. 硬件连接与驱动程序安装

首先，将传感器（也可以是仪器设备或数据采集卡）与计算机连接，确保硬件设备能够正常通信。然后，根据硬件设备制造商提供的驱动程序，安装相应的仪器驱动程序，以确保 LabVIEW 能够与硬件设备进行数据交互和控制。

打开仪器电源，打开 MAX 软件，在 MAX 中配置并检测数据采集硬件。如图 6.33 所示，单击"设备和接口"→"网络设置"，找到 NI CompactDAQ 机箱 NI cDAQ-9181（8 槽以太网），单击"自检"按钮，数据采集仪采集数据并进行自检。通过 LabVIEW 中的 DAQ Assistant 快捷子 VI 也可以完成上述设置。

图 6.33 MAX 硬件检测界面

自检成功后单击 NI 9237 数据采集。单击"测试面板"按钮弹出测试面板界面，在界面中填写参数后开始测试硬件，如图 6.34 所示。

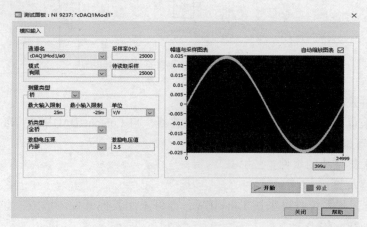

图 6.34 测试面板界面

4. 基于 LabVIEW 编写数据采集软件

基于 LabVIEW 编写数据采集软件的步骤如下。

（1）创建新的 LabVIEW 项目：打开 LabVIEW 开发环境，创建一个新的 LabVIEW 项目。在项目中，可以包含多个 VI，分别用于数据采集、显示、处理和存储等功能。

（2）配置前面板和背面板：在 VI 的前面板上添加控件，用于设置数据采集的参数，如采样频率、采样时间、触发条件等；也可以在前面板上添加显示器和图表等控件，用于实时监视采集到的数据。在 VI 的背面板上添加数据采集模块，选择合适的数据采集模块，如数据读取模块、数据写入模块等。

（3）编程：使用 LabVIEW 的图形化编程语言 G 语言，将前面板上的控件和背面板上的数据采集模块连接起来。根据实际需求，编写数据采集和控制程序。可以使用循环结构实现连续数据采集，也可以使用条件结构实现触发采集。

（4）数据采集：运行 LabVIEW 虚拟仪器，开始采集数据。实时监视采集到的数据，并进行必要的数据分析和处理。可以将采集到的数据显示在图表上，或者保存到文件中进行后续分析。

6.6　虚拟仪器技术的发展与应用

虚拟仪器技术是在计算机软件和硬件技术的支持下，利用计算机对实验、测试、测量和控制等科学技术问题进行模拟、仿真和实现的一种新型仪器技术。随着计算机技术和通信技术的不断发展，虚拟仪器技术得到了迅速发展和广泛应用。以下是虚拟仪器技术的发展与应用的一些重要方面。

（1）技术发展：随着计算机性能的不断提升和计算能力的增强，虚拟仪器技术在硬件和软件方面都得到了不断完善。硬件方面，高性能的数据采集卡、信号处理芯片和通信设备的应用，使虚拟仪器能够处理更复杂的实验和测量任务。软件方面，图形化编程环境（如 LabVIEW）和虚拟仪器开发平台的出现，使非专业人员也能够快速设计和实现虚拟仪器。

（2）应用领域：虚拟仪器技术在多个领域得到了广泛应用。在科学研究中，虚拟仪器用于实验数据的采集和分析，加快了实验过程和数据处理的速度。在工业生产中，虚拟仪器用于监测和控制生产过程，提高了生产效率和质量。在医疗领域，虚拟仪器用于医学影像处理、生理信号监测等，有助于医学诊断和治疗。在教育和培训中，虚拟仪器用于模拟实验和训练，提高了学习效果和实践能力。

（3）优势：传统仪器在测量测试领域发挥着重要作用，但是也存在着诸多问题，如灵活性不够，精度不够高。虚拟仪器技术具有许多优势。第一，它能够实现对实验和测量过程的数字化和自动化，减少和降低人工操作的错误和不确定性。第二，虚拟仪器的灵活性和可编程性使其适用于多样化的应用需求，能够快速适应不同的测量任务。第三，虚拟仪器可以实现对实验过程的远程监控和控制，方便远程合作和教学。使用基于软件配置的模块化仪器很好地解决了资源配置和重复等问题，是未来仪器发展的主流方向。

（4）节约成本：虚拟仪器技术利用了快速发展的 PC 架构、高性能的半导体数据转换器，以及引入了系统设计软件，在提升技术能力的同时降低了成本。

虚拟仪器技术能够有效降低实验和测量的成本。传统的实验仪器通常价格昂贵，而虚拟仪器通过软硬件的组合，可以在计算机上模拟和实现多种实验功能，避免了昂贵的仪器设备的购买和维护成本。

总的来说，虚拟仪器技术就是利用高性能的模块化硬件，结合高效灵活的软件来完成各种测试、测量和自动化的应用。高性能、低成本的 ADC 和 DAC 的出现和发展，也推动了虚拟仪器技术的发展。虚拟仪器技术硬件可以利用大量生产的芯片作为测量的前端组件；系统设计软件也成为虚拟仪器技术发展的一大动力，而采用图形化的数据流语言的 LabVIEW 也被广泛应用于其中。

虚拟仪器技术的扩展功能越来越强大，能够在 PC 上开发测试程序，在嵌入式处理器和 FPGA 上设计硬件等。这些为用户设计测试系统、定义硬件功能等提供了一个独立环境。因此，虚拟仪器以其众多优势逐渐取代传统仪器发挥着重要作用，其应用领域将会越来越广泛。

虚拟仪器技术的发展与应用使实验、测量和控制等科学技术问题变得更加灵活、高效和便捷，虚拟仪器技术已经普遍应用于测试行业，甚至自动化、石油钻探和提炼、生产中的机器控制等领域。

虚拟仪器是今后仪器仪表、测试控制研究与发展的方向，NI 的 LabVIEW 作为软件开发平台，比常用的面向对象软件的编程难度大大降低，使软件开发效率高，界面友好，功能强大，且扩展性好，对采集到的数据可用于高级分析库进行信号处理，也可以使所绘制的测试曲线符合实际情况，能够进行拟合处理。总之，虚拟仪器有强大的功能，它强调"软件就是仪器"，用软件代替硬件，易开发、易调试，可有效节约资金。

图 6.35 所示为基于 LabVIEW 的鸟巢体育场结构健康监测实际应用，基于 LabVIEW 与 NI CompactRIO 平台，对 2008 北京奥运体育场馆进行连续时间振动监测，包括结构模型验证、监测突发事件等工作。

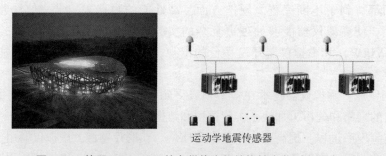

运动学地震传感器

图 6.35　基于 LabVIEW 的鸟巢体育场结构健康监测实际应用

此外，在消费电子产品测试，如 SONY 蓝光播放器测试、微软 Xbox 360 手柄控制器测试、华录松下蓝光刻录 DVD 的检测；汽车电子测试，如宝马（BMW）对发动机控制器进行实时测试，福特（Ford）汽车燃料电池、系统 ECU HIL 测试，NOFFZ 车载多媒体系统等测试；半导体测试，如英飞凌（Infineon）对各种总统接口和 ADC 进行测试，意法-爱立倍（ST-Ericsson）FRIC 特性测试，德州仪器（Texas Instruments，TI）构建半导体测试系统框架等都有虚拟仪器的大量应用。

本章小结

　　本章主要介绍了虚拟仪器的主要特点、主要构成元素，以及硬件平台和应用软件两大基本组成的主要类型及特点；虚拟仪器的主要功能的实现方法；典型虚拟仪器 LabVIEW 的图形化编程环境及提供的各种接口总线和常用仪器驱动程序的类型；LabVIEW 的操作面板和创建程序的三大模板的使用方法；LabVIEW 中的工具和函数库、数据采集和控制模块、子 VI 的使用方法；LabVIEW 中常用的信号分析与处理软件的类型、原理和实现方法；LabVIEW 数据采集程序设计方法及典型应用的实现等。

本章习题

　　1. 请举例说明虚拟仪器的主要功能的实现方法。
　　2. 请举例说明 LabVIEW 中的工具和函数库、数据采集和控制模块，以及 LabVIEW 中子 VI 的使用方法并编程实现。

习题答案

第 6 章习题答案

实践篇

第 7 章 现代测控系统的典型应用

教学目的与要求

1. 在前述各章学习的基础上，结合智能制造领域的典型应用，搭建典型测控系统并基于多传感器信息融合技术及现代信号处理技术完成实际设备性能及特征参数测试、状态检测及反馈控制。

2. 学习并掌握基础实验和综合实验两大部分，例如，基于虚拟仪器的振动信号测试系统的设计与实现、基于嵌入式技术的传感器工程应用等基础实验开发；基于机器视觉的测控系统典型应用实践、现代测控系统综合创新实践等综合实验开发等。

3. 了解现代测控系统的组成和多传感器信息融合及现代信号处理的常用方法，培养解决实际工程实践问题的能力。

教学重点

1. 典型测控系统的硬件搭建方法及通信方法。

2. 基于多传感器信息融合技术完成实际设备性能及特征参数测试、状态检测及反馈控制。

3. 基础案例及综合案例程序开发。

教学难点

典型测控系统的硬件搭建方法及相应特征参数的选择、采集与处理，以及实验结果的分析方法。

思维导图

```
基于机器视觉的测控系统典型应用          基于虚拟仪器的振动信号测试系统

                  现代测控系统的典型应用

现代测控系统综合创新实践            基于嵌入式技术的传感器工程应用
```

7.1　基于虚拟仪器的振动信号测试系统

7.1.1　单自由度系统振动特性测试

1. 实验目的

（1）通过振动测试实验，了解振动测试仪器的使用方法、测点的位置选择、振动信号的分析方法。

（2）学习单自由度系统强迫振动的幅频特性曲线的实验测量方法。

2. 实验原理

单自由度系统的力学模型如图 7.1 所示。在正弦激振力的作用下，系统做简谐强迫振动。设激振力 F 的幅值为 B、圆频率为 ω_0（频率 $f=\omega/2\pi$），则系统的运动微分方程为

$$m\frac{\mathrm{d}^2 x}{\mathrm{d}t^2}+c\frac{\mathrm{d}x}{\mathrm{d}t}+kx=F$$

或

$$\frac{\mathrm{d}^2 x}{\mathrm{d}t^2}+2n\frac{\mathrm{d}x}{\mathrm{d}t}+\omega^2 x=F/m$$

$$\frac{\mathrm{d}^2 x}{\mathrm{d}t^2}+2\xi\omega\frac{\mathrm{d}x}{\mathrm{d}t}+\omega^2 x=F/m \tag{7.1}$$

式中，ω 为系统固有圆频率，$\omega=\sqrt{k/m}$；n 为衰减系数，$2n=c/m$；ξ 为阻尼比，$\xi=n/\omega$；F 为激振力，$F=B\sin\omega_0 t=B\sin(2\pi f t)$；$c$ 为结构阻尼；k 为结构刚度。

式（7.1）的特解，即强迫振动为

$$x=A\sin(\omega_0 t-\varphi)=A\sin(2\pi f t-\varphi) \tag{7.2}$$

式中，A 为强迫振动振幅；φ 为初相位。

$$A=\frac{B/m}{(\omega^2-\omega_0^2)^2+4n^2\omega_0^2} \tag{7.3}$$

式（7.3）称为系统的幅频特性。将式（7.3）所表示的振动幅值与激振频率的关系用图形表示，称为幅频特性曲线，如图 7.2 所示。

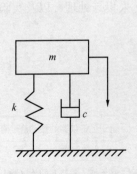

图 7.1　单自由度系统的力学模型

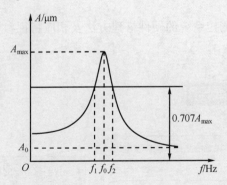

图 7.2　单自由度系统振动的幅频特性曲线

图 7.2 中，A_{max} 为系统共振时的振幅；f_0 为系统固有频率，f_1、f_2 为半功率点频率。振幅为 A_{max} 时的频率称为共振频率 f_a。在有阻尼的情况下，共振频率为

$$f_n = \frac{1}{2\pi}\sqrt{\frac{k}{m}}\sqrt{1-\zeta^2} \tag{7.4}$$

当阻尼较小时，$f_a=f_0$，故以固有频率 f_0 作为共振频率 f_a。在小阻尼情况下可得

$$\xi = \frac{f_2-f_1}{2f_0} \tag{7.5}$$

3. 实验设备

实验装置选用东华测试的 DHVTC 振动测试与控制实验教学系统、压电式加速度传感器、激振器、扫频信号发生器、NI cDAQ-9189 数据采集卡等。系统如图 7.3 所示，黑色圆内是单自由度结构。

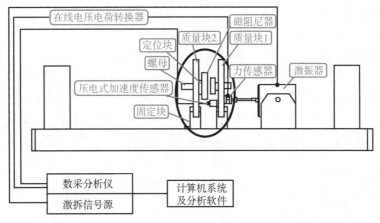

图 7.3 单自由度系统

无附加阻尼单自由度系统分解如图 7.4 所示，完成以下操作：

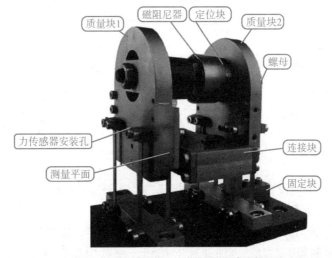

图 7.4 无附加阻尼单自由度系统分解

（1）拆下系统两边的连接块；
（2）将质量块 2 的磁阻尼器定位块安装在月牙形的安装孔内，并用螺母锁紧；

（3）此时的质量块 1 即为无附加阻尼单自由度系统。

4. 实验步骤

1）组装单自由度系统

按图 7.2 所示，将单/双自由度系统组装成无附加阻尼单自由度系统。

2）安装激振器

按图 7.1 所示，把激振器安装在支架上，将激振器和支架固定在实验台基座上，将力传感器安装在质量块 1 单自由度系统上，激振器水平方向与力传感器之间采用顶杆进行连接，用专用连接线连接激振器和 DH1301 扫频信号源功率输出接线柱。

3）连接测试系统

将激励信号（力传感器）的输出信号接入在线电压电荷转换器，再将在线电压电荷转换器接入数据采集仪的 1 通道，压电式加速度传感器安装在质量块 1 的测量平面上，传感器测得的信号接到数据采集仪的 0 通道，也可将压电式加速度传感器换成电涡流位移传感器进行振动测量。

4）仪器及软件设置

（1）打开仪器电源，打开 MAX 软件，如图 7.5 所示，单击"设备和接口"→"网络设置"，找到 NI CompactDAQ 机箱（8 槽以太网）NI cDAQ-9189（灰色椭圆标识），单击"自检"按钮（灰色箭头标识），数据采集仪采集数据并进行自检。自检成功后，单击 NI 9231 数据采集（蓝色椭圆标识），单击"测试面板"按钮，弹出测试面板界面。

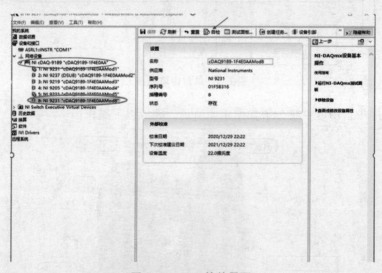

图 7.5　MAX 软件界面

在测试面板界面中，设置"通道名""模式""耦合"，勾选"启用 IEPE"复选框，单击"开始"按钮，开始测试硬件，如图 7.6 所示。

（2）打开程序，在程序前面板选择"配置传感器"选项卡，按图 7.7 设置数据采集参数。

单击"9231 控制器""力""加速度"按钮，使其为高亮状态（图 7.7 中灰色椭圆标识）。

设置压电式加速度传感器的参数：采集通道设置为 ai0，最小加速度值为−100，最大加速度值为 100，灵敏度为 50，IEPE 激励源设置为内部，其余选项设置为默认值。

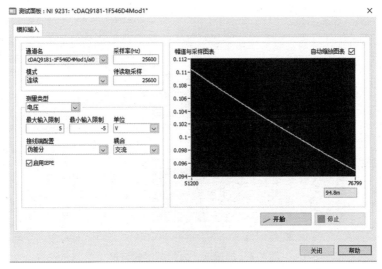

图 7.6　测试面板界面

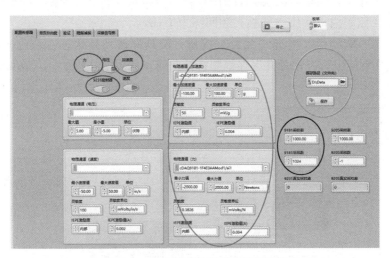

图 7.7　传感器及采集卡参数的设置

　　设置力传感器的参数：采集通道设置为 ai1，灵敏度为 0.382 6，IEPE 激励源设置为内部，其余选项设置为默认值（图 7.7 中蓝色椭圆标识）。

　　设置采集卡 9231 采样频率为 1 000，采样数为 1 024（图 7.7 中黑色椭圆标识）。

　　单击"保存数据"按钮，使其为高亮状态；在"文件夹名"输入班级学号（图 7.7 中浅蓝色椭圆标识）。完成上述传感器及采集卡参数的设置后，运行程序。

　　（3）设置 DH1301 扫频信号源为正弦定频，设置正弦信号幅值在坐标合适的高度，按照所需频率，调节 DH1301 扫频信号源的输出频率。

　　（4）选择"单双自由度"选项卡，单击"单双自由度"按钮，使其保持高亮状态（图 7.8 中灰色椭圆标识），开始采集数据。数据同步采集显示在窗口内，观测界面左侧的加速度、力传感器的波形，记录界面右侧的加速度幅值和力幅值（图 7.8 中蓝色椭圆标识）。

　　（5）改变输出频率：按照所需频率，调节 DH1301 扫频信号源的输出频率。重复步骤（4）。

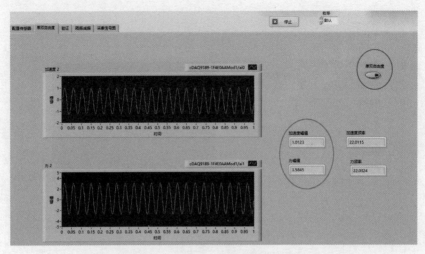

图 7.8　加速度、力传感器的波形

（6）验证上述实验结果。设置 DH1301 扫频信号源频率的信号类型为线性扫频，起始频率为 5 Hz，结束频率为 100 Hz，线性扫频间隔为 1 Hz/s。

选择"验证"选项卡，单击"验证"按钮，使其保持高亮状态（灰色椭圆标识），系统开始进行频率响应分析，记录并保存幅频特性曲线，如图 7.9 所示，完成实验并记录实验结果。

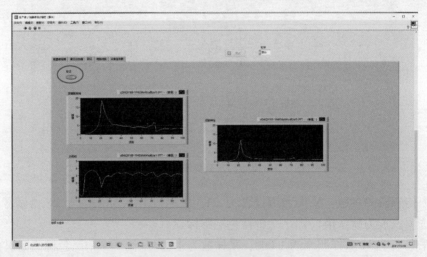

图 7.9　系统幅频特性曲线

7.1.2　振动控制实践

1. 电动机动平衡测试

1）实验目的

（1）理解转子动平衡的概念，了解转子不平衡存在的原因及危害。

（2）掌握转子动平衡的工作原理及影响系数法的含义。

（3）了解电动机动平衡测试系统的组成、构建方法及各环节的功能作用。

（4）掌握双面转子动平衡的方法和步骤，熟悉实验仪器的使用方法，训练测振、配重、减振直至动平衡的整个过程。

2）实验原理

（1）转子不平衡。

旋转机械，如汽轮发电机、风机、泵等设备，广泛应用于电厂的各个系统中，振动超标是旋转机械最常见的故障。大量的工程实践表明，很多旋转机械的振动问题是由于转子不平衡引起的。由于设计缺陷、制造装配误差、热变形等原因，转子产生了质量不平衡，转子质量不平衡的 3 种形式如图 7.10 所示。

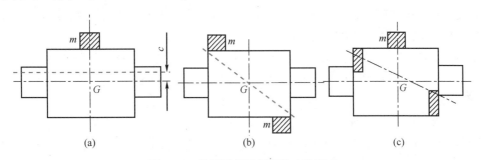

图 7.10　转子质量不平衡的 3 种形式
（a）静不平衡；（b）动不平衡；（c）混合不平衡

① 静不平衡：如果在同一个转子上，不平衡的质量能综合为一个力，那么转子在旋转时，只产生一个离心力。这个不平衡离心力可以在静态下决定它的大小和方向，故称为静不平衡状态。静不平衡主要是由于主惯性轴与旋转轴线不重合，但相互平行，即转子的中心不在旋转轴线上。当转子旋转时，将产生不平衡的离心力。

② 动不平衡：如果在同一个转子上能综合出两个大小相等、方向相反，且不在同一回转面上的不平衡力，则转子在静止时，虽然能获得平衡，但在旋转时就会出现一对不平衡的力偶。这个力偶不能在静止状态下确定它的大小和方向，而只能在动力状态下决定，故称为动不平衡状态。动不平衡主要是由于转子的主惯性轴与旋转轴线交错，且相交于转子的质心上，即转子的质心在旋转轴线上。这时转子虽然随时处于静平衡状态，但当转子旋转时，将产生不平衡力矩，又称偶不平衡。

③ 混合不平衡：在大多数情况下，转子既存在静不平衡，又存在动不平衡，这种情况称为混合不平衡，又称动静不平衡。此时，转子的主惯性轴与旋转轴线既不重合又不平行，而相交于转子旋转轴线中非质心的任何一点。当转子旋转时，产生不平衡的离心力和力矩。

转子实际是弹性体，当其惯性主轴偏离旋转轴线时，转动过程中转子上的不平衡离心力将或多或少地使转子产生挠曲变形。但当转子的工作转速远低于一阶临界转速时，转子的刚性很强，而不平衡离心力相对较小，因而不平衡离心力所产生的挠曲变形可以忽略不计，这样的转子称为刚性转子。相反地，将不平衡离心力所产生的挠曲变形不可忽略的转子称为柔性转子（或称挠性转子）。在工程中按如下方法区分刚性转子和挠性转子：

当转子的工作转速小于其 50% 的一阶临界转速时，认为该转子是刚性转子；

当转子的工作转速在其 50%~70% 的一阶临界转速时，认为该转子是准刚性转子；

当转子的工作转速大于其70%的一阶临界转速时，认为该转子是挠性转子。

在实际生产中，绝大多数的机器转子都是刚性转子。

（2）转子不平衡的判断方法。

转动设备振动超标的故障原因有很多，只有诊断了振动是由不平衡引起的，才可以对设备实施现场动平衡。转子不平衡的判断方法主要有以下几种。

① 转子不平衡故障的突出表现为一倍频振幅最大。在频谱分析中，一倍频振幅通常大于或等于振动总量幅值的80%。

② 时域波形是转子振动振幅的瞬态值随时间延续而不断变化所形成的动态图像。不平衡振动反映在时域上的波形很接近于一个正弦波。

③ 发生不平衡故障时，当转子转速在临界转速以下的时候，振幅将和转速的平方成正比，转子转速增加，振幅也会明显增加。

④ 转子运行的轴心轨迹是椭圆。由于轴承各方向的刚性不一样，导致X方向与Y方向振动的相位差并不是刚好90°，所以转子不平衡时的轴心轨迹不是标准的圆形，而是椭圆形。

（3）影响系数法的原理。

影响系数法是一种用于对刚性转子轴系进行动平衡校准的方法。从计算力学的角度分析，影响系数法是利用线性系统中校正质量与所测量之间的一种线性关系，来达到主轴平衡的目的，即在某一转速下，转子的不平衡量和不平衡引起的振动响应之间是线性的关系，而这一线性关系的比例系数就是所谓的影响系数。

按照校准平面的数量的不同，影响系数法可以分为单面影响系数法、双面影响系数法，以及多面影响系数法。单面影响系数法适用于盘类零件，双面影响系数法适用于刚性转子，多面影响系数法可应用于柔性转子。其中，双面影响系数法的工程应用最为广泛，其操作方便、简单可靠的优点，几乎可以满足大部分产品动平衡的要求。

刚性转子动平衡的目标是使离心惯性力的合力和合力偶矩趋近于0。图7.11所示为转子机构示意，在转子上任意选定两个截面Ⅰ、Ⅱ，称为校正平面，在校正平面上离轴心一定距离设置r_1、r_2，称为校正半径，并在校正面上设置参考标记；与转子上某一参考标记成夹角θ_1、θ_2处，分别附加一块质量为m_1、m_2的重块，称为校正质量，也称为不平衡质量，是一个矢量。若能使两质量m_1和m_2的离心惯性力（$m_1 r_1 \omega^2$和$m_2 r_2 \omega^2$，ω为转动角速度）的合力和合力偶与原不平衡转子的离心惯性力相平衡，就实现了刚性转子的动平衡。

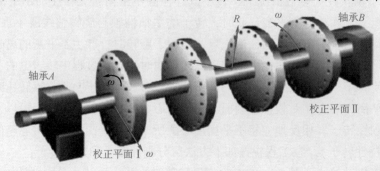

图 7.11　转子机构示意

影响系数法即是某个平面上的不平衡质量对某个支撑振动的振幅和相位的影响，即对于某个被测量平面的转子来说，在某平衡面的任意位置加上已知质量（称为试加质量）后，对于某个轴承的振幅所产生的影响的大小及相位变化的规律。影响系数法是目前国内外使用较为广泛的一种方法。

影响系数可通过试加质量来确定，试加质量、振动量为有方向的矢量，分别用 $\boldsymbol{\Omega}$ 和 $\boldsymbol{V}$ 表示。在平衡转速下，测得原始振幅为 $v_0 \angle \psi_0$，试加质量 $\boldsymbol{\Omega}_1 = m_1 \angle \beta_1$ 后，则 $\boldsymbol{\Omega}_1$ 和不平衡质量的合成质量引起的振幅为 $v_{01} \angle \psi_{01}$，如图 7.12 所示，故试加质量（简称试重）引起的振动为

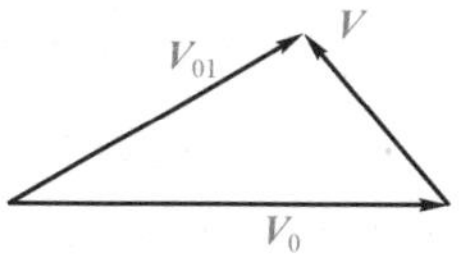

图 7.12　试加质量
引起的振动

$$V = v_{01} \angle \psi_{01} - v_0 \angle \psi_0 = V_{01} - V_1 \tag{7.6}$$

实验中采用双面影响系数法来使转子达到平衡。在额定的工作转速或任选的平衡转速下，检测原始不平衡引起的轴承或轴颈 A、B 两个面在某方位的振动量 $V_{10} = |v_{10}| \angle \psi_1$ 和 $V_{20} = |v_{20}| \angle \psi_2$，其中 $|v_{10}|$ 和 $|v_{20}|$ 是振动位移、速度或加速度的幅值，ψ_1 和 ψ_2 是振动信号对于转子上参考标记有关的参考脉冲的相位。

根据转子结构，选定两个校正平面 Ⅰ、Ⅱ，并确定校正半径 r_1、r_2，如图 7.13（a）所示。先在校正平面 Ⅰ 上加试加质量 $\boldsymbol{\Omega}_1 = m_{11} \angle \beta_1$，其中 $m_{11} = |\boldsymbol{\Omega}_1|$ 为试加质量的幅值，β_1 为试加质量的相位，以顺时针旋转为正。在相同转速下测量轴承 A、B 的振动量 V_{11} 和 V_{21}，其矢量关系如图 7.13（b）和图 7.13（c）所示。显然，矢量 $V_{11} - V_{10}$ 及 $V_{21} - V_{20}$ 为校正平面 Ⅰ 上试加质量 $\boldsymbol{\Omega}_1$ 所引起的轴承振动的变化，称为试加质量 $\boldsymbol{\Omega}_1$ 的效果矢量。相位为 0° 的单位试加质量的效果矢量称为影响系数。可由下式求影响系数

$$\alpha_{11} = \frac{V_{11} - V_{10}}{\boldsymbol{\Omega}_1} \tag{7.7}$$

$$\alpha_{21} = \frac{V_{21} - V_{20}}{\boldsymbol{\Omega}_1} \tag{7.8}$$

取走 $\boldsymbol{\Omega}_1$，在校正平面 Ⅱ 上加试加质量 $\boldsymbol{\Omega}_2 = m_{12} \angle \beta_2$，其中 $m_{12} = |\boldsymbol{\Omega}_2|$ 为试加质量的幅值，β_2 为试加质量的相位。同样测得轴承 A、B 的振动量 V_{12} 和 V_{22}，如图 7.13（d）和图 7.13（e）所示，从而求得效果矢量 $V_{12} - V_{10}$ 及 $V_{22} - V_{20}$ 的影响系数

$$\alpha_{12} = \frac{V_{12} - V_{10}}{\boldsymbol{\Omega}_2} \tag{7.9}$$

$$\alpha_{22} = \frac{V_{22} - V_{20}}{\boldsymbol{\Omega}_2} \tag{7.10}$$

校正平面 Ⅰ、Ⅱ 上所需的校正质量 $p_1 = m_1 \angle \theta_1$ 和 $p_2 = m_2 \angle \theta_2$，可通过矢量方程组求得

$$\begin{cases} \alpha_{11} p_1 + \alpha_{12} p_2 = -V_{10} \\ \alpha_{21} p_1 + \alpha_{22} p_2 = -V_{20} \end{cases} \tag{7.11}$$

$$\begin{bmatrix} \alpha_{11} & \alpha_{12} \\ \alpha_{21} & \alpha_{22} \end{bmatrix} \begin{Bmatrix} p_1 \\ p_2 \end{Bmatrix} = - \begin{Bmatrix} V_{10} \\ V_{20} \end{Bmatrix} \tag{7.12}$$

矢量分解如图 7.13（f）和图 7.13（g）所示。

3）实验设备

电动机、压电式加速度传感器、光电传感器、数据采集仪、数据采集分析软件、电子天平、橡皮泥。

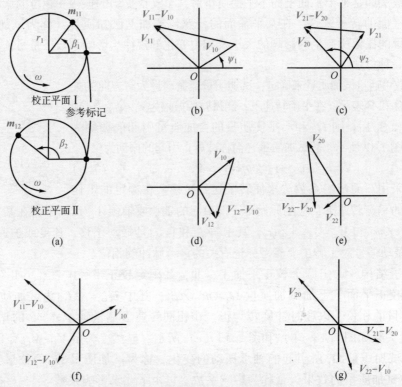

图 7.13　测控管一体化结构模型

（a）校正平面 I ；（b）校正平面 I 加试加质量条件下，校正平面 I 振动量矢量分解；（c）校正平面 I 加试加质量条件下，
校正平面 II 振动量矢量分解；（d）校正平面 II 加试加质量条件下，校正平面 I 振动量矢量分解；
（e）校正平面 II 加试加质量条件下，校正平面 II 振动量矢量分解；（f）校正平面 I 加校正质量条件下，
校正平面 I 振动量矢量分解；（g）校正平面 II 加校正质量条件下，校正平面 II 振动量矢量分解

4）实验步骤

（1）安装传感器。

将两只压电式加速度传感器分别固定在电动机左、右两轮附近底座上。将光电传感器对准电动机轮上的光标，用手转动电动机轮，观测光电传感器是否有输出信号（电动机每转动一圈，光电传感器会接收到一次光标的反射光，相应的传感器指示灯会闪烁一次）。

（2）硬件设备连接。

将光电传感器接到数据采集仪转速卡接口，将两个压电式加速度传感器分别接到数据采集仪的通道 1 和通道 2，将数据采集仪与计算机连接，并开机，如图 7.14 所示。

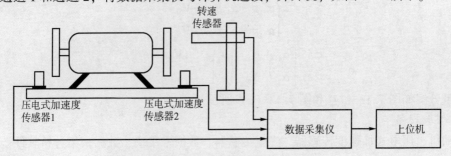

图 7.14　电动机动平衡测试系统

（3）软件设置。

打开计算机电源，进入控制分析软件 DHDAS，新建一个文件（文件名自定），单击"测量"→"参数设置"→"模拟通道"，设置采样频率为 20 000 Hz；单击"通道设定"按钮，设置量程范围、工程单位和传感器灵敏度、输入方式等参数。

单击"测量"→"参数设置"→"数字通道"，设置光电传感器参数。压电式加速度传感器、光电传感器的参数设置如图 7.15 所示。

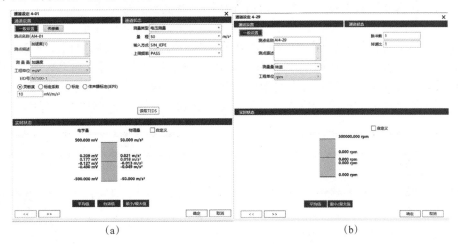

图 7.15　压电式加速度传感器、光电传感器的参数设置
（a）压电式加速度传感器的参数设置；（b）光电传感器的参数设置

（4）双面影响系数法测量动平衡。

步骤 1：进入"动平衡"模块，设置动平衡参数，如图 7.16 所示。单击"开始"按钮，启动转子，进入"测量初始振动"界面，如图 7.17 所示。单击"测量"按钮，待转子运行稳定（3 000 转左右）后，观察振动波形、阶次图，记录并保存所采集的振动信号的幅值和相位。截取任一平面初始振动的波形、阶次图，并将通频带幅值、1×幅值、2×幅值记录到表 7.1 中。单击"停止"按钮，停止转子的转动，并单击"下一步"按钮，进入"试加重 1"界面。

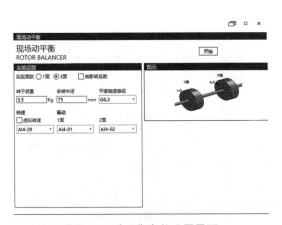

图 7.16　动平衡参数设置界面

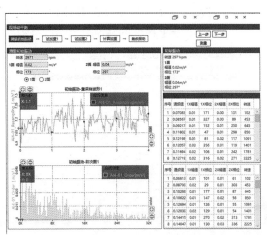

图 7.17　"测量初始振动"界面

表 7.1　初始振动测量

转速（转 1 分钟）	通频带幅值/m·s⁻²	1×幅值/m·s⁻²	2×幅值/m·s⁻²

步骤 2：在校正平面Ⅰ上加试加质量。在转子的 0°上加试加质量（试加重 1），并在软件中输入试加质量及相位，如图 7.18 所示。单击"测量"按钮，再次启动转子，待转速稳定后，记录并保存所采集的振动信号的幅值和相位。停止转子的转动，取下校正平面Ⅰ上的试加重 1。单击"停止"按钮，并单击"下一步"按钮，进入"试加重 2"界面。

步骤 3：在校正平面Ⅱ上加试加质量。在转子的 0°上加试加质量（试加重 2），并在软件中输入试加质量及相位，如图 7.19 所示。单击"测量"按钮，再次启动转子，待转速稳定后，记录并保存所采集的振动信号的幅值和相位。停止转子的转动，取下校正平面Ⅱ上的试加重 2。单击"停止"按钮，并单击"下一步"按钮，进入"计算加重"界面。

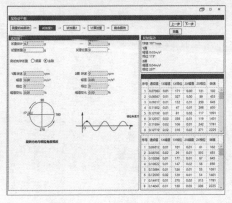

图 7.18　"试加重 1"界面

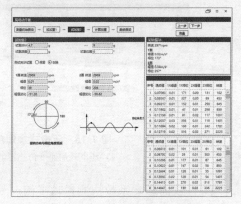

图 7.19　"试加重 2"界面

步骤 4：记录影响系数，单击"计算"按钮，计算试加质量的质量和相位，如图 7.20 所示。根据计算结果，在校平正面Ⅰ、Ⅱ加上试加质量。单击"下一步"按钮，进入"剩余振动"界面，如图 7.21 所示。开启转子，单击"测量"按钮，待转速稳定后，记录并保存所采集的振动信号的幅值和相位，验证动平衡结果。将影响系数记录到表 7.2 中，试加质量记录到表 7.3 中，将初始振动幅值、剩余振动幅值、幅值下降率记录到表 7.4 中。

步骤 5：停止转子的转动，单击"停止"按钮，完成动平衡测试。

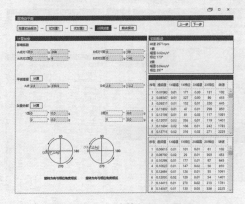

图 7.20　"计算加重"界面

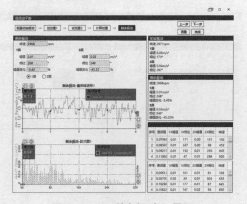

图 7.21　"剩余振动"界面

表 7.2　影响系数

测点	1 面质量/g	1 面相位/°	2 面质量/g	2 面相位/°
A 点				
B 点				

表 7.3　不平衡质量

项目	A 点质量/g	A 点相位/°	B 点质量/g	B 点相位/°
测量值				
实际试加质量				

表 7.4　初始振动与剩余振动

项目	1 面幅值/m · s^{-2}	1 面相位/°	2 面幅值/m · s^{-2}	2 面相位/°
初始振动				
剩余振动				
幅值下降率				

2. 机械设备隔振实验

1）实验目的

（1）学习机械设备隔振的目的、理解隔振的基本原理。

（2）利用空气阻尼器实现设备的主动隔振。

（3）搭建振动测试系统，测试设备隔振前、后的振动信号，观察设备隔振的作用。

2）实验原理

振动的干扰对人、建筑物及仪表设备都会带来直接的危害，因此振动的隔离涉及很多方面。隔振的作用有两个：减少振源振动的传递；减少环境振动对物体或设备的影响。两者原理相似，就是在设备和底座之间安装适当的隔振器，组成隔振系统，以减少或隔离振动的传递；同时两者性能也相似。

有两种隔振，一种是隔离机械设备通过底座传至地基的振动，以减少动力的传递，这种隔振称为主动隔振，又称积极隔振；另一种是防止地基的振动通过底座传至需保护的精密仪器或仪器仪表，以减少振动的传递，这种隔振称为被动隔振，又称消极隔振。

在一般的隔振设计中，常常用振动传递率 η 和隔振效率 E 来评价隔振效果。主动隔振的传递率等于隔振后传到地基上的力除以未隔振时传到底座上的力，被动隔振的传递率等于隔振后机器设备的振幅除以底座运动的振幅，两种隔振方式的传递率、隔振效率公式相同。一般当物体传递到底座时（主动隔振）常用力表示，当底座传递到物体时（被动隔振）则用位移、振动速度或振动加速度表示，这样便于应用。隔振系统如图 7.22 所示。

传递率：

$$\eta = \sqrt{\frac{1+(2D\gamma)^2}{(1-\gamma^2)^2+(2D\gamma)^2}} \tag{7.13}$$

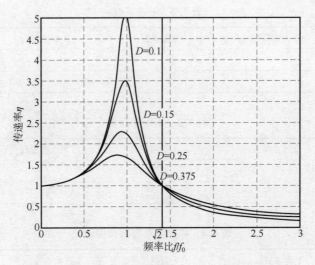

图 7.22 隔振系统传递率与输入、输出信号频率比关系

隔振效率：

$$E = (1-\eta) \times 100\% \tag{7.14}$$

式中，D 为阻尼比；γ 为频率比，$\gamma = \dfrac{f}{f_0}$，f 为激振频率，f_0 为隔振系统固有频率。

因为主动隔振传递到底座的振动会被底座吸收，所以衡量主动隔振的效果常用力的传递比，本实验仍用振动加速度来计算，所以只是主观判断有无隔振效果即可。

3）实验设备

主动隔振系统如图 7.23 所示，包括偏心电动机、空气阻尼器、压电式加速度传感器、数据采集仪、计算机系统及分析软件等。

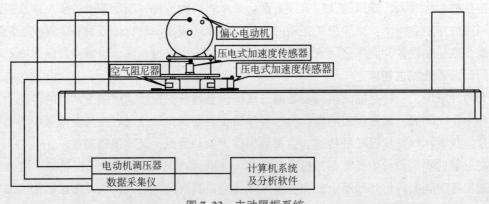

图 7.23 主动隔振系统

4）实验步骤

（1）搭建隔振系统。

① 安装主动隔振系统。如图 7.23 所示，把由大的空气阻尼器和质量块组成的主动隔振器固定在底座中部，将一个压电式加速度传感器安装在主动隔振器上面，接入数据采集仪的 1 通道，另一个压电式加速度传感器安装在底座上，接入数据采集仪的 2 通道。将数据采集

仪与计算机连接，偏心电动机安装并固定到主动隔振器上，电动机转速（强迫振动频率）可用调速器的调节旋钮来调节。

将偏心电动机的电源线接到调速器的 24 V 输出端，调速器电源线接到 220 V 电源插座（要求电源使用三相接地插座）。将调速器的调节旋钮转至 3 000 转每分（Revolutions Per Minute，RPM）左右，开机使偏心电动机保持旋转。

> **注意**：调速器在关闭前，应将电动机转速调节为 0，再关闭电源。

② 安装被动隔振系统。将由小的空气阻尼器和质量块组成的被动隔振器固定在简支梁中部。将一个压电式加速度传感器安装在被动隔振器上，并将其连接到数据采集仪的 0 通道，另一个压电式加速度传感器安装在简支梁的下面，并连接到数据采集仪的 1 通道。

③ 安装激振器。将激振器固定在实验台的基座上，并在简支梁上安装力传感器。使用顶杆将激振器与力传感器相连，并用螺母固紧。使用专用连接线连接激振器和 DH1301 扫频信号源的功率输出接线柱。

（2）软件设置。

打开计算机电源，进入控制分析软件 DHDAS，新建一个文件（文件名自定），单击"测量"→"参数设置"→"模拟通道"，设置采样频率为 1 000 kHz。单击"通道设定"按钮，设置量程范围、工程单位和传感器的灵敏度、输入方式等参数，如图 7.24 所示。参数设置完成后，单击"平衡清零"按钮。

图 7.24　压电式加速度传感器参数的设置

进入"测量"界面，打开记录仪，选择 1 通道、2 通道，用来观测主动隔振前、后的振动波形，记录振动信号的峰-峰值。打开 FFT，设置谱线数为 800，选择 1 通道，用来观测振动信号的频谱，如图 7.25 所示。

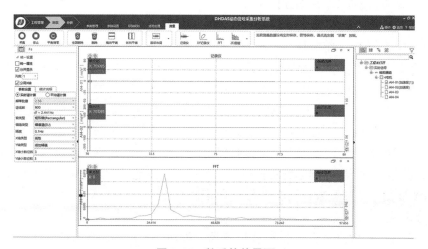

图 7.25　数采软件界面

（3）振动测量。

主动隔振测量：调整偏心电动机的电压值，使激振频率分别为 20 Hz、40 Hz、55 Hz 左右，分别测量振动信号的频率，读取隔振前、后振动信号的峰–峰值，将实验结果记录到表 7.5 中，并计算隔振效率。

表 7.5 主动隔振实验数据

频率 f/Hz	隔振前振动信号的峰–峰值	隔振后振动信号的峰–峰值	隔振效率

被动隔振测量：逐步调高 DH1301 扫频信号源的输出频率，当被动隔振器产生共振，即 0 通道的数据曲线幅值最大时，改变激振频率，分别测量激振频率为 20 Hz、30 Hz、40 Hz、60 Hz、70 Hz、80 Hz、110 Hz、120 Hz、130 Hz 时，0 通道和 1 通道振动的最大振幅 A_1 和 A_2；根据所测幅值计算传递率和隔振效率。

7.2 基于嵌入式技术的传感器工程应用

7.2.1 基于 Arduino 的基础应用实践

1. 典型传感器实验

1）实验目的

（1）了解声音传感器、光敏传感器、声波传感器基于逆压电效应原理。

（2）学习舵机工作原理并编程控制其转动。

2）实验原理

（1）实验用传感器工作原理。

声音传感器是检测环境声音强度变化的设备，内部集成电容式驻极体话筒作为声音感应元件，将声波转换为电信号输出；光敏传感器是利用光电效应，由入射光照强度改变其电阻值，传感器将接收的光信号转换为电信号并输出；超声波传感器基于压电效应原理，它包含一个发射器和一个接收器。当压电晶片受到电压激励时，它会振动并产生超声波。发射器负责将超声波发射出去，而接收器则负责接收反射回来的超声波并将其转换为输出信号。

（2）舵机是一种闭环控制的旋转执行器，当控制器向舵机发送 PWM 信号时，控制电路板会根据 PWM 信号的脉宽来控制舵机的转动角度。

3）实验设备

声音传感器、光敏传感器、超声波传感器、舵机、Arduino UNO 控制卡、面包板、导线、电池等。

4）实验步骤

（1）声音传感器实验。

声音传感器常含有 LM393 电压比较器，用于与预设阈值比较声音强度并输出数字信号给主控板。通过调节电位器可调整声音传感器的灵敏度。

声音传感器实验接线图如图 7.26 所示，声音传感器连接 A0 引脚，定义输出指示灯 LED 连接引脚 13；设置串口波特率为 9 600，读取声音传感器的变量值并在串口监视器中显示出来；如果读取的变量值大于 600，那么 LED 所接引脚输出为高电平，LED 灯亮并延迟 0.2 s；如果读取的变量值不大于 600，那么 LED 所接引脚输出为低电平，LED 灯灭，之后循环交替。

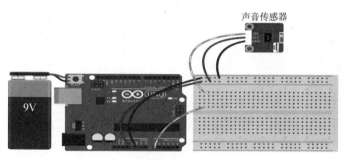

图 7.26 声音传感器实验接线图

程序编写：实验所用程序如下。

```
const int ledPin=13;//pin13 built-in led
const int soundPin = A0;//sound sensor attach to A0
void setup ()
{
  pinMode ( ledPin , OUTPUT);//set ledPin as OUTPUT
  serial.begin (9600) ; //initialize the serial communication as 9600 bps
}
void loop ()
{
  int value = analogRead (soundPin); //read the value of sound sensor
  serial.println (value) //print it
if(value > 600)//if the value of sound sensor is greater than 600
{
  digitalwrite ( ledPin,HIGH); //turn on the led
  delay (200) ; //delay 200ms
}
else //elae
{
  digitalwrite (ledPin,LOW) ; //turn off the led
}
}
```

（2）光敏传感器实验。

光敏传感器实验接线图如图 7.27 所示，传感器的 VCC 引脚连接 Arduino 的 5V 引脚，GND 引脚连接 Arduino 的 GND 引脚，光敏传感器连接 A0 引脚作为输入，LED 灯连接引脚 13 作为输出，继电器连接引脚 8 且为输出模式。

设置串口波特率为 9 600，读取光敏传感器数值并在串口监视器中显示。根据所得到的数值进行逻辑判断，如果得到的数值大于或等于 400，那么 LED 灯亮，且继电器输出为低电平，处于连接状态；反之，如果得到的数值小于 400，那么 LED 灯灭，继电器输出为高电平，处于断开状态。此后延时 1 s，程序进行循环。

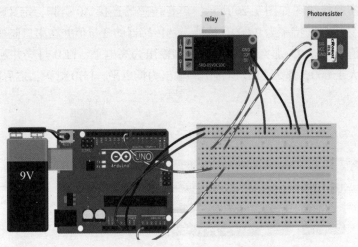

图 7.27　光敏传感器实验接线图

程序编写：实验所用程序如下。

```
const int photocellPin = A0; //photoresistor module attach to A0
const int ledPin =13;//pin 13 built-in led
const int relayPin=8;//relay module attach to digital 8
int outputvalue = o ;
void setup()
{
pinMode (relayPin , OUTPUT); //set relayPin as OUTPUT
pinMode ( ledPin , OUTPUT); //set ledPin as OUTPUT
Serial.begin (9600); //initialize the serial communication as 9600bps
}
void loop ()
{
  outputvalue = analogRead (photocellPin); //read the value of photoresistor
  Serial.println (outputValue); //print it in serial monitor
  if(outputvalue >= 400) //if the value of photoreisitor is greater than 400
  {
    digitalwrite (ledPin, HIGH) ; //turn on the led
    digitalwrite(relayPin , LOW) ; //relay connected
  }
  else //else
  {
    digitalwrite (ledPin , LOW); //turn off the led
    digitalwrite (relayPin,HIGH); //and relay disconnected
  }
  delay (1000) ; //delay 1s
}
```

（3）超声波传感器实验。

超声波传感器实验接线图如图7.28所示，本实验采用单线模式的超声波传感器，共有4个引脚：GND、VCC、Trig和Echo。VCC连接电源正极，GND连接电源负极，Trig连接Arduino UNO开发板引脚2，并定义引脚2为输出模式，Echo连接引脚3，并定义引脚3为输入模式；设置初始波特率为9 600，引脚2发出脉冲，引脚3接收脉冲。根据发射、接收时间差及声波在空气中的传输速度计算距离，并在串口监视器中显示出来。延时1 s，程序进行循环。

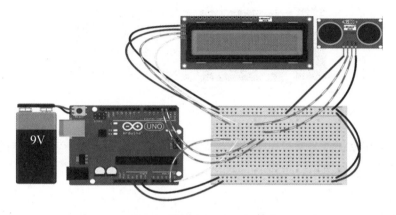

图7.28　超声波传感器实验接线图

程序编写：实验所用程序如下。

```
int TrigPin = 2;
int EchoPin = 3;
float dist;
void setup ()
{
  serial begin (9600) ;
  pinMode(TrigPin,OUTPUT);
  pinMode(EchoPin,INPUT);
}
void loop ()
{
  digitalwrite(TrigPin,LOW);
  delayMicroseconds (5);
  digitalwrite (TrigPin,HIGH);
  delayMicroseconds (10);
  digitalwrite (TrigPin,LOW);
  dist = pulsein(EchoPin,HIGH)

  Serial print (dist) ;
  Serial println ("cm") ;
  delay (1000) ;
}
```

（4）舵机控制实验。

连接舵机：舵机有 3 条线，红线为电源线，黑线为地线，黄线为信号线。将舵机的 VCC 引脚连接到 5 V 电源正极，GND 引脚连接到电源负极，确保舵机有稳定的供电，黄线连接数字端引脚 9。舵机控制实验接线图如图 7.29 所示。

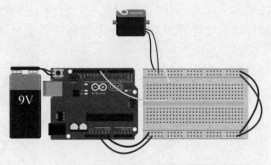

图 7.29　舵机控制实验接线图

程序编写：在控制器上编写程序，通过调用舵机库或直接设置 PWM 信号的脉宽来控制舵机的旋转角度，实验所用程序如下。

```
include <servo.h>
/***********************************************/
servo myservo ; //create servo object to control a servo
/***********************************************/
void setup()
{
  myservo.attach(9) ; //attachs the servo on pin 9 to servo object
  myservo.write(o) ;//back to o degrees
  delay(1ooo) ;//wait for a second
}
/***********************************************/
void loop()
{
  myservo.write(15)://goes to 15 degrees
  delay(1000) ;//wait for a second
  myservo.write(30)://goes to 30 degrees
  delay(1000) ;//wait for a second
  myservo.write(45)://goes to 45 degrees
  delay(1000) ;//wait for a second
  myservo.write(60)://goes to 60 degrees
  delay(1000) ;//wait for a second
  myservo.write(75)://goes to 75 degrees
  delay(1000) ;//wait for a second
  myservo.write(90)://goes to 90 degrees
  delay(1000) ;//wait for a second
  myservo.write(75)://back to 75 degrees
  delay(1000) ;//wait for a second
  myservo.write(60)://back to 60 degrees
  delay(1000) ;//wait for a second
  myservo.write(45)://back to 45 degrees
```

```
delay(1000) ;//wait for a second
myservo.write(30);//back to 30 degrees
delay(1000) ;//wait for a second
myservo.write(15);//back to 15 degrees
delay(1000) ;//wait for a second
myservo.write(o);//back to o degrees
delay(1000) ;//wait for a second
```

在此基础上，可以尝试更复杂的舵机控制应用，如控制多个舵机实现机械臂的动作，或者结合传感器实现舵机的自动控制等，进一步提升科学研究和工程设计能力。

2. 智能避障小车设计

1）实验目的

本实验旨在设计并实现智能避障小车，利用超声波传感器、火焰传感器、红外热释电传感器和蓝牙通信模块，实现小车在一定空间内自主避障并监测火灾或有人进入时发出报警，从而提高仓库安全监控效率并降低人力成本。

2）实验原理

（1）实验用传感器工作原理。

超声波传感器原理：通过发射超声波脉冲并接收回波来测量与前方障碍物的距离。根据超声波的传播时间和速度，可以计算出障碍物的距离。

火焰传感器原理：火焰传感器通过检测特定波长的红外光来判断是否有火焰。

红外热释电传感器原理：红外热释电传感器能感知周围环境的红外辐射，当有人或动物进入其感知范围时，产生温度变化，传感器输出信号。

（2）小车控制原理：小车通过控制电动机的正、反转和速度来实现前进、后退和转向。蓝牙通信模块允许用户通过手机发送控制指令，实现远程控制。

3）实验设备

小车、Arduino UNO 控制器、超声波传感器、火焰传感器、红外热释电传感器和蓝牙通信模块。

4）实验步骤

（1）搭建小车硬件系统并连线。

图 7.30 所示为实际搭建的智能避障小车，将实验用控制器、传感器放置在小车合适位置。

① 超声波传感器连接至 Arduino UNO 开发板的 Trig 引脚和 Echo 引脚，用于测量距离并判断避障。

② 如图 7.31 所示，将火焰传感器连接至 Arduino UNO 开发板的数字引脚，用于检测是否有火焰。

图 7.30　智能避障小车

③ 如图 7.32 所示，将红外热释电传感器连接至 Arduino UNO 开发板的数字引脚，用于检测是否有人移动。

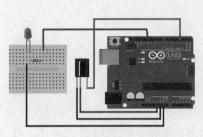

图 7.31　火焰传感器接线图

图 7.32　红外热释电传感器接线图

④ 如图 7.33 所示，将直流电动机及驱动模块连接到 Arduino UNO 开发板，使电动机能够控制小车的运动。

⑤ 如图 7.34 所示，将蓝牙模块连接至 Arduino UNO 开发板的串口引脚，用于接收手机指令并远程控制小车的启动和停止。

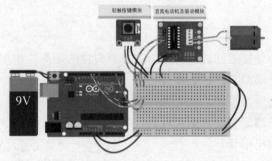

图 7.33　直流电动机及驱动模块接线图

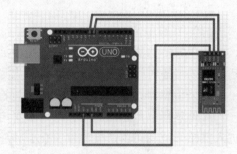

图 7.34　蓝牙模块接线图

（2）编写程序。

① 超声波避障功能实现程序：

```
#include <NewPing.h>
#define TRIGGER_PIN 12
#define ECHO_PIN 11
#define MAX_DISTANCE 200
NewPing sonar(TRIGGER_PIN, ECHO_PIN, MAX_DISTANCE);
voidsetup() {
Serial.begin(9600);
}
voidloop() {
int distance =sonar.ping_cm();
if (distance <= 20) { //设置避障距离阈值
//规避障碍物的动作,如停止、后退或转向
} else {
//继续前进
}
```

② 火焰报警功能实现程序:

```
#define FLAME_SENSOR_PIN 6
voidsetup( ) {
Serial.begin(9600);
pinMode(FLAME_SENSOR_PIN, INPUT);
}
voidloop( ) {
intflameValue = digitalRead(FLAME_SENSOR_PIN);
if (flameValue = = HIGH) {
//检测到火焰,发出报警信号,如蜂鸣器响铃
}
}
```

③ 红外热释电人体检测功能实现程序:

```
#define PIR_SENSOR_PIN 7
voidsetup( ) {
Serial.begin(9600);
pinMode(PIR_SENSOR_PIN, INPUT);
}
voidloop( ) {
intpirValue = digitalRead(PIR_SENSOR_PIN);
if (pirValue = = HIGH) {
//检测到人体,发出报警信号,如蜂鸣器响铃
}
}
```

④ 智能避障小车设计总体程序:

```
#include <NewPing.h>
#define TRIGGER_PIN 12
#define ECHO_PIN 11
#define MAX_DISTANCE 200
#define FLAME_SENSOR_PIN 6
#define PIR_SENSOR_PIN 7
NewPing sonar(TRIGGER_PIN, ECHO_PIN, MAX_DISTANCE);
voidsetup( ) {
Serial.begin(9600);
pinMode(FLAME_SENSOR_PIN, INPUT);
pinMode(PIR_SENSOR_PIN, INPUT);
}
voidloop( ) {
```

```
int distance =sonar.ping_cm();
intflameValue = digitalRead(FLAME_SENSOR_PIN);
intpirValue = digitalRead(PIR_SENSOR_PIN);
if (distance <= 20) { //设置避障距离阈值
//规避障碍物的动作,如停止、后退或转向
} else {
//继续前进
}
if (flameValue == HIGH) {
//检测到火焰,发出报警信号,如蜂鸣器响铃
}
if (pirValue == HIGH) {
//检测到人体,发出报警信号,如蜂鸣器响铃
}

//通过蓝牙通信模块接收手机指令并控制小车的启动或停止
}
```

（3）实验调试。

调试程序，能够成功搭建智能避障小车，并实现自主避障和检测火灾或人体时的报警功能。通过手机蓝牙控制小车的启动和停止，观察小车在环境中的行动和报警效果，验证实验的有效性。

（4）实验拓展。

可以尝试增加其他传感器或模块，如摄像头、红外遥控模块等，实现更多功能，如视觉导航、远程控制等。同时，鼓励学生进行创新性实验，拓展更多有趣的智能小车应用场景，加强对机器人控制与智能化的理解和应用。

7.2.2 基于 NI myRIO 的综合创新实践

1. 智能送餐小车实验

1）实验目的

本实验旨在设计一台基于 LabVIEW、使用 NI myRIO 控制器的智能送餐小车，实现自动送餐功能。该小车具备智能循迹、自动避障、智能防盗等功能。通过该实验，学生可以了解 LabVIEW 图形化编程的基本原理和应用，并掌握如何利用 NI myRIO 控制器控制小车。

2）实验原理

（1）小车运动控制：小车的运动通过电动机驱动模块实现。NI myRIO 控制器的数字输出端口控制电动机的转动方向和速度。利用 PWM 信号控制电动机的转速，可以实现小车的前进、后退和停止。

（2）小车避障功能：利用超声波传感器测量前方障碍物的距离。当障碍物的距离小于设定的阈值时，触发避障策略。避障策略可以通过控制电动机的转向，使小车绕过障碍物，并行驶在安全的路径上。

（3）小车循迹功能：红外循迹模块安装在小车的左、右两侧。当两个红外线传感器均监测到地面固定的黑色轨迹带时，证明小车已经在预定轨迹中前进。若一侧红外线传感器监

测不到地面固定的黑色轨迹带，NI myRIO 控制器读取红外线传感器输入的模拟量，并根据差速法调整电动机的速度和转向，使小车回到预定轨迹上，保证小车正常前进。

（4）小车视觉图像处理：视觉摄像头捕捉小车送餐环境的图像。利用 LabVIEW 中的视觉图像处理工具，对图像进行处理和分析。可以使用边缘检测、颜色识别等算法，识别出图像中的目标物体和其位置。

3）实验设备

（1）小车底盘：具有两个电动机驱动轮。

（2）控制器：NI myRIO 控制器。

（3）电动机驱动模块：用于控制小车底盘的电动机。

（4）红外循迹模块：用于实现小车的循迹功能。

（5）超声波传感器：用于实现小车的避障功能。

（6）视觉摄像头：用于捕捉小车送餐环境的图像。

4）实验步骤

（1）硬件连接。

将电动机驱动模块连接到 NI myRIO 控制器的数字输出端口，用于控制电动机的转动。

将红外循迹模块连接到 NI myRIO 控制器的模拟输入端口，用于监测小车的位置；将超声波传感器连接到 NI myRIO 控制器的数字输入端口，用于检测前方障碍物的距离；将视觉摄像头连接到 NI myRIO 控制器的 USB 接口，用于捕捉环境图像。搭建好的小车的硬件结构如图 7.35 所示。

图 7.35　小车的硬件结构

（2）小车送餐。

根据客人输入的送餐目标，小车根据预定轨迹前往目标位置；在送餐过程中，红外循迹模块监测小车是否在预定轨迹上，若偏离轨迹则进行循迹校正；超声波传感器检测前方是否有障碍物，若有，则执行避障策略绕过障碍物；小车到达送餐目标位置后，视觉摄像头捕捉环境图像，并进行图像处理，识别目标物体是否在小车上；完成送餐任务后，小车返回等待状态，等待下一次送餐指令。

（3）LabVIEW 程序设计。

① LabVIEW 软件主界面设计：创建新的 VI（虚拟仪器）；在 Front Panel（前面板）中添加控件和指示灯，用于控制小车的运动和显示状态；在 Block Diagram（图形化程序编辑区）中添加 While Loop（循环结构）和 Case Structure（条件分支结构）；将前面板的控件和指示灯与 Block Diagram 中的程序逻辑相连接。

② 小车运动控制程序设计。

小车定向运动设计：使用 Case Structure 结构实现小车的定向运动设计，调用相应的子VI 来控制小车的运动，如前进或后退等。图 7.36 所示为电动机控制程序。

利用平铺式顺序结构的性质，通过两个 PWM 输出引脚控制两个伺服减速电动机的转动速度，并各自持续一定时间，使小车在预定轨迹上转动。小车正常情况下的轨迹运行程序如图 7.37 所示。

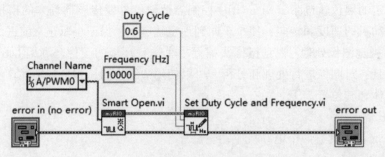

图 7.36　电动机控制程序

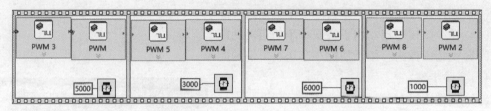

图 7.37　小车正常情况下的轨迹运行程序

　　小车避障功能程序设计：利用 VISA 配置相关串口函数，可在函数面板的仪器 I/O 模块的 VISA 和串口中设置；设定避障的阈值；在 Block Diagram 中添加判断结构，当检测到前方障碍物距离小于设定的阈值时，控制电动机的转向，使小车绕过障碍物，并行驶在安全的路径上。

　　超声波测距标定程序设计：利用 M1010 超声波传感器的 AN 引脚对其进行标定，最小测量距离为 10 英寸（254 mm），记录并绘出相应的标定图。超声波测距标定程序如图 7.38 所示，相应的标定图如图 7.39 所示。

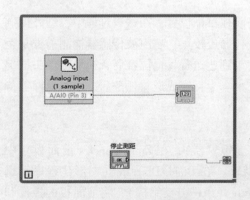

图 7.38　超声波测距标定程序

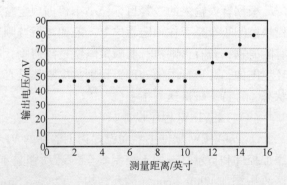

图 7.39　超声波传感器距离标定图

　　超声波传感器的测距程序设计：按照输出电压与测量距离的函数关系，利用条件分支结构，当超声波传感器测量障碍物距离小于 250 mm 时，小车执行避障程序，绕开障碍物后继续前进。超声波传感器避障程序如图 7.40 所示。

　　小车寻迹功能程序设计：在 Block Diagram 中添加循迹功能的触发条件，并根据触发条件执行相应的循迹策略；利用红外循迹模块监测小车是否在预定轨迹上，若偏离轨迹，则进行循迹校正；循迹校正可以通过调整电动机的速度和转向，使小车回到预定轨迹上。红外线循迹程序如图 7.41 所示。

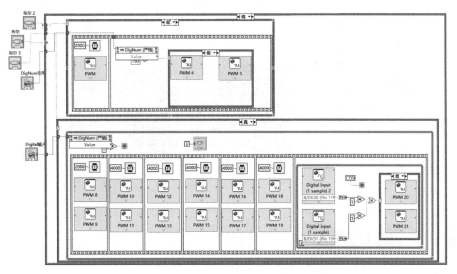

图 7.40　超声波传感器避障程序

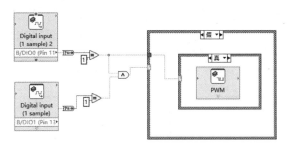

图 7.41　红外线循迹程序

小车视觉图像处理程序设计如下。

软件设置：在 MAX 中下载 myRIO 和 LabVIEW 中的视觉插件，并将摄像头通过 USB 接口连接在 myRIO 上；设置摄像头参数；拍摄餐品放在小车上的照片，作为模板图片；开启摄像头，即在 LabVIEW 的查找范例的硬件输入与输出中，找到视觉采集下的底层视觉捕捉模块，打开后选择外接的摄像头，运行程序后可以在前面板上看到摄像头所捕捉到的画面。摄像头的开启设计程序如图 7.42 所示。

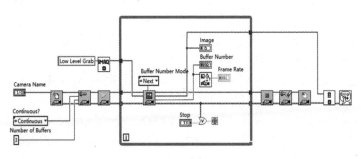

图 7.42　摄像头的开启设计程序

制作模板：将拍摄好的照片添加到 NI Vision Assistant 中进行图片处理，从而对目标物体进行特征选择。图片模板处理过程如图 7.43 所示。

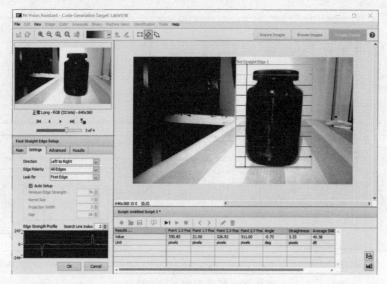

图 7.43　图片模板处理过程

实际餐品图像的拍摄与处理：使用视觉摄像头捕捉小车送餐环境的图像；利用 LabVIEW 中的视觉图像处理工具，对图像进行处理和分析，识别出图像中的目标物体和其位置；图像处理算法用来设计识别餐品是否在小车上，以及目标送餐位置是否正确。图 7.44 所示为餐品图像处理程序。

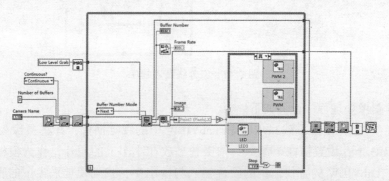

图 7.44　餐品图像处理程序

运动控制总体控制流程：利用 Block Diagram 中的状态机程序设计小车的运动控制程序、避障功能程序、循迹功能程序和视觉图像处理程序的主要控制逻辑；设计适当的条件分支和循环结构，确保小车在送餐过程中能够根据实际情况做出相应的动作和调整。

图 7.45 所示为上位机程序组成的运动逻辑总程序。小车工作时，视觉传感器启动并循环监测餐品是否处于正常位置；决定小车是否运行，并且利用 NI myRIO 控制器上的 LED 显示工作状态。图 7.46 所示为下位机控制小车运动主程序。

调试与实验：将实验程序下载到 NI myRIO 控制器中；实验前，确保硬件连接正确，电源接入合适，小车底盘能够正常运动；启动 LabVIEW 程序，观察小车的运动和状态。根据客人输入的送餐目标，观察小车的运动和图像处理结果。

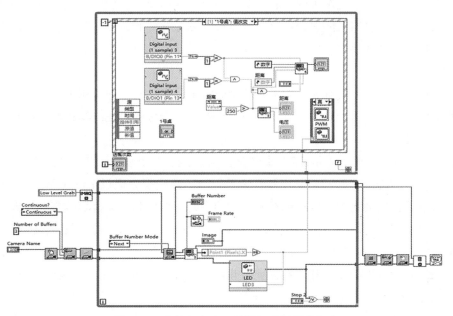

图 7.45 上位机程序组成的运动逻辑总程序

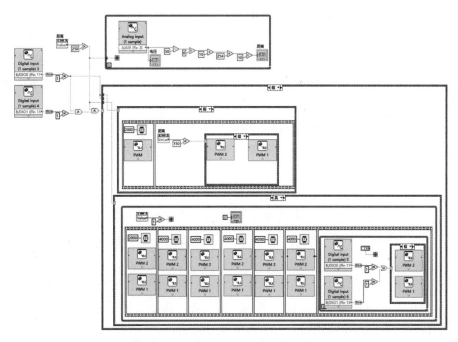

图 7.46 下位机控制小车运动主程序

2. 仿生四足乌龟式机器人设计

1）实验目的

设计一款能手动和自动来回切换的仿生四足乌龟式机器人。通过 LabVIEW 中的网络流实现上位机和下位机的数据交互，实现上位机对下位机的无线控制和数据传输功能。

在手动模式下，通过上位机的控制面板实现机器人的前进、后退、左转和右转等基本运动。在自动模式下，机器人能根据传感器数据实现搜寻探测和避障运输功能，并能实现手动与自动等多种功能的切换。

2）实验原理

本实验设计的机器人具有8个舵机和两个直流电动机，其中舵机用于控制机器人的关节运动，直流电动机用于机器人的前进和后退。通过设计合理的机械结构和舵机控制程序，使机器人能够实现稳定的四足步态运动。

控制方案的设计：依赖 LabVIEW 中的网络流功能。在手动模式下，上位机通过控制面板发送指令，包括前进、后退、左转和右转等操作。这些指令通过 LabVIEW 中的网络流传输到下位机，下位机接收指令后对机器人进行相应的动作控制。在自动模式下，机器人通过传感器获取周围环境的信息，例如超声波传感器用于检测前方障碍物的距离，红外线传感器用于检测左、右两侧障碍物的距离，摄像头用于采集图像数据。机器人根据传感器信号执行搜寻探测和避障运输等功能，避免发生碰撞并按照预设策略前进。

3）实验设备

仿生四足乌龟式机器人机械结构和硬件平台（包含多个直流电动机、多个舵机）、超声波传感器、红外线传感器、摄像头、控制计算机（带有 LabVIEW 等编程环境）、NI myRIO控制器、网络设备（Wi-Fi 热点或网络路由器）。

4）实验步骤

（1）机械结构的设计与搭建：了解乌龟的"八"字步运动规律，设计仿生四足乌龟式机器人的机械结构，包括关节和连接方式。将8个舵机和2个直流电动机正确连接到机械结构上，并进行 ADAMS 仿真验证。

（2）根据机械结构设计，搭建机器人的硬件平台。将舵机、直流电动机，传感器正确安装在机械结构上，并确保其连接正确和稳定。接线时注意极性和信号线的连接。

（3）控制程序设计：设计控制系统实现手动和自动模式的切换，在上位机的控制面板上设置切换按钮。在编程环境中编写控制程序，实现手动模式下的运动控制，通过按钮或键盘输入控制指令。设计自动模式下的算法，实现搜寻探测和避障运输功能，并通过 LabVIEW 中的网络流实现上位机和下位机的无线数据交互和控制功能。图 7.47 所示为部分主要控制程序。

（4）传感器部分程序设计：选择合适的传感器，如超声波传感器、红外线传感器、视觉传感器等，并将其连接到机器人硬件平台。编写程序读取传感器数据，并在 LabVIEW 中设计算法根据传感器数据控制机器人运动和决策避障路径。

例如，当超声波传感器检测到前方有障碍物时，执行避障算法。图 7.48 所示为搜寻探测的部分程序。避障程序如图 7.49 所示。

（5）系统整体调试与实验：连接网络设备（Wi-Fi 热点或网络路由器），确保控制计算机和机器人在同一局域网内；在 LabVIEW 中编写网络流程序，实现上位机与下位机的数据交互。控制面板的按键被按下之后，触发事件程序，并通过网络流传输到 NI myRIO 控制器上，实现前进、后退、左转、右转、搜寻探测、避障运输、暂停和退出的功能。上位机上的

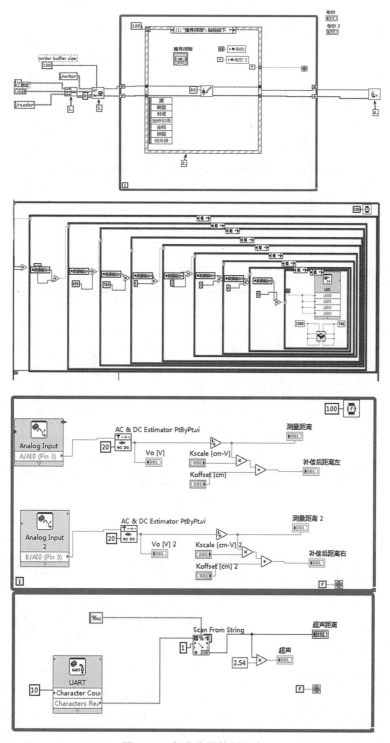

图 7.47　部分主要控制程序

控制面板如图 7.50 所示。网络流的驱动程序如图 7.51 所示。图 7.52 所示为网络流数据判断选择结构。

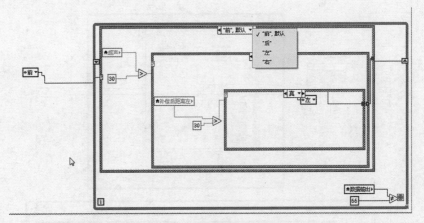

图 7.48　搜寻探测的部分程序

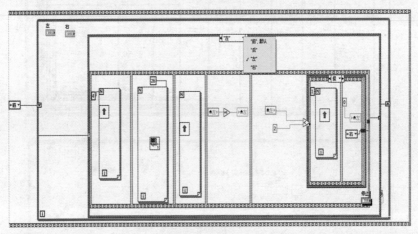

图 7.49　避障程序

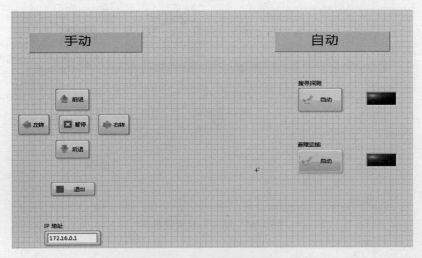

图 7.50　上位机上的控制面板

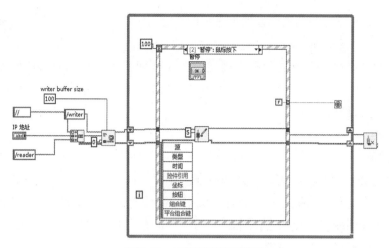

图 7.51 网络流的驱动程序

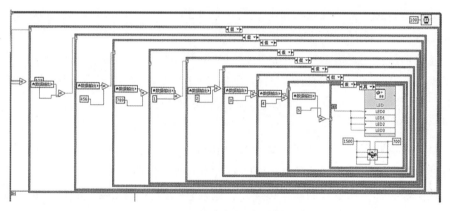

图 7.52 网络流数据判断选择结构

7.3 基于机器视觉的测控系统典型应用

1. 实验目的

（1）了解机器视觉的基本原理与技术及其在工业领域中的应用，特别是缺陷检测技术的原理及实现方法。

（2）掌握常用的图像处理方法，学习使用图像处理软件进行图像标定、边缘检测、缺陷检测、模式匹配和字符识别等方法。

2. 实验设备

安装图像处理软件的个人计算机；机器视觉设备，包括相机、镜头、光源及光源控制器；图像处理软件（本实验推荐使用 NI 提供的一组用于图像处理和分析的视觉开发模块）。该视觉开发模块中包括两个主要组件：NI Vision Assistant 和 IMAQ 视觉。其中，NI Vision

Assistant 是快速成型环境，无须编程即可进行图像分析和处理，并自动生成程序框图，简化了视觉软件的开发过程。而 IMAQ 视觉具有强大的视觉处理函数库，提供丰富的图像处理函数和工具。可通过编程实现更复杂和定制化的图像处理任务。对于简单任务可用 NI Vision Assistant，对于复杂任务可利用 IMAQ 视觉的强大功能。两者协同工作，使 NI 视觉开发模块在图像处理和分析领域得到广泛应用。

3. 实验步骤

1）硬件选取

（1）相机选择：根据实际需求，选择适合工业应用的 CCD 相机或 CMOS 相机。根据应用场景，选择适合的相机扫描方式：线阵相机用于高精度成像，面阵相机用于高速成像。确定相机的分辨率和帧率，选择适合图像处理的参数，确定相机的靶面尺寸和适用的 CCD 芯片尺寸；同时考虑成像效果和采集速度。

（2）镜头选择：根据实际应用需要选择合适的镜头，考虑焦距、光圈、支持的最大 CCD 芯片尺寸等参数，确保成像质量和适合的放大倍数；对于特定应用，如近距离拍摄或高分辨率需求，选择对应的显微镜头或远心镜头。

（3）光源选择：光源是图像采集的关键组成部分，根据不同应用场景选择合适的光源。LED 光源常用于工业视觉检测系统，前灯用于正向照明，后灯用于背面照明；同时考虑光源的光谱、方向、光强、景深等因素，设计合理的照明方案。

2）图像标定

（1）打开图像处理软件，选择图像标定功能，导入标定板的图像。标定板是一个具有已知间距图案阵列的平板，用于将像素坐标系转换为实际坐标系。

（2）在图像中选择标定板的两个边缘点，输入它们的直线距离（如 15 mm），并将实际坐标单位设置为 mm。

（3）确定标定板与相机镜头的位置，高度保持不变，然后进行图像标定，并保存标定结果。

NI Vision Assistant 软件界面如图 7.53 所示。图 7.54 所示为图像标定界面。

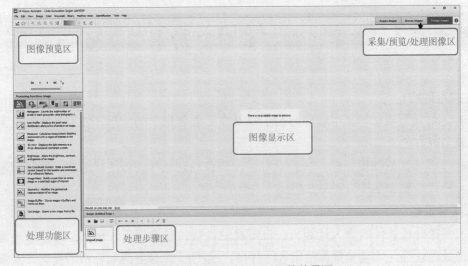

图 7.53　NI Vision Assistant 软件界面

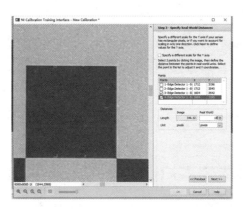

图 7.54　图像标定界面

3）边缘检测

（1）打开图像处理软件，选择边缘检测功能，导入待处理的图像。

（2）选择合适的边缘检测工具，如简单边缘工具或高级边缘工具；根据图像特点设置合适的参数，如边缘极性、插值类型、内核尺寸等，观察结果图像。

边缘检测函数如图 7.55 所示。图 7.56 所示为高级边缘工具。

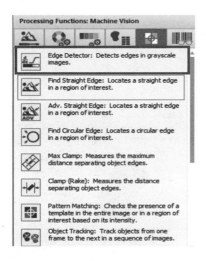

图 7.55　边缘检测函数

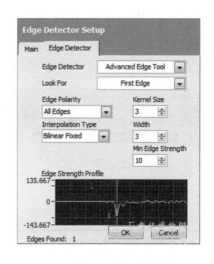

图 7.56　高级边缘工具

4）缺陷检测

（1）打开图像处理软件，选择缺陷检测功能，导入待处理的图像。

（2）将彩色图像转换为灰度图像，并使用阈值函数将灰度图像转换为二值图像。

（3）使用高级形态学操作进行去噪，如删除小目标、充填孔洞等。

（4）执行缺陷检测，观察检测结果，并根据需要调整阈值和形态学参数以优化缺陷检测效果。图 7.57 所示为图像功能面板。图 7.58 所示为高级形态学函数设置界面。

5）模式匹配

（1）打开图像处理软件，选择模式匹配功能，并创建要搜索的目标的模板。

（2）设置匹配参数，如要寻找的模板数量和旋转角度范围。

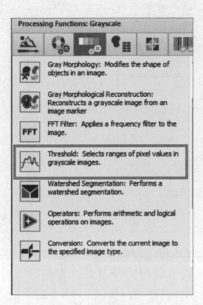

图 7.57　图像功能面板

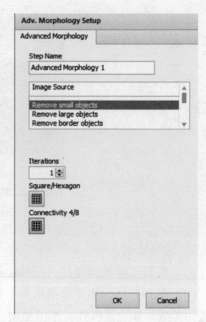

图 7.58　高级形态学函数设置界面

（3）执行模式匹配，并观察匹配结果，可以进一步调整参数以优化匹配效果。模式匹配界面如图 7.59 所示。选择要匹配的模板，单击 Next 按钮，然后进入图 7.60 所示的匹配界面，完成模式匹配。

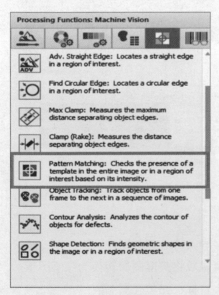

图 7.59　模式匹配界面

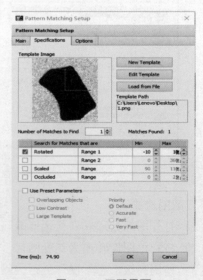

图 7.60　匹配界面

6）字符识别

（1）打开图像处理软件，选择 OCR 字符识别功能。训练字符集，依次训练每个数字字符，确保训练准确。OCR 函数如图 7.61 所示。

（2）使用 OCR 函数训练字符，如图 7.62 所示；单击 New Character Set File 按钮新建文字训练集，选中要训练的字符（注意训练字符时最好逐个训练）。

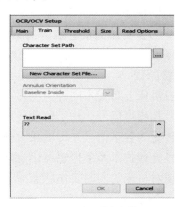

图 7.61　OCR 函数　　　　　　　　　　图 7.62　训练字符

（3）进行实际字符训练，并观察识别结果的准确性。如有需要，可对识别结果进行后续处理，根据实际应用需求进行修正，如图 7.63 所示。

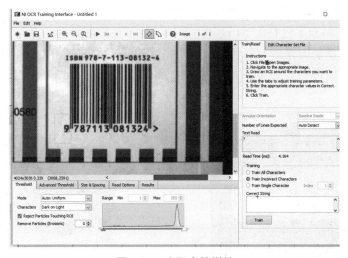

图 7.63　实际字符训练

7.4　现代测控系统综合创新实践

7.4.1　基于 CompactRIO 的机床数据采集及状态监测

1. 实验目的

（1）搭建基于 CompactRIO 的机床数据采集及状态监测硬件测试系统，用于实时感知并监测数控机床的工作状态。

（2）基于多个传感器采集的振动信号和噪声信号进行处理和分析，并选择合适的特征值表述其工作状态。

（3）学习多传感器信息融合技术的基本原理和实现方法，并用于实际数控机床状态的判定。

2. 实验原理

在数控机床上布置不同种类的多个传感器，如加速度传感器、声音传感器等，采集机床的振动信号和噪声信号，用于监测机床工作状态。利用数据采集卡将所采集到的振动信号和噪声信号转化为数字信号并传输给上位机供后续的分析和处理，实现机床的实时状态检测，并利用信号处理技术及多传感器信息融合技术（如采用 D-S 证据理论）判定机床工作特性参数，实现对机床的实时工作状态感知和监测。

3. 实验设备

本实验的硬件系统主要由 CGK6125 数控机床、CompactRIO 9043 实时控制器、NI-9231 数据采集卡、1A110E 通用压电式加速度传感器，以及 MPA416 自由场传声器组成。

1）CGK6125 数控机床

CGK6125 数控车床如图 7.64 所示。

2）CompactRIO 9043 实时控制器

CompactRIO 控制器平台是由 NI 设计生产的一款可重新配置的、基于虚拟仪器的嵌入式测控系统，配备可重复配置的 I/O 模块，提供高性能的精度控制和实时监控控制，提高整体反应速度，具有强实时性、可靠性和安全性。图 7.65 所示为本实验所使用的 CompactRIO 9043 实时控制器。

图 7.64 CGK6125 数控机床

图 7.65 CompactRIO 9043 实时控制器

3）NI-9231 数据采集卡

数据信号采集功能由与 CompactRIO 9043 实时控制器配合的 NI-9231 数据采集卡完成。该高密度声音和振动模块适用于麦克风和加速度传感器的高动态范围测量，并具有同步采样功能。NI-9231 还集成了 TEDS 输入路径和 2 mA IEPE 信号激励源，无须外部传感器电源，降低了系统复杂性。另外，它内置抗混叠滤波器，可以自动调整采样频率。图 7.66 所示为本实验所使用的 NI-9231 数据采集卡。

4）1A110E 通用压电式加速度传感器

1A110E 通用压电式加速度传感器采用剪切结构，具有宽测量范围、低基座应变、低温度瞬态响应和稳定性等优点，可选择 PC 输出或 IEPE 电压输出作为输出方式。

5）MPA416 自由场传声器

MPA416 自由场传声器的直径为 0.635 cm，具有高灵敏度的特点，适用于无反射的自由场和半自由场测量；采用预极化方式，无须外部极化电压；带一体化 ICCP 供电前置放大器；频率范围为 20 Hz~20 kHz。图 7.67 所示为本实验所使用的 MPA416 自由场传声器。

图 7.66　NI-9231 数据采集卡

图 7.67　MPA416 自由场传声器

4. 实验步骤

1）传感器的布置

搭建数据采集系统的硬件平台时，在数控机床关键部位（如机床的导轨、丝杠、主轴轴承、Z 轴、Y 轴、转塔等）安装多种传感器，如图 7.68 所示。通过多传感器信息融合方式，同时采集振动信号和噪声信号，使采集的数据更全面、准确，为后续数据处理和实时状态检测提供更多有用信息。

图 7.68　本实验中 1A110E 通用压电式加速度传感器和 MPA416 自由场传声器的布置示意

（1）振动传感器布点。

本实验选择在机床的主轴、主轴箱和床身导轨处安装 1A110E 通用压电式加速度传感器，同时检测机床组成部件运行和切削过程中的振动信号，确保数据采集的全面准确。

（2）噪声传感器布点。

本实验使用磁力架将 MPA416 自由场传声器吸附在数控机床床身工作台边缘，并将麦克风对准工件, 收集相关信号。这样的安装方式有助于准确捕捉主要的噪声信号。

2) 硬件平台的搭建

完成传感器的布置后, 用数据线连接传感器到 NI-9231 数据采集卡。将 NI-9231 数据采集卡插入 CompactRIO 9043 实时控制器卡槽, 并连接 PC 上位机。确认连接无误后, 接通 CompactRIO 9043 实时控制器电源, 启动数控机床, 运行 PC 上位机程序实现振动信号和噪声信号的采集、传输、处理和储存。

3) 传感器信号的采集

(1) 实验条件设置: 首先选择实际工况为空载、负载两种, 在每次实验中使数控机床在各种载荷的状态下先运行一段时间后再开始进行信号的采集工作。其中, 数控机床的主轴转速设定为 4 000 r/min。

(2) 数据采集模块前面板参数配置: 基于 LabVIEW 软件开发了数据采集模块。当采集信号时, 首先需要在数据采集模块的前面板上设定所选择的通道配置、采样频率、IEPE 电流值及各种单位等参数, 所设置的采集参数如图 7.69 所示。数据采集模块对数控机床工作状态下的振动信号和噪声信号的采集界面分别如图 7.70 和图 7.71 所示。

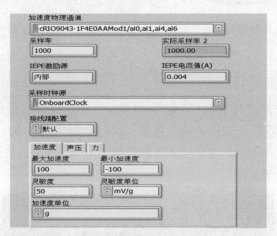

图 7.69　数据采集模块中设置的采集参数

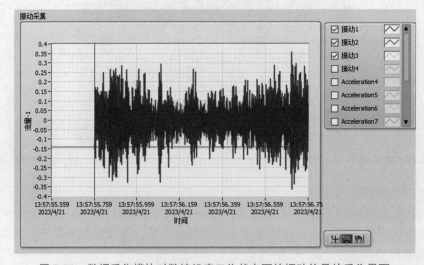

图 7.70　数据采集模块对数控机床工作状态下的振动信号的采集界面

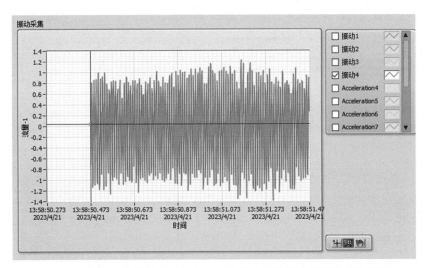

图 7.71 数据采集模块对数控机床工作状态下的噪声信号的采集界面

4）实验结果分析

基于 Python 软件开发实时状态检测平台，针对数控机床振动信号和噪声信号进行分析和处理。

（1）时域分析。

使用幅度分析来处理振动信号和噪声信号，计算信号的有效值，并作为特征值来反映振幅大小。通过 Python 编程设计实现振动信号和噪声信号的处理和分析，确保高效灵活。最终，得到处理后信号的有效值和特征值，为实时状态检测提供基础数据，具体的程序及用户界面如图 7.72 所示。

图 7.72 振动信号和噪声信号时域分析的程序及用户界面

运行程序后，系统将直接得到振动信号及噪声信号的有效值及特征值，并将其在用户界面中分别展示出来。振动信号和噪声信号的时域分析结果如图 7.73 所示，得到机床主轴、主轴箱、床身导轨处振动信号的有效值和机床主轴处噪声信号的有效值，并将其作为特征值。

图 7.73　振动信号和噪声信号的时域分析结果

（2）频域分析。

对采集的数控机床的振动信号及噪声信号进行 FFT 处理，处理程序如图 7.74 所示，振动信号、噪声信号频域分析的结果分别如图 7.75、图 7.76 所示。

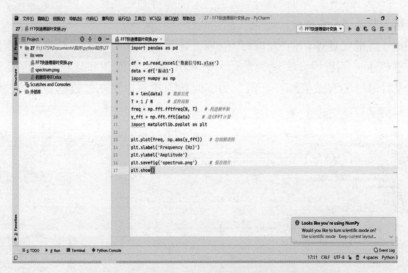

图 7.74　振动信号和噪声信号的 FFT 处理程序

（3）小波分析。

对非线性、时变随机信号，为捕捉频率变化和瞬时频率信息，采用小波分析法，在时频域对其进行进一步处理。

Python 软件平台和 PyCharm 软件提供强大算法实现和软、硬件集成能力，实现小波分析处理，获得更全面准确的信号特征，为实时状态检测提供监测数据。振动信号和噪声信号的小波分析的程序如图 7.77 所示。振动信号小波分析前、后波形对比如图 7.78 所示，小波分析后得到的振动信号被分解为 5 层，其各自的波形及特征如图 7.79 所示。噪声信号小波分析前、后波形对比如图 7.80 所示，小波分析后得到的噪声信号也被分解为 5 层，其各自的波形及特征如图 7.81 所示。

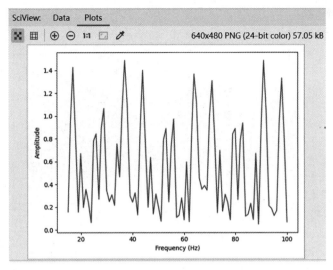

图 7.75 振动信号频域分析的结果

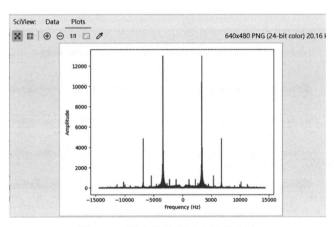

图 7.76 噪声信号频域分析的结果

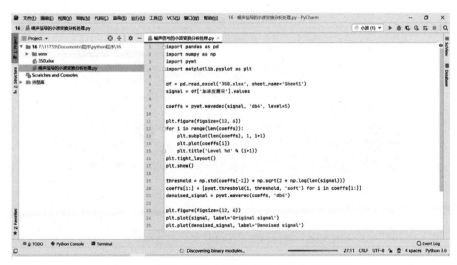

图 7.77 振动信号和噪声信号的小波分析的程序

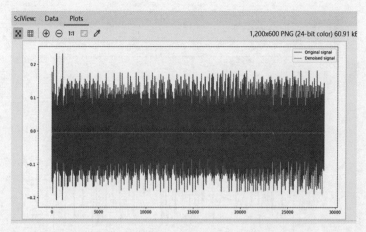

图 7.78　振动信号小波分析前、后波形对比

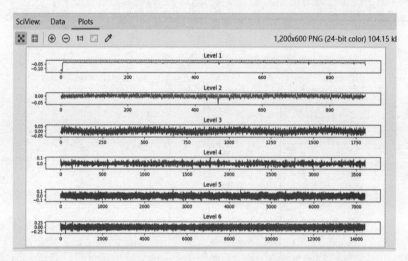

图 7.79　振动信号小波分析后的分层结果

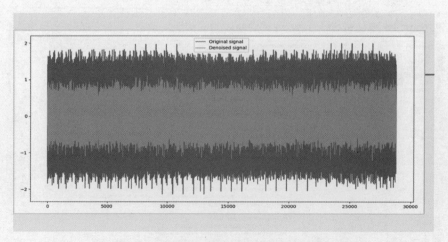

图 7.80　噪声信号小波分析前、后波形对比

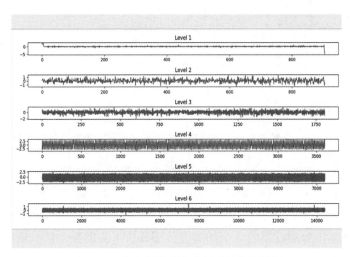

图 7.81　噪声信号小波分析后的分层结果

可以看到，数控机床的振动信号及噪声信号在经过小波分析后不仅可以滤除噪声、达到较好的滤波效果，还可以明显地反映出信号的波峰和波谷。由此可见，针对所采集的数控机床的振动信号及噪声信号，小波分析的效果要比传统的时域及频域分析的效果更好。

（4）多部位传感器信号的融合。

① 同一部位振动信号和噪声信号的融合。

为了使 1A110 通用压电式加速度传感器采集到的数控机床的振动信号和噪声信号能够更好地融合，并能够更全面地反映机床的工作状态，本实验选择在特征层对所采集的振动信号和噪声信号进行融合。

首先，对在同一位置布置的 1A110E 通用压电式加速度传感器和 MPA416 自由场传声器所采集的振动信号和噪声信号进行分析，通过计算振动信号和噪声信号各自的均方差，从而得到融合后的信号中振动信号、噪声信号各自占比例情况，从而实现数控机床的状态监测。

针对所采集的数控机床的振动信号和噪声信号，使用 Python 软件平台编程实现信号的处理和分析，具体的实现程序如图 7.82 所示。系统对融合后信号的分析的最终结果如图 7.83 所示。

图 7.82　同一位置的异类传感器所采集的振动信号和噪声信号的分析程序

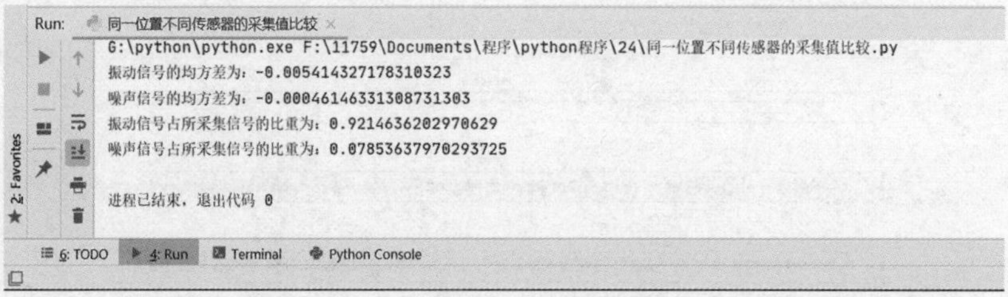

图 7.83 同一位置的异类传感器所采集的振动信号和噪声信号的分析结果

由分析结果可见，在机床主轴处，振动信号约占融合后信号的 90%，噪声信号约占融合后信号的 10%。

② 不同部位振动信号的融合。

对在 3 个不同部位分别设置的 3 个加速度传感器所采集的振动信号进行处理和分析，通过进行多传感器特征层融合得出实验中数控机床关键组件（如主轴、主轴箱及床身导轨各个部位）所接收的振动信号的比例情况，从而更好地监测数控机床的工作状态。

针对所采集的数控机床 3 个部位的振动信号，使用 Python 软件平台编程实现信号处理和分析，得到数控机床 3 个部位的振动信号的占比情况，具体的实现程序如图 7.84 所示。对 3 个部位加速度传感器所采集的振动信号的分析结果如图 7.85 所示。

图 7.84 不同位置的加速度传感器所采集的振动信号的分析程序

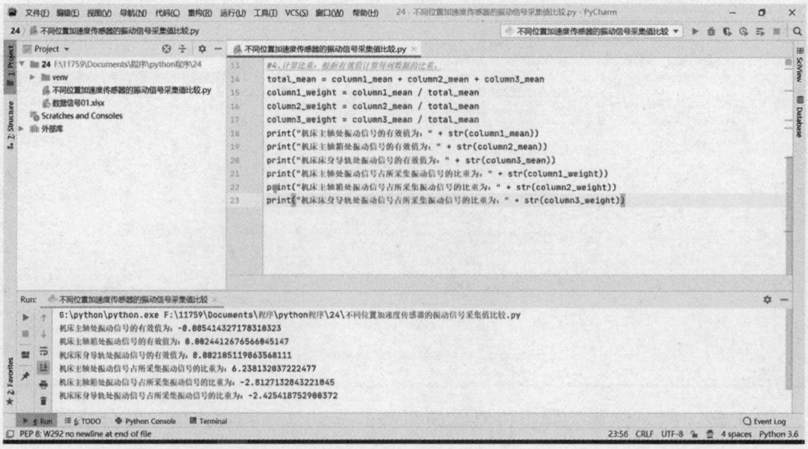

图 7.85 不同位置的加速度传感器所采集的振动信号的分析结果

由分析结果可见，本实验中 CGK6125 数控机床的主轴、主轴箱及床身导轨分别采集振动信号，并将 3 种信号进行融合，机床主轴处所采集的振动信号约占机床总的振动信号的 60%；机床主轴箱处所采集的振动信号约占机床总的振动信号的 25%；机床床身导轨处所采集的振动信号约占机床总的振动信号的 25%。

（5）基于 D-S 证据理论的机床性能评估。

本实验在完成对融合后的振动信号和噪声信号的分析、处理的基础上，根据两种信号在融合后的占比情况对数控机床工作状态影响最大的振动信号运用 D-S 证据理论进行融合分析。

计算证据值：根据 D-S 证据理论，计算不同时刻振动信号的证据值，从而得到信号之间的相似度。

绘制趋势图：根据计算出的特征值，绘制振动信号随时间变化的趋势图，并使用 Python 平台程序实现。具体程序如图 7.86 所示。

图 7.86　D-S 贝叶斯证据判断分析程序

分析和处理：基于决策层分析，根据计算结果和趋势图，对不同时刻的振动信号进行分析和处理，给出系统未来状态的主观估计。如果发现异常或异常趋势，则需要及时采取措施进行修复或调整。

对数控机床所采集的振动信号进行 D-S 证据理论分析，不同时刻的振动信号的变化趋势如图 7.87 所示。

由图 7.87 可见，本系统在对数控机床不同时刻所采集的振动信号进行 D-S 证据理论处理和分析后可观察出：数控机床同一位置处所采集的振动信号的振幅随着时间的延续有逐渐变大的趋势。因此，可以通过设计合理的指标，完成对设备性能退化的评估。

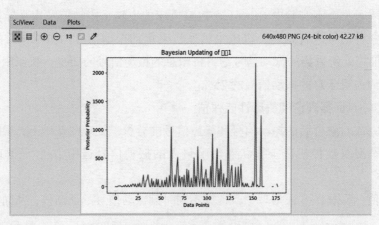

图 7.87 不同时刻的振动信号的变化趋势

7.4.2 机械零件表面质量检测系统

1. 实验目的

本实验旨在应用机器视觉检测技术,实现对机械零件表面质量的高精度、无接触、自动化检测。通过图像处理系统对零件进行拍摄、分析和处理,实现自动识别和测量功能。此外,通过引入基于深度学习的缺陷检测算法,提升缺陷检测的效率和准确性,并搭建精度较高的机械零件表面质量检测系统。

2. 实验原理

1)机器视觉检测技术简介

机器视觉检测系统采用 CCD 相机将被检测的目标转换成图像信号,传输给专用的图像处理系统。图像处理系统通过像素分布、亮度、颜色等信息转换成数字信号,并对这些信号进行各种运算,抽取目标特征,如面积、数量、位置、长度等。根据预设的允许度和其他条件输出结果,包括尺寸、角度、个数、合格/不合格、有/无等,实现自动识别功能,并探讨基于深度学习的缺陷检测算法,如 SSD 算法,实现复杂机械零件表面质量检测的要求。

2)图像处理技术简介

图像处理技术包括以下几种。

(1)灰度化:将彩色图像转换为 8 位的灰度图像,可采用最大值法、平均值法或加权平均值法。灰度化后的图像便于后续处理和特征提取。

(2)图像滤波:利用卷积操作实现滤波,常用的滤波方法有均值滤波、高斯滤波和中值滤波。滤波可平滑图像,去除噪声,提高图像后续处理的准确性。

(3)阈值分割:采用单阈值法或多阈值法对图像进行分割,得到目标区域,选取合适的阈值对图像进行二值化处理。

(4)形态学变换:包括腐蚀、膨胀、开运算和闭运算,用于去除噪声、填充缺陷和连接区域。形态学操作可以改善图像的连通性和形状。

（5）颗粒分析：根据颗粒的面积参数来提取目标特征信息，用于尺寸测量和缺陷检测。

3. 实验设备

（1）照明系统：选择合适的 LED 光源，如条形光源、面光源、环形光源等，以提供必要的光源供应。光源的选择应考虑目标表面特性，以获得清晰的图像。

（2）工业相机：选择合适的工业相机，根据应用需求选取模拟工业相机或数字工业相机，如 CCD 工业相机或 CMOS 工业相机。相机的性能参数要满足实际检测要求，如分辨率、帧率、像素深度等。

（3）工业镜头：选择合适的镜头类型，如标准、远心、广角、近摄和远摄等，焦距根据视场大小确定，其中镜头的质量和适配性对图像质量至关重要。

4. 实验步骤

1）传统图像处理及检测实验

（1）系统标定：使用相机获取标准件图像，执行圆捕捉命令，得到零件的轴心位置，根据图像中的已知圆的尺寸进行标定，确定实际坐标与像素坐标之间的关系；捕捉外圆的边界点，得到外圆的半径长度。根据图像中的已知圆的尺寸进行标定，确定像素与实际长度的转换关系；进行点距标定，确定实际坐标与像素坐标之间的关系，并保存标定信息，如图 7.88 所示。

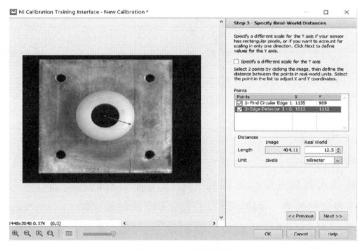

图 7.88　系统标定

（2）尺寸测量：将待检测零件放在相同位置，拍取图像，确保相机和零件的相对位置固定不变；使用圆检测命令，识别待检测圆区域，测量其尺寸大小和圆心坐标；根据标定信息，将像素坐标转换为实际尺寸，如图 7.89 所示。

在得到清晰的图像后就可以进行多个表面尺寸的重复性测量，待检测表面如图 7.90 所示，对待检测零件进行多参数多次测量，将测量结果填入表 7.6，并与工件表面质量要求进行比对，确定其实际尺寸和合格性判定。

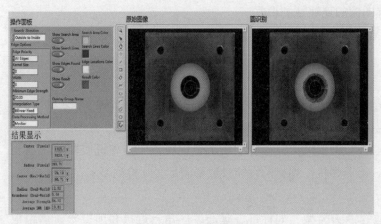

图 7.89 圆检测模块

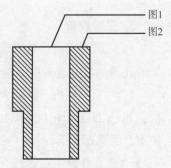

图 7.90 待检测表面示意

表 7.6 检测值 单位：mm

次数	圆 1	圆 2
1		
2		
3		
4		
5		
6		
7		
8		
均值和误差		

（3）缺陷检测。

① 对待检测图像进行灰度变换（即灰度化），选取合理的阈值进行分割，去除噪声并填充缺陷。根据零件表面的特点，调整阈值以获得清晰的缺陷区域。

② 进行形态学变换，去除无关颗粒，突出缺陷区域。选择合适的结构元素进行腐蚀和膨胀操作，优化缺陷区域的检测效果。

③ 基于阈值分割或模式匹配的方法进行缺陷检测，输出缺陷位置信息。可以采用特定的形状模板进行匹配，以提高缺陷检测的准确性。

在缺陷检测方面，应对比传统的应用图像处理技术的缺陷检测算法和基于深度学习的缺陷检测算法（如 SSD 算法）。对比实验包括检测耗时、检测精度及鲁棒性等方面的评估。图 7.91 所示为阈值分割效果图。图 7.92 所示为阈值分割程序。模式匹配的结果与程序如图 7.93、图 7.94 所示。

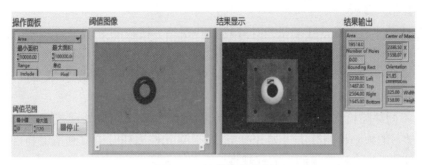

图 7.91　阈值分割效果

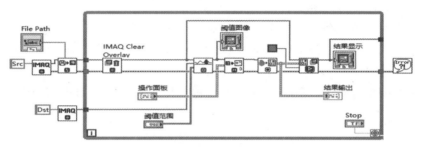

图 7.92　阈值分割程序

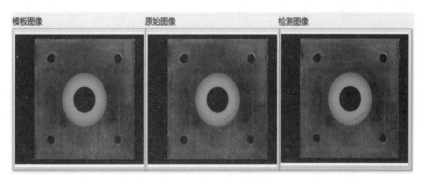

图 7.93　模式匹配结果

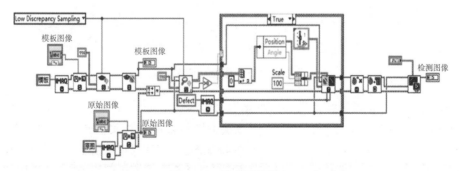

图 7.94　模式匹配程序

（4）实验结果分析。

① 对零件尺寸进行重复性测量，计算均值和误差。比较测量结果与实际值，评估测量的准确性。

② 分析缺陷检测结果，确定是否满足质量要求。对检测出的缺陷区域进行分类和统计，评估检测系统的性能。

③ 对比不同缺陷检测算法的实验结果，包括传统的应用图像处理技术的缺陷检测算法和基于深度学习的缺陷检测算法（如 SSD 算法），对比检测耗时、检测精度和鲁棒性，验证基于深度学习的算法在缺陷检测上的优越性。

2）基于深度学习的缺陷检测算法

（1）神经网络的选取与搭建。

为了提升缺陷检测的效率和准确性，引入基于深度学习的缺陷检测算法。基于深度学习的缺陷检测算法主要分为直接回归（One-Stage）与区域提取+分类（Two-Stage）两种。在本实验中，我们将采用基于 One-Stage 的缺陷检测算法，具体选取了单次多边框检测（Single Shot MultiBox Detector，SSD）算法，其检测过程如图 7.95 所示。SSD 算法的网络结构如图 7.96 所示。

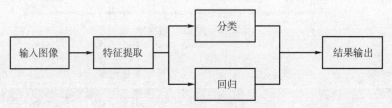

图 7.95　SSD 算法的检测过程

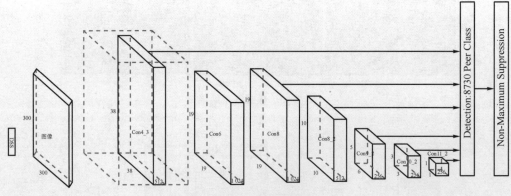

图 7.96　SSD 算法的网络结构

在 SSD 算法中，一幅图像首先被初始化为 300×300×3 的形式，然后从 Conv4_3、Conv7、Conv8_2、Conv9_2、Conv10_2、Conv11_2 层依次抽取特征图，其大小分别为 38×38、19×19、10×10、5×5、3×3、1×1。接着，根据提取出的特征图，在每张特征图的每个特征点上分别生成 4、6、6、6、4、4 个不同尺度的先验框，共计 8 732 个先验框，可用于检测不同大小的物体（Detection：8730 peer Class）。最后，通过非极大值抑制（Non-Maximum Suppression，NMS）的方法滤除一些冗余的先验框，并调整剩下的先验框来获得目标检测的结果。

（2）数据集标注与训练。

完成数据集的构建后，需要对图像中的缺陷位置进行标注。本实验中，采用 LabelImg 作为标注工具，逐幅图像框选住缺陷位置并进行标记，保存标注信息为 XML 格式。图 7.97 所示为标注过程，完成标注后，将图像与标注信息按照 8：2 的比例划分为训练集与验证集，用于后续模型的训练。

（3）模型训练与评估。

利用 LabVIEW 设计一键自动训练的程序，通过调用预训练模型并修改配置参数，确定预训练模型训练的最佳参数。

需要调整的预训练参数主要包括训练步数、训练批次、损失函数等超参数。单击"开始训练"按钮后，系统开始一键自动训练，如图 7.98 所示。

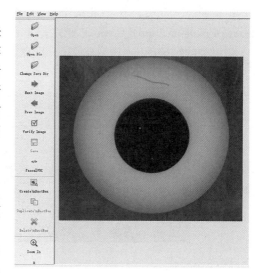

图 7.97 标注过程

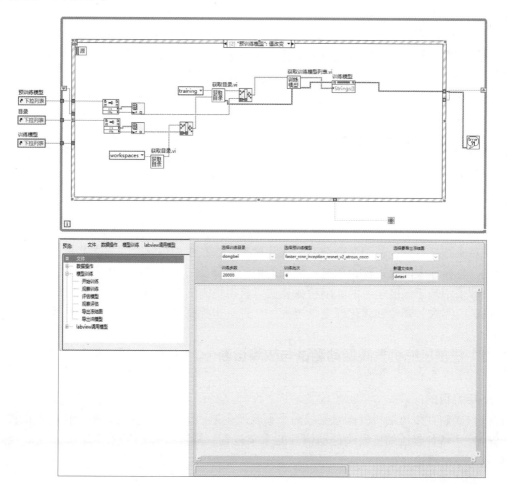

图 7.98 一键自动训练模块

模型训练完成后，在验证集上对模型进行评估，主要观察模型的全类平均精度（men Average Precision，mAP）。mAP 越接近 1 表示模型的训练结果越好。对实验所用零件进行评估：划痕类的缺陷的 mAP 为 0.976，斑点类的缺陷的 mAP 为 0.987，识别效果如图 7.99 所示，表明模型具有较高的检测精度。

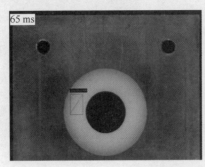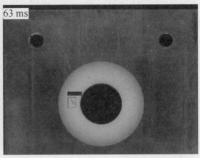

图 7.99　检测结果

（4）综合比较。

工程应用中，通常以处理速度、缺陷识别率、算法适用对象、算法鲁棒性几方面作为评定缺陷检测方法的主要指标。

以上文所述零件为缺陷检测对象，将传统的应用图像处理技术的缺陷检测算法与基于深度学习的缺陷检测算法进行对比，对比结果如表 7.7 所示。

表 7.7　不同缺陷检测算法的对比

对比项	缺陷检测算法		
	阈值分割	模式识别	深度学习
平均检测时间	42 ms	876 ms	65 ms
平均检测精度	1.00	1.00	0.98
缺陷识别	较差	一般	较强
鲁棒性	较差	一般	较强

由对比结果可见，基于深度学习的缺陷检测算法在平均检测时间、平均检测精度、小缺陷识别、鲁棒性方面表现较为优越，特别适用于大部分的工业检测需求。因此，在实际应用中，推荐采用基于深度学习的缺陷检测算法以获得更高的效率和准确性。同时，可根据具体检测场景的需求，调整和优化深度学习模型，进一步提高缺陷检测的效率和精度。

7.4.3　往复压缩机气阀振动测试与故障诊断

1. 实验目的

（1）了解往复压缩机气阀常见故障类型及产生原因，学习往复压缩机故障诊断的原理。

（2）了解往复压缩机气阀振动信号的采集过程，搭建实际信号采集系统完成信号采集与处理并得出结论。

2. 实验原理

往复压缩机气阀在工作中会受到如冲击、摩擦等多种因素的影响，其振动信号具有非线性、非平稳性的特点，从而导致了其故障特征不明显，不利于特征提取。针对此问题，首先利用变分模态分解（Varational Mode Decomposition，VMD）来对气阀信号进行处理，去除信号中存在的噪声等因素的影响。VMD 算法的求解过程可以分为以下两个部分，具体原理如下。

1）建立、求解变分模型

（1）建立变分模型。

变分模态分解认为信号是由 K 个频率占优的子信号模态分量（Intrinsic Mode Functions，IMF）叠加而成的。首先对每个 IMF 进行希尔伯特变换，然后将每个 IMF 的频率增加至其中心频率 ω_k，计算调解信号的 L^2 范数，然后估计其带宽。约束变分模型为

$$\min_{u_k,\omega_k}\left\{\sum_{k=1}^{K}\partial_t\left[\left(\delta(t)+\frac{\mathrm{j}}{\pi t}\right)*u_k(t)\mathrm{e}^{-\mathrm{j}\omega t}\right]_2^2\right\}\sum_{k=1}^{K}u_k(t)=f(t) \tag{7.15}$$

式中，$f(t)$ 为初始信号；$u_k(t)$ 为 IMF；ω_k 为 IMF 的中心频率。

（2）求解变分模型。

为求解模型（7.15），引入增广拉格朗日函数，然后变分模型变为

$$L(\{u_k(t)\},\{\omega_k(t)\},\lambda)=\alpha\sum_{k=1}^{K}\partial_t\left[\left(\delta(t)+\frac{\mathrm{j}}{\pi t}\right)*u_k(t)\mathrm{e}^{-\mathrm{j}\omega t}\right]_2^2+$$
$$x(t)-\sum_{k=1}^{K}u_k(t)_2^2+\lambda_t x(t)-\sum_{k=1}^{K}u_k(t) \tag{7.16}$$

使用乘法算子交替方法求解式（7.16），步骤如下。

① 对 VMD 算法的参数进行初始化处理：$\{u_k^1\}$，$\{\omega_k^1\}$，λ^1，$n=0$。

② 令 $n=n+1$，迭代开始。

③ 根据式（7.17）和式（7.18）更新 u_k，ω_k。

$$\hat{u}_k^{n+1}(\omega)=\frac{\hat{f}(\omega)-\sum_{i\neq k}\hat{u}_i(\omega)+\frac{\hat{\lambda}(\omega)}{2}}{1+2\alpha(\omega-\omega_k)^2} \tag{7.17}$$

$$\omega_k^{n+1}=\frac{\int_0^\omega\omega|\hat{u}_k(\omega)|^2}{\int_0^\omega|\hat{u}_k(\omega)|^2} \tag{7.18}$$

④ 根据式（7.19）更新 λ。

$$\hat{\lambda}^{n+1}(\omega)=\hat{\lambda}^n(\omega)+\gamma\left[\hat{f}(\omega)-\sum_{k=1}^{K}\hat{u}_k^{n+1}(\omega)\right] \tag{7.19}$$

⑤ 重复步骤②③④，直至满足 $\dfrac{\sum_k\left\|\hat{u}_k^{n+1}-\hat{u}_k^n\right\|_2^2}{\hat{u}_k^n}<e$（$e$ 为判别精度），最终得到各个模态分量。

2）重构信号

利用 VMD 算法对往复压缩机气阀信号进行处理后，利用峭度指标对信号进行重构。峭度属于无量纲的参数，当振动信号中存在冲击特性时，该特性可以用峭度指标进行描述。峭度值越大，其 VMD 分解得到的 IMF 所包含的故障成分就越多。对重构后的信号进行定量分析以提取信号中的特征。相较于均值、峰值等时频特征，熵能反映信号的复杂性及随机性，提取隐藏在信号中的动态特征，因此被广泛应用于故障诊断领域。在此，利用排列熵（Permutation Entropy，PE）来提取气阀特征，排列熵算法原理如下。

对长度为 N 的时间序列 $\{x(i), i=1,2,\cdots,N\}$，利用一个嵌入维数 m 和一个时间延迟 τ 对时间序列进行重构，可得 k 个重构向量，如式（7.20）所示，其中 $k=(m-1)\tau$。

$$\begin{cases} \boldsymbol{X}_1 = \{x(1), x(1+\tau), \cdots, x[1+(m-1)\tau]\} \\ \boldsymbol{X}_j = \{x(j), x(j+\tau), \cdots, x[j+(m-1)\tau]\} \\ \qquad\qquad\qquad \vdots \\ \boldsymbol{X}_k = \{x(k), x(k+\tau), \cdots, x[k+(m-1)\tau]\} \end{cases} \tag{7.20}$$

对每个子序列 $\boldsymbol{X}_j, j=(1,2\cdots,k)$ 中的元素按递增进行重排：

$$x[i+(j_1-1)\tau] \leqslant \cdots \leqslant x[i+(j_m-1)\tau] \tag{7.21}$$

式中，j_1，j_2，$\cdots$，j_m 为重构子序列 $\boldsymbol{X}_j$ 中各元素所在列的索引。

若 $\boldsymbol{X}_j$ 中有两个元素相等，则按 j_i 的下标 i 的大小排列。通过上述步骤，每个 $\boldsymbol{X}_j$ 都可以得到对应的符号序列 $\boldsymbol{S}_l = \{j_1, j_2, \cdots, j_m\}(l=1,2\cdots,k)$，且 $k \leqslant m!$。因此，定义排列熵为

$$H_p(m) = -\sum_{j=1}^{k} P_j \ln(P_j) \tag{7.22}$$

式中，P_j 表示 $\boldsymbol{X}_j$ 对应的符号序列的概率，且 $\sum_{j=1}^{k} P_j = 1$。

归一化 $H_p(m)$ 即可获得排列熵值，即

$$H_p = \frac{H_p(m)}{\ln(m!)} \tag{7.23}$$

结合 VMD 和 PE 的原理，利用 VMD-PE 算法对信号进行故障诊断的流程如图 7.100 所示。

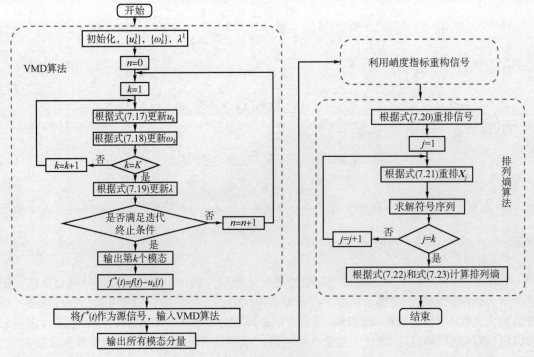

图 7.100　VMD-PE 算法流程

3. 实验设备

图 7.101 所示为 2D-90MG 往复压缩机设备，图 7.102 所示为其气阀。

图 7.101　2D-90MG 往复压缩机

图 7.102　往复压缩机气阀

4. 实验步骤

1）模拟往复压缩机气阀正常运行和故障运行状态，并进行各状态下振动信号的检测

气阀常见典型故障有阀片断裂、弹簧失效、阀片密封面失效 3 种。弹簧失效状态通过减少气阀弹簧数量来进行模拟，阀少弹簧状态为在正常状态（6 个弹簧）下拿走 3 个弹簧；阀片断裂为阀片从一侧断裂；阀片密封面失效状态通过在阀片施加裂纹来进行模拟。往复压缩机气阀故障模拟效果图如图 7.103 所示。

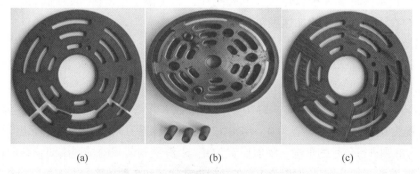

(a)　　　　　　　　(b)　　　　　　　　(c)

图 7.103　往复压缩机气阀故障模拟效果图

（a）阀片断裂（b）弹簧失效（c）阀片密封面失效

2）搭建测试系统

利用 LabVIEW 软件搭建往复压缩机气阀信号采集系统，信号采集系统如图 7.104 所示。在安装传感器时，将 1A110E 通用压电式加速度传感器放在气阀的阀座位置，固定时利用磁座的方式固定。该传感器的灵敏度为 5 mv/(m·s^{-2})，可以测量 $-100 \sim +100$ g 内的振动加速度信号，其中 g 代表重力加速度。然后将传感器与 NI-9231 数据采集卡、NI-9189 机箱及计算机网口按顺序连接起来。

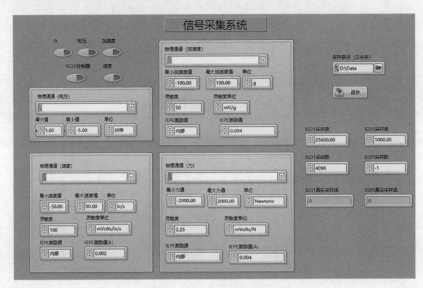

图 7.104　信号采集系统

3）仪器设置与信号采集

打开信号采集系统，配置传感器参数，在加速度传感器设置区处，选择加速度传感器对应的物理通道，最小加速度值设置为 -100，最大加速度值设置为 100，单位设置为 g，灵敏度设置为 50，灵敏度单位为 mV/g。

将采样频率设置为 25 600，采样数设置为 4 096，设置文件夹名后，依次单击左上角的"9231 控制器""加速度"和"保存数据"按钮。

分别安装正常阀片和 3 种故障状态下的阀片，然后单击信号采集系统的"运行"按钮，分别采集气阀在不同状态下的加速度运行数据。

4）信号分析与故障特征提取

将采集好的数据输入 MATLAB 中，运行 VMD-PE 程序。VMD-PE 算法主程序如图 7.105 所示。

在运行 VMD-PE 算法主程序时，VMD 的分解层数 K 设置为 5，惩罚因子设置为 2 000，噪声容忍度设置为 0，直流分量设置为 0，初始化中心频率设置为 1，收敛准则容忍度设置为 1e-7，然后以峭度为准则进行信号的重构，阈值设置为 8。求解重构信号的排列熵值，在此过程中，嵌入维数 m 设置为 5，时间延迟 τ 设置为 1。在气阀正常状态和 3 种故障状态下分别运行 10 组数据。

5）实验结果分析

（1）根据测试结果，计算气阀在每种状态下的排列熵值，记录到表 7.8 中。

```
1   % VMD: Input.
2   % signal   - 要分解的时域信号（1D）；
3   % alpha    - 惩罚因子，也称平衡参数；
4   % tau      - 噪声容忍度；
5   % K        - 分解的模态数；
6   % DC       - 直流分量；
7   % init     - 初始化中心频率：0 = all omegas start at 0
8   %                          1 = all omegas start uniformly distributed
9   %                          2 = all omegas initialized randomly
10  % tol      - 收敛准则容忍度：通常在1e-6左右。
11  % Output:
12  % u        - 分解模式的集合；
13  % u_hat    - 模式的频谱；
14  % omega    - 估计模式中心频率。
15  [u, u_hat, omega] = VMD(signal, alpha, tau, K, DC, init, tol);
16  %利用峭度重构信号（也可以采用其他指标）
17  % m:利用峭度重构信号时的阈值（根据不同信号调整）；ku:峭度；Tred:重构信号。
18  m = 8;
19  ku=zeros(1,K);
20  for i=1:K
21      ku(i)=kurtosis(u(i,:));
22      i=i+1;
23  end
24  Tred=zeros(1,N);
25  for j=1:K
26      if ku(j)>m
27          Tred=Tred+u(j,:);
28          j=j+1;
29      end
30  end
31  %求排列熵(PE)：pe:排列熵值；eDim:嵌入维数；eDim:时间延迟。
32  [pe, ~]=pec(Tred,eDim,eLag);
```

图 7.105　VMD-PE 算法主程序

表 7.8　测试结果

气阀状态	1	2	3	4	5	6	7	8	9	10
正常状态										
阀片断裂										
弹簧失效										
阀片密封面失效										

（2）观察气阀在不同状态下的排列熵值，分析气阀状态与排列熵值之间的关系。

7.4.4　视觉分拣机械臂的设计及实现

1. 实验目的

（1）本实验旨在搭建视觉系统与机械臂控制系统实验平台，实现视觉识别后机械臂自动完成抓取与分拣任务。

（2）设计手眼标定和控制算法，使机械臂能够根据相机采集的图像信息准确抓取目标物体，并探索系统的稳定性和自动化程度。

2. 实验原理

1）手眼标定

手眼标定是指确定机械臂末端执行器坐标系与相机坐标系之间的变换关系，以便在机械臂末端执行器坐标系中计算目标物体在相机坐标系中的位置。在本实验中，采用九点标定法，即在标定板上放置九个标定点，然后通过相机和机械臂末端依次移动这些标定点，通过视觉系统获取像素坐标，并通过机械臂示教程序获取机械臂世界坐标，最终计算出手眼标定矩阵。

九点标定法的基本流程如图 7.106 所示。

图 7.106   九点标定法的基本流程

2）机械臂控制系统原理

通过摄像头采集图像信息，并将图像信息传输给嵌入式系统 myRIO 控制器；经过算法处理后，将动作信号传输给越疆机械臂，使由多个舵机、伺服电动机和吸盘组成的机械臂可以根据指令完成相应的动作。

其中，视觉系统包括图像采集、图像分析与处理、处理信息传输 3 个部分；运动控制平台包括越疆机械臂，执行机构末端选用真空泵排气式吸盘。

基于 NI myRIO 的机械臂控制系统架构如图 7.107 所示，基于 NI myRIO 的机械臂控制系统软件的工作流程如图 7.108 所示。

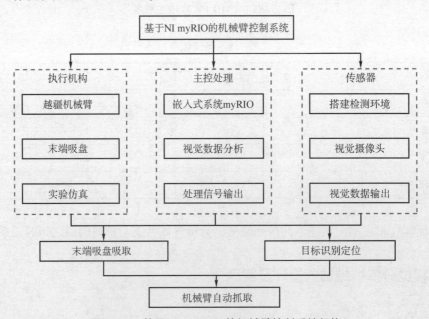

图 7.107   基于 NI myRIO 的机械臂控制系统架构

3）通信方案设计

一般地，相机和机械臂通过 UART 通信进行数据交互，实现目标位置信息的传输。采用此种通信方式，其通信精度较高，中间的数据流失较少，但其通信过程转化繁琐。本实验传

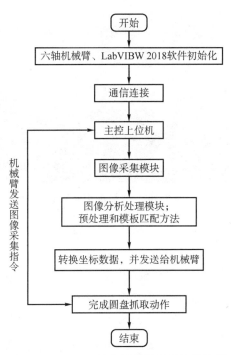

图 7.108　基于 NI myRIO 的机械臂控制系统软件的工作流程

输数据较少，仅需要传送机械臂 X 与 Y 两个坐标点位置，为保证更好的实时性，采用 ADC 数据传输通信。

3. 实验设备

越疆机械臂及其附件、相机、光源、嵌入式系统 myRIO 等。

4. 实验步骤

1）机械臂末端吸盘的安装

在本实验中，采用 Dobot Magician 末端默认安装的吸盘套件，同时配备气泵盒。机械臂末端的吸盘可以完成各种可吸取的搬运抓取工作，如物体分拣、搬运、包装封印等。

2）硬件搭建与连接

（1）将相机、嵌入式系统 myRIO 和越疆机械臂连接，确保通信正常。

（2）光源布置：为了保证视觉系统的稳定运行和高质量图像的获取，本实验采用 LED 条形光源。光源被垂直布置在机械臂末端上方，使光源照射区域与相机的视野范围相符合。同时，光源的安装角度可调节，确保目标物体在图像中明确可见，避免产生干扰。图 7.109 所示为光源的实际布置。

3）手眼标定实验

（1）安装并连接标定板，确保标定板在相机视野范围内。运行相机软件，采集标定板上标定点的图像，并记录标定板上九个标定点的像素坐标值。

（2）启动机械臂示教模式，控制机械臂末端工具依次移动到标定板的九个标定点上，记录机械臂的九个标定点的像素坐标值。

（3）将像素坐标值与机械臂的世界坐标值进行对应，导入 Halcon 软件进行仿射变换计算，得出手眼标定矩阵（由旋转矩阵和平移矩阵组成）。其中旋转矩阵 R 与平移矩阵 T 分别为

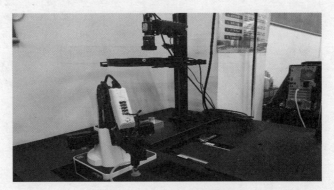

图 7.109　光源的实际布置

$$R = \begin{bmatrix} 0.034\ 96 & 0.000\ 26 \\ -0.000\ 19 & 0.034\ 73 \end{bmatrix}$$

$$T = \begin{bmatrix} 35.560\ 4 \\ 192.936 \end{bmatrix}$$

(7.24)

图 7.110 为九点标定法的实际操作。表 7.9 所示为 9 个标定点的对应关系。

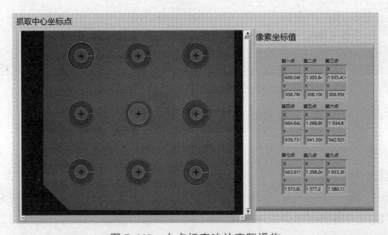

图 7.110　九点标定法的实际操作

表 7.9　9 个标定点的对应关系

标定点	像素坐标/pix	世界坐标值/mm
1	(669.05, 308.79)	(58.98, 203.64)
2	(1 300.84, 308.11)	(81.19, 203.19)
3	(1 935.43, 306.96)	(102.97, 203.36)
4	(664.64, 939.73)	(59.23, 225.34)
5	(1 298.86, 941.51)	(80.99, 225.43)
6	(1934.80, 942.93)	(103.53, 225.24)
7	(663.62, 1 573.82)	(59.11, 247.54)
8	(1 298.64, 1 577.20)	(80.99, 247.45)
9	(1 933.38, 1 580.13)	(103.70, 247.46)

4）基于视觉的目标检测与定位系统软件设计

（1）使用 LabVIEW 和 NI Vision Assistant 开发视觉系统软件，编写图像处理算法，对相机采集的图像进行预处理和分析，识别目标物体的位置信息。

（2）将目标物体的位置信息传输给嵌入式系统 myRIO，再进行标定变换，得到工件和机械臂坐标位置。

（3）通过通信功能将位置信息发送给 Dobot 机械臂控制系统完成机械臂分拣动作，图 7.111 所示为图像检测与定位程序。

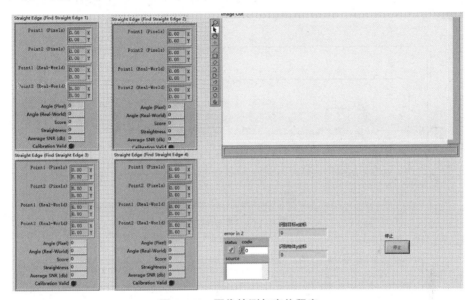

图 7.111　图像检测与定位程序

5）机械臂控制系统软件设计

（1）程序结构：机械臂程序在 LabVIEW 编程的基础上，采用了 Dobot_VI 开发。Dobot Magician SDK 是基于 LabVIEW 的第三方工具包，专为这款桌面级机械臂量身打造，Dobot_VI 采用半鱼骨结构，如图 7.112 所示。

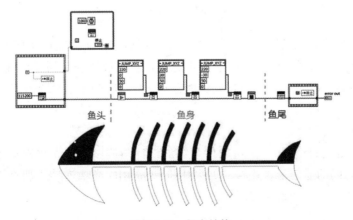

图 7.112　程序结构

机械臂程序结构由"鱼头""鱼身""鱼尾"3 部分构成:"鱼头"部分负责将越疆机械臂与上位机连接;"鱼尾"部分负责切断与上位机的联系;"鱼身"是程序设计的主要内容。用户编程时要保留这个结构,只把"鱼身"部分重新定义,就可以实现自定义的机械臂功能。

本实验在 LabVIEW 中使用 Dobot Magician SDK 对机械臂控制程序进行开发,并实现手动和自动两种控制模式。

手动模式:用户设定抓取目标位置,控制机械臂执行相应动作,如图 7.113 所示。

自动模式:根据视觉系统传输的目标位置信息,机械臂自主完成抓取任务,即在手动模式的基础上将前面板坐标的输入改为经过标定运算程序运算后的坐标的输入,如图 7.114 所示。

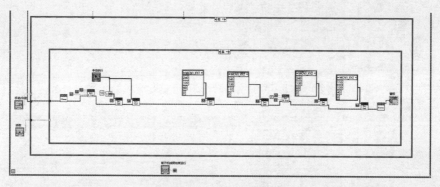

图 7.113　手动模式

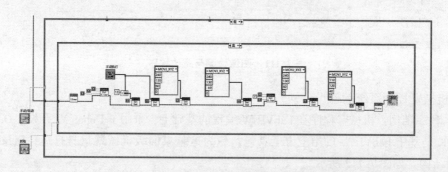

图 7.114　自动模式

(2) 为了方便调试及测试程序,加入机械臂坐标监测,实时反馈机械臂当前坐标位置,通过 Get Pose. VI 获取实时位姿,获取值为 8 的元素簇,数值类型为单精度实数,8 个元素分别为机械臂坐标系 x、y、z、r,机械臂角度 J_1、J_2、J_3,以及末端角度 J_4,其前面板如图 7.115 所示。

6) 整体调试与实验

(1) 基于视觉的目标检测与定位软件系统的设计与调试:首先将视觉系统和机械臂初始化,观察两者之间的通信是否连接。如果相机和 myRIO 成功连接,那么就会向相机发送所需求的图像的信息,并开始收集图像。

在获取图像之后,进行图像处理与分析。首先对图像进行灰度滤波,将噪声剔除,然后采用模板匹配方法来获取目标物体的坐标和偏转角度。

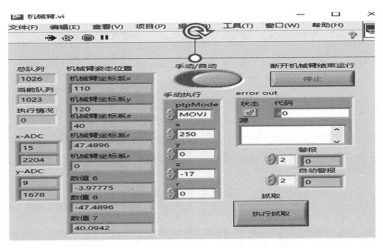

图 7.115　控制系统前面板

通过标定程序和坐标计算程序将像素值转换成 Dobot 机械臂的实际坐标，并将实际坐标发送给 Dobot 机械臂，然后开始执行 Dobot 机械臂到达坐标位置，抓住目标物体，并将其放在指定位置。

（2）整体实验验证。

① 初始化视觉系统和机械臂控制系统，检查通信连接是否正常。

② 启动实验程序，观察机械臂和相机的工作状态，调整参数确保系统稳定运行；进行一系列抓取实验，记录实验数据。

③ 分析机械臂的抓取成功率，对比自动模式和手动模式的性能。

机械臂实际工作效果如图 7.116 所示。

图 7.116　机械臂实际工作效果

7）实验结果分析

根据实验数据，对系统的稳定性、抓取准确性和自动化程度进行评估和分析，验证系统的性能和可行性，并探索进一步优化与改进的可能性。

以某次实验为例，表 7.10 显示了基于 myRIO 的机器臂控制系统获取的多个目标对象的抓取位置信息，并且显示了随后的 Dobot 机械臂抓取物体是否成功。

表 7.10　实验结果

抓取物体	像素坐标（ADC）/pix	机械臂坐标/mm	是否抓取成功
蓝色方块	(610, 940)	(126.8, −86.6)	是
	(800, 2 500)	(139.5, −153.2)	是
	(2 000, 940)	(217.4, −86.6)	是
红色方块	(2 900, 2 600)	(279.3, −157.2)	是
	(2 900, 940)	(279.3, −86.6)	是
	(800, 2 600)	(139.5, −153.2)	是

续表

抓取物体	像素坐标（ADC）/pix	机械臂坐标/mm	是否抓取成功
彩色方块	(3 000, 860)	(293.6, −89.3)	是
	(830, 2 760)	(139.5, −160.5)	是
	(3 800, 3 650)	(341.4, −199.2)	否（超限度）

从表 7.10 中得到的机器视觉捕捉结果可以看出，所构建的机械臂测试实验环境可以达到一般的抓取要求。从抓取不同物体的成功率可以看出，抓取单色物体的成功率更高，可以达到抓取要求。

本章小结

本章主要在前述各章学习的基础上，结合智能制造领域的典型应用，搭建典型测控系统，并基于多传感器信息融合技术及现代信号处理技术完成实际设备性能及特征参数测试、状态检测及反馈控制，共开发了基础实验和综合实验两大部分以供不同层次的学生学习和参考。通过典型案例教学，学生了解了现代测控系统的组成和多传感器信息融合及现代信号处理的常用方法，具备解决实际工程实践问题的能力。

本章习题

1. 请举例说明现代测控系统硬件搭建的基本方法。
2. 请举例说明对于典型测量系统或特征参数，如何选择合理的信号分析与处理方法。

习题答案

第 7 章习题答案

参 考 文 献

[1] 肖明耀. LabVIEW for ARM 嵌入式控制应用技能实训[M]. 北京：中国电力出版社, 2015.

[2] 徐秀, 王莉. 现代检测技术及仪表[M]. 北京：清华大学出版社, 2020.

[3] 王润生. 信息融合[M]. 北京：科学出版社, 2007.

[4] 陈亚丽, 张超凡. 现代检测技术实例教程[M]. 北京：人民邮电出版社, 2016.

[5] 郝丽, 赵伟. LabVIEW 虚拟仪器设计及应用[M]. 北京：清华大学出版社, 2018.

[6] 李江全. LabVIEW 虚拟仪器数据采集与通信控制 35 例[M]. 北京：电子工业出版社, 2019.

[7] LAWERNCE A. KLEIN. 多传感器信息融合理论及应用[M]. 戴亚平, 刘征, 郁光辉, 译. 北京：北京理工大学出版社, 2004.

[8] 韩崇昭, 朱洪艳, 段战胜. 多源信息融合[M]. 北京：清华大学出版社, 2022.

[9] 蔡萍, 赵辉, 施亮. 现代检测技术[M]. 北京：机械工业出版社, 2016.

[10] 陶红艳, 余成波. 传感器与现代检测技术[M]. 北京：清华大学出版社, 2009.

[11] 唐赣. LabVIEW 数据采集[M]. 北京：电子工业出版社, 2020.

[12] 刘海成. AVR 单片机原理及测控工程应用：基于 ATmega48/ATmega16[M]. 北京：北京航空航天大学出版社, 2015.

[13] 戴虹, 尚奎. 通信嵌入式系统技术与应用[M]. 北京：电子工业出版社, 2021.

[14] 许江淳. 单片机测控技术应用实例解析[M]. 北京：中国电力出版社, 2010.